福建省高等学校计算机规划教材

福建省高等学校计算机教材编写委员会　组织编写

大学计算机基础
——走进智能时代

主　编　郭躬德

副主编（以姓氏笔画为序）

严宣辉　吴景岚　徐　涛　黄朝辉　雷　炜

编　委（以姓氏笔画为序）

马伟良　王润鸿　田玉山　江速勇　许　冲　许书烟

许甲云　严宣辉　吴景岚　何庆新　张山清　张枝令

张福泉　陈宏敏　陈爱民　徐　涛　郭躬德　黄朝辉

章立亮　董庆伟　雷　炜

U0216687

厦门大学出版社　国家一级出版社
XIAMEN UNIVERSITY PRESS　全国百佳图书出版单位

图书在版编目（CIP）数据

大学计算机基础：走进智能时代 / 郭躬德主编. --
厦门：厦门大学出版社，2021.7（2024.7 重印）
ISBN 978-7-5615-8211-4

Ⅰ．①大… Ⅱ．①郭… Ⅲ．①电子计算机-高等学校
-教材 Ⅳ．①TP3

中国版本图书馆CIP数据核字(2021)第089739号

策划编辑	宋文艳
责任编辑	眭　蔚
封面设计	李嘉彬
技术编辑	许克华

出版发行　厦门大学出版社

社　　　址　厦门市软件园二期望海路39号
邮政编码　361008
总　　　机　0592-2181111　0592-2181406(传真)
营销中心　0592-2184458　0592-2181365
网　　　址　http://www.xmupress.com
邮　　　箱　xmup@xmupress.com
印　　　刷　厦门集大印刷有限公司

开本　787 mm×1 092 mm　1/16
印张　19
字数　462 千字
版次　2021 年 7 月第 1 版
印次　2024 年 7 月第 5 次印刷
定价　46.00 元

厦门大学出版社
微信二维码

厦门大学出版社
微博二维码

前　言

为什么写这本书

党的二十大报告指出,坚持为党育人、为国育才,全面提高人才自主培养质量。这为本书编写指明了方向,提供了根本遵循。当今世界已经全面进入信息化时代,信息技术已经深刻影响着人们生活和工作的各个方面,并对人类认知世界和与世界交流的方式提出了全新的挑战。当前,人工智能、云计算、大数据、互联网和移动互联网等新一代信息技术飞速发展,特别是人工智能技术对未来世界可能带来颠覆性的影响,人们迫切需要更好地了解和运用信息技术,提升认识世界和改造世界的能力。

2017 年 12 月,教育部颁布《普通高中信息技术课程标准(2017 版)》,提出了信息学科的四个核心素养,包括信息意识、计算思维、数字化学习与创新和信息社会责任,并设计了旨在全面提升高中学生信息素养的课程结构体系。目前全国各地已经在中学阶段逐渐普及了信息技术教育,但是由于学生的生源地区、学校、家庭情况的差异,大学新生的信息素养参差不齐,不同学生个体间存在很大的差别,对信息技术教学的需求也呈多样化态势,当前在大学生中加强信息技术教育,提高信息素养仍是非常重要和艰巨的任务。

在新一代信息技术飞速发展的今天,知识的更新以前所未有的速度进行,大学信息技术的教学内容也必须与时俱进,需要以新颖的内容激发学生的学习兴趣。然而,传统的大学计算机应用基础教材普遍存在侧重计算机操作技能,将计算机仅视为一种工具的倾向,已经无法适应当前培养新一代大学生信息技术综合素养的要求。

编写本书的目的是改革传统大学计算机基础教育中存在的内容陈旧、教学模式单一的现状,更好地适应新时代大学信息技术教学的高要求和未来的发展趋势。本书的编写目标,不仅是为了向学生传授信息技术的新知识和新应用,提高其计算机操作能力,更重要的是培养大学生的信息技术综合素养,包括信息意识、信息思维和信息社会责任等,提高大学生的信息技术应用能力,为未来应用信息技术解决工作中的实际问题打下良好的基础。

本书特色

本书的编写理念体现在以下三点:第一是增强知识的新鲜度,反映信息技术的发展现状和趋势,用知识的"鲜度"激发学生浓厚的学习兴趣;第二是增加视野的宽度,以更丰富的知识量开阔学生的视野,启迪学生思维;第三是注重信息技术综合素养的培养,以新知识、新思

1

维方式、典型应用场景的融合应用培养新的信息思维方式,通过理论与实际相结合,提高学生的信息技术应用能力。

本书的一个特色是通过创设问题与活动情境,关联书本知识与实际事物和背景,解决学生认识过程中的形象与抽象、实际与理论、感性与理性的矛盾。例如,在本书的"办公自动化实践"一章中,通过创设毕业论文编辑排版活动情境,让读者更深入地了解和实践在长文档编辑过程中需要掌握的各种技能,通过这个活动情境贯穿理论知识和实践技能的教学,让学生在未来的学习和生活中能运用本活动情境中学习到的知识和技能。此外,书中还创设了"实践周报的制作""学生成绩信息的统计""学生运动会成绩信息的分析与管理"和"求职演示文稿的制作"等与大学生学习和生活密切相关的活动情境,激发学生的学习兴趣,达到更好的学习效果。

本书的另一个特色是灵活运用案例教学法,在介绍书本知识的过程中穿插大量的实际案例,便于学生将理论知识和基本原理融会贯通。通过选取与学生生活相关的案例和材料,如家庭组网案例、教学管理案例、车牌识别案例、智能问答系统案例、5G十车联网与自动驾驶和食品生产溯源系统等,使得本书的形式更活泼、可读性强,最重要的是用案例让学生领会信息技术的典型应用场景和应用方法,感受信息技术对日常生活的影响,提高解决问题的能力,能够把所学到的知识和方法用于解决实际问题中。

此外,本书特别注重培养学生新的信息思维方式。例如,在"云计算与大数据技术"一章中,介绍了云计算对计算模式的创新,以及为现代社会带来的变革;并用了5个案例,诠释了在大数据时代"要全体,不要抽样""要相关,不要因果"和"要效率,允许不精确"的新思维方式。通过对学生信息思维方式的培养,让学生能用新思维方式认识与分析问题,提高创新意识与创新能力。

本书适用对象

本书的目标读者是本科和高职院校的新生,并将配套提供实验指导书以方便学生的学习,同时也适用于对信息技术感兴趣的广大读者进行自学和实践。

本书的内容提要

本书包括基础篇和提升篇两个部分,基础篇的主要内容包括计算机中处理的信息与计算机系统的组成、计算机网络通信基础知识、数据处理与数据库技术和办公自动化实践。提升篇的主要内容包括人工智能基础、数据挖掘与机器学习、云计算与大数据技术、网络安全、移动互联网、5G技术和物联网技术等。

第1章"信息技术与计算机"从信息与信息技术等基本概念出发,概括地阐述了计算机的发展历程、特点、应用与分类,简要介绍了计算机发展趋势,较为详细地介绍了信息在计算机中的编码表示、计算机组成系统的硬件系统和软件系统、计算机基本工作原理等,概要介绍了操作系统。

第 2 章"计算机网络通信"主要从计算机网络基础、计算机网络技术及 Internet 基础三个方面进行简单的介绍。通过本章的学习，学习者能够掌握计算机网络相关的基本概念和基础知识，并对常用网络技术和应用及网络新技术有所了解。

第 3 章"数据处理与数据库技术"介绍了数据处理初步的知识，为衔接后续大数据、数据挖掘等章节作引导。本章还介绍了数据管理技术发展的三个历史阶段以及数据库、数据库管理系统、数据库系统、关系型数据库系统等相关基础理论知识。

第 4 章"办公自动化实践"通过 5 个案例的实际应用，介绍了文档的编辑与排版处理，电子表格数据的录入、计算、分析、统计，以及数据可视化、图文并茂演示文稿的创建和美化等相关知识与技能。

第 5 章"人工智能基础"介绍了人工智能的概念、发展历史及主要研究内容等，并以案例方式分析了人工智能在图像处理、自然语言理解和机器人方面的应用场景及基本方法，最后介绍人工智能发展前景和可能带来的不利影响。

第 6 章"数据挖掘与机器学习"通过阐述概念及讲述典型案例，介绍了数据挖掘及机器学习的概要知识和技术，从培养学生对这方面科学与技术的认知出发，着眼于将来学生可以在实际应用中使用的数据挖掘及机器学习相关的知识与技能。同时，本章也介绍了数据挖掘及机器学习的历史与未来，学生借助这些知识，对于数据挖掘及机器学习会有进一步、更全面的认识，可以从中受到某些启发，应用在自己的未来工作或生活中。

第 7 章"云计算与大数据技术"的主要内容包括云计算与大数据的基础知识和应用案例。本章第一部分介绍云计算的概念与定义、基本特征和关键技术，还介绍了目前云计算的发展现状，并用案例形式让读者领会云计算的典型应用场景。第二部分介绍大数据的概念和特点，通过案例体现大数据的价值与作用，论述了大数据时代的思维模式变革，并对大数据处理的主要环节和目前流行的大数据技术进行了简要介绍，让读者初步了解大数据处理过程和相关技术的主要脉络。

第 8 章"互联网新技术"的主要内容包括移动互联网、5G 技术与物联技术的基础知识。本章第一部分介绍移动互联网的基本概念、特点和相关技术标准，并用案例形式让读者领会移动互联网的典型应用场景。第二部分介绍 5G 技术的基本概念和特点，并列举若干 5G 技术典型的应用场景。第三部分介绍物联网的概念和特点，以及物联网的关键技术，并以案例方式介绍了物联网的作用和应用场景。

第 9 章"网络安全"首先介绍了网络安全的发展史，网络安全的定义、相关理论和法律法规，通过案例分析让读者初步了解网络安全攻击的过程，同时还介绍了当前主流的网络安全防御技术。

本书第 1 章、2 章由莆田学院黄朝辉编写，第 3 章由莆田学院黄朝辉和福建医科大学雷炜共同编写，第 4 章由三明学院徐涛编写，第 5 章、第 9 章由闽江学院吴景岚编写，第 6 章由福建医科大学雷炜编写，第 7 章、第 8 章由福建师范大学严宣辉编写。全书架构设计和统稿由福建师范大学郭躬德负责。

勘误和支持

　　由于作者的学识和经验有限，编写时间仓促，书中难免会出现不足和遗漏之处，欢迎读者指出，评论和建议请发 5198281@qq.com。一旦问题被指出，我们将给出更新勘误表，并对您表示感谢。

　　本书还提供教学课件和教学资源，方便教师的备课和授课，并且配套提供实验指导书，以方便读者进行学习和实践。

作　者

2023 年 7 月

目 录

第1章 信息技术与计算机

本章学习目标
- 了解信息技术的相关概念；
- 了解计算机的发展历程；
- 认识计算机的特点、应用和分类；
- 了解计算机的发展趋势；
- 掌握计算机中的信息表示；
- 掌握现代计算机系统基本组成和基本工作原理；
- 理解微型计算机的硬件系统；
- 理解计算机的软件系统。

从远古至今的社会，信息一直在积极发挥着重大而深远的作用。当今人类所享受的一切现代文明，无不直接或间接地与信息技术息息相关，当代社会科技与经济的发展在很大程度上都取决于信息产业的发展。现代计算机的诞生标志着人类社会在处理信息上进入了一个崭新的科技新纪元。随着计算机技术的高速发展，尤其是微型计算机的发展和 Internet 的普及应用，计算机正在逐步改变着人们的工作和生活方式。

1.1 信息技术概述

1.1.1 信息

在日常生活中，人们极其自然地使用着信息（information）。信息并非十分新奇陌生的东西，它普遍存在于自然界、人类社会和人的思想之中。信息在不同的领域有着不同的定义，一般来说，信息是对客观世界中各种事物的运动状态和变化的反映。在信息社会，信息是一种非常重要的资源。为了更好地理解信息的性质，先要区分数据与信息这两个概念。

1. 数据

数据是被记录下来的没有经过加工的原始资料，如文字、数字、图像等。例如，学校运动会中，用于记录跳远项目的运动员数据见表 1-1。

表 1-1　跳远预赛成绩记录表

运动员号码	预赛第 1 次	预赛第 2 次	预赛第 3 次
202011001	4.12 m	4.45 m	4.36 m
202011002	4.35 m	4.72 m	4.78 m
202011003	4.06 m	4.20 m	4.52 m
⋮			

2. 信息

信息是经过加工的数据，或者指数据处理的结果，泛指人类社会活动中传播的一切内容，如消息、音讯、通信系统传输和处理的对象等，信息对接收者有用，对决策或者行为有现实或潜在的价值。

例如，学校运动会中，根据跳远预算的成绩记录，经过筛选处理后形成如表 1-2 所示的预赛排名表，这是判定进入跳远项目决赛的重要信息。

表 1-2　跳远预赛排名表

运动员号码	预赛最好成绩	排名
202011008	5.22 m	1
202011011	5.08 m	2
202011015	5.03 m	3
⋮		

1.1.2　信息技术与信息科学

1. 信息技术

信息技术(information technology,IT)是一门综合的技术。联合国教科文组织将信息技术定义为"应用在信息加工和处理中的科学、技术与工程的训练方法和管理技巧；上述方法和技巧的应用；涉及人与计算机的相互作用，以及与之相应的社会、经济和文化等诸种事物"。信息技术主要是利用现代计算机和通信技术来获取信息、传递信息、存储信息、处理信息、显示信息等相关技术，主要包括传感技术、通信技术、计算机与智能技术、控制技术。传感技术、通信技术、计算机和智能技术、控制技术一起被称作信息技术的四大支柱。

2. 信息科学

信息科学是以信息为主要研究对象、以信息的运动规律和应用方法为主要研究内容、以计算机等技术为主要研究工具、以扩展人类的信息功能为主要目标的一门新兴的综合性学科。信息科学由信息论、控制论、计算机科学、仿生学、系统工程与人工智能等学科互相渗透、互相结合而形成。信息科学的基础和核心是信息与控制。

信息科学研究内容包括阐明信息的概念和本质(哲学信息论),探讨信息的度量和变换(基本信息论),研究信息的提取方法(识别信息论),澄清信息的传递规律(通信理论),探明信息的处理机制(智能理论),探究信息的再生理论(决策理论),阐明信息的调节原则(控制理论),完善信息的组织理论(系统理论)。

信息科学与信息技术的发展不仅能够促进信息产业的发展,而且可以大大地提高生产效率。事实证明信息科学与信息技术的广泛应用已经成为国家经济发展的巨大动力,因此,各个国家信息科学与技术的竞争也非常激烈,都在争夺着信息科学与技术的制高点。

1.1.3　信息素养与计算思维

1. 信息素养

在飞速发展的信息社会中,各类信息组成人类的基本生存环境,影响着人们的日常生活方式,是人们日常经验的重要组成部分。因此,信息素养是一种对信息社会的适应能力。信息素养这一概念是信息产业协会主席保罗·泽考斯基于1974年在美国提出的,包括三个层面:文化层面(知识方面)、信息意识(意识方面)、信息技能(技术方面)。随后,世界各地研究机构围绕如何提高信息素养开展了广泛的探索和深入的研究,并对信息素养概念的界定、内涵和评价标准等提出了一系列新的见解,其中一个被广泛接受的定义是:"要成为一个有信息素养的人,他必须能够确定何时需要信息,并已具有检索、评价和有效使用所需信息的能力。"信息素养所具有的四大特征是:(1)捕捉信息的敏锐性;(2)筛选信息的果断性;(3)评估信息的准确性;(4)交流信息的自如性和应用信息的独创性。

2. 计算思维

计算思维的思想由美国卡内基梅隆大学周以真教授于2006年提出并给予定义:"计算思维是运用计算机科学的基础概念进行问题求解、系统设计以及人类行为理解等涵盖计算机科学之广度的一系列思维活动。"计算思维是目前国际计算机界广为关注的一个重要概念,是与理论思维、实验思维并列的三大科学思维模式之一,对应于自然科学领域的三大科学方法——理论方法、实验方法和计算方法。计算思维是信息社会每个人的基本技能,而不是计算机的思维方式,计算思维是数学思维和工程思维的相互融合。计算思维是人类求解问题的思维方法,采用抽象和分解的方法,将一个庞杂的任务分解成一个适合计算机处理的问题。计算思维是选择合适的方式对问题进行建模,使之更易于处理。

1.1.4　信息安全简述

伴随着社会信息化发展步伐的加快,现代信息技术为人类提供快捷高效信息服务的同时,所面临的信息安全问题也日趋严重。作为信息社会中的一员,我们每个人都应该提高安全防范意识,自觉接受信息道德教育,遵守信息安全法律法规,对各种非法行为进行主动防御和有效抵制。信息安全的防范体系包含:(1)数据安全;(2)主体安全;(3)运行安全;(4)管理安全。从技术层面上看,数据安全是整个信息安全防范体系的核心,但实际上,主体安全、运行安全和管理安全缺一不可。

1.2　计算机概述

1.2.1　计算机发展历程

从世界上第一台电子计算机 ENIAC(electronic numerical integrator and computer,图1-1)在美国宾夕法尼亚大学诞生至今的几十年时间里,计算机史学家们通常根据计算机所采用的主要电子逻辑器件将电子计算机的发展历程划分为四个阶段,也称为四个时代,见表1-3。

图 1-1　世界上第一台电子计算机(ENIAC)

表 1-3　电子计算机发展历程

划分年代	主要元器件	运算速度(每秒指令数)	主存储器	软件	主要特点	应用领域
1946—1957 年(第一代)	电子管	几千条	磁芯	机器语言	内存容量小,运行速度低,体积庞大,耗电量大,可靠性较差	军事领域及科学研究
1958—1964 年(第二代)	晶体管	几十万条	磁芯	汇编语言和高级语言	运行速度提高,体积减小,开始使用高级语言及操作系统	工程设计、数据处理
1965—1970 年(第三代)	中小规模集成电路	几百万条	半导体存储器	多种操作系统	集成度高,功能增强,价格下降	工业控制,并开始应用于多个领域
1971 年至今(第四代)	大规模、超大规模集成电路	几百万条至几亿条	集成电路记忆元件	数据库软件、网络软件	性能大幅度提高,趋向微型化,软件丰富,融入多媒体技术,为网络化创造条件,并逐渐走向智能化	社会生活各领域

1.2.2　计算机特点、应用和分类

1. 计算机的特点

计算机的主要特点有：

（1）运算速度快。运算速度是计算机的一个重要性能指标，一般指每秒能执行多少条指令。随着集成电路技术的发展，目前计算机的运算速度可高达亿亿次。计算机的高速运算能力解决了现代科学技术中人工无法解决的问题，例如人工计算天气预报需要几个月才能得出的结果，计算机在"瞬间"即可完成。

（2）运算精度高。运算精度是计算机的另一个重要性能指标，取决于所用计算机表示一个数值的二进制码长度，如现在常见的 16 位、32 位和 64 位等，字长越长则精确度越高。这一特点正是科学研究和工程设计领域所需要的。

（3）准确的逻辑判断。除了计算功能外，计算机还能进行逻辑运算，并根据逻辑判断结果自动决定下一步的执行方向。目前高级计算机还具有推理、诊断和联想等人工智能的能力。准确、可靠的逻辑判断能力是计算机实现信息自动化处理的重要原因之一。

（4）强大的存储能力。计算机具有多种存储载体，不仅可以存储原始数据、程序和运行结果，而且随着集群技术的发展，还可以将文字、图像、声音和视频等多种媒体的海量数据存储起来，供计算机处理和用户使用。

（5）自动控制能力强。正是由于具备运算速度快、精确度高、强大的"记忆力"和逻辑判断能力，计算机就能在事先编写的程序控制之下自动、连续地工作，完成预定的工作任务。

（6）具有网络通信功能。计算机网络通信技术已彻底改变人与人之间的交流和信息获取方式，实现所有计算机用户的资料共享和信息交流。

2. 计算机的应用

计算机的应用已渗透到社会的各行各业和各个领域，主要有如下几个方面：

（1）科学计算。科学计算即指利用计算机完成科学研究和工程设计中的各种数学问题计算，运用运算速度快、精确度高的计算机进行科学计算，可以完成人工难以完成的任务。如导弹飞行或卫星运行的轨迹计算、天气资料分析、大型水利工程的设计计算等，而目前基于互联网的云计算，可以实现 10 万亿次/秒的超强计算。

（2）数据处理和信息管理。数据处理和信息管理是现代计算机最为广泛的应用领域，指的是利用计算机对大量的数据进行分类、统计分析、检索和加工处理等操作，这些数据不仅包括"数"，还包括文字、图像、声音和视频等其他媒体数据。如常见的银行账务管理、股票交易管理、企业账务或人事管理、物流管理、航空公司的票务管理、图书情报检索、图像采集与处理等。

（3）过程控制。过程控制是指利用计算机对连续的工业生产过程进行自动监测并且实时地自动控制设备的工作状态，因此也称为"实时控制"，能够替代人在危险有害的环境中连续作业，完成高精度和高速度的实时操作，在节省大量的人力物力的同时大大地提高了生产效率。如化工、冶金、电力、汽车制造自动生产线、物流包裹自动分拣等工业生产都应用了计算机实现过程控制。

（4）计算机辅助。计算机辅助是指利用计算机辅助人类完成有关领域的工作，也称为计算机辅助工程应用。如应用于产品和工程设计的计算机辅助设计 CAD(computer aided design)，应用于生产设备的管理、控制和操作的计算机辅助制造 CAM(computer aided manufacturing)，应用于教学活动过程的计算机辅助教学 CAI(computer aided instruction)，应用于自动化测试与检测过程的计算机辅助测试 CAT (computer aided testing)。

（5）人工智能。人工智能是指让计算机模仿人类的某些智能活动，使计算机具有"推理"和"学习"的功能。如目前常见的智能机器人、机器翻译、医疗诊断、声音或图像识别、案件侦破等。

（6）多媒体应用。多媒体应用是指利用计算机对文本、声音、图像和视频等多种媒体信息进行综合处理与管理，使用户通过多种感官与计算机进行实时的信息交互。通常运用于教育、广告宣传、视频会议、服务业和文化娱乐业等。

随着计算机技术和网络通信的发展和应用普及，目前计算机已广泛应用在 5000 多个领域，包括计算机模拟、大数据、云计算、3D 打印、物联网、互联网＋、智慧城市、区块链、量子计算与量子通信、比特币和数字货币等各个领域，这些应用领域可在后续专业学习中加以深入了解。

3. 计算机分类

计算机的种类非常多，划分的方法也有很多种，按计算机的用途可分为通用计算机和专用计算机两种。目前市场上销售的绝大多数是通用计算机，其功能齐全、适应性强，但速度、效率和经济性相对于专用计算机来说较低。详见表 1-4。

表 1-4　计算机分类

分类标准		特点	应用领域
按计算机用途划分	通用计算机	功能多，配置全，通用性强，用途广	一般科学计算、学术研究、工程设计和数据处理等领域
	专用计算机	高速度，高效率，使用面窄，专机专用，为某种特殊需求而设计，增强了某些特定功能，而忽略一些次要的要求	如专门用以计算导弹飞行轨迹的计算机等
按计算机性能、规模和处理能力划分	巨型机(超级计算机或高性能计算机)	运算速度最快，最高可以达到千万亿次/秒，处理能力最强，专门服务于特殊部门的需求	主要应用于尖端技术研究和国家级的高科技领域，是衡量一个国家科研实力的标志之一
	大型机（大型主机）	运算速度快，存储容量大，通用性强，主要服务于计算量大、信息流通量大、网络通信能力要求高的用户	主要应用于各级政府部门、银行、大型企业（如大型航空公司、网购公司或邮政物流公司等）
	中型机	相对于大型机性能较低，主要特点是处理能力强	主要应用于服务规模较小的政府部门或者中小型企业
	小型机	性能与价格介于大型机和微型服务器之间，主要采用精简指令集处理器，且为高性能 64 位，结构简单，可靠性强，维护费用低	通常应用于小型企业
	微型机（微机）	功能齐全、价格便宜，应用最普及。 (1)按机构和性能分为单片机、单板机、个人计算机(PC 机)、工作站和微型服务器 (2)个人计算机(PC 机)分为台式计算机和便携式计算机(笔记本)	广泛应用于政府机关部门、学校、企事业单位和家庭

1.2.3　计算机的发展趋势

1. 计算机的发展趋势

随着微处理器速度和性能提升、高度集成化和移动网络通信的增强,计算机正朝着高性能化、多元化、大众化、智能化、个性化和功能综合化的方向发展,如目前人们日常生活中已出现的掌上电脑、电子词典、家用袖珍式身体检测仪等;同时,外部设备也将向高性能、高度集成发展并且更加便携;输入输出技术将更加人性化、智能化,如声像识别、虚拟现实、生物测定等技术也在不断发展与完善,人与计算机之间的交流将更加快捷完善。中小型计算机在提高运算速度、提倡绿色环保低功耗以及多媒体综合应用方面,扩展自己的应用领域和发展空间。高性能的巨型计算机也得到了快速的发展。多元化的计算机家族仍然在迅速发展。

2. 未来新一代计算机

计算机芯片技术的不断发展仍然是推动计算机未来发展的动力,同时人类也开始在非芯片技术领域对新一代计算机技术进行探索与研究,比如量子计算机、光子计算机、生物计算机、超导计算机等,这类计算机也称为新一代计算机,是目前世界各国计算机发展技术研究的重点。

1.3　计算机中的信息表示

现代计算机按照冯·诺依曼的设计思想,数据是以二进制代码表示的。计算机中处理现实世界中的数据可分为数值型和非数值型两大类,这些数据在计算机内部都是以二进制代码表示的。数值型数据表示具体的数值,仅有正负号和大小值,可以方便地将其转换为二进制;非数值型数据包括文本、声音、图像和视频等信息,这类数据需要以特定的编码方式转换为二进制。

1.3.1　数制及其转换

1. 数制

数制是指使用一组固定的符号和统一的规则来表示数值的方法,其中按进位方式进行计数的数制称为进位计数制。日常生活中人们常用的是十进制,而计算机中采用的是二进制,除此之外还有八进制和十六进制等。按进位法则:十进制逢十进一,二进制逢二进一,八进制逢八进一,十六进制逢十六进一。若将这些进制统称为 R 进制,则 R 进制具有如表 1-5 所示的性质。

表 1-5　二、八、十和十六进制的性质

进位计数制	基本符号	计数规则	基数	权	后缀符
二进制	0、1	逢二进一	2	2^i	B
八进制	0、1、2、3、4、5、6、7	逢八进一	8	8^i	O
十进制	0、1、2、3、4、5、6、7、8、9	逢十进一	10	10^i	D
十六进制	0、1、2、3、4、5、6、7、8、9、A、B、C、D、E、F	逢十六进一	16	16^i	H

例如:十进制数$(623.25)_{10}$,它的基数为10,各位上的权表示如下:

$$6 \quad 2 \quad 3 \quad . \quad 2 \quad 5$$
$$10^2 \quad 10^1 \quad 10^0 \quad . \quad 10^{-1} \quad 10^{-2}$$

同理,对于二进制数$(11010.11)_2$,它的基数为2,各位上的权表示如下:

$$1 \quad 1 \quad 0 \quad 1 \quad 0 \quad . \quad 1 \quad 1$$
$$2^4 \quad 2^3 \quad 2^2 \quad 2^1 \quad 2^0 \quad . \quad 2^{-1} \quad 2^{-2}$$

2. 非十进制数转换为十进制数

将二、八、十六等非十进制数转换为十进制数的转换规则是:将这些非十进制数的各位按权展开后求和。

例如:

$(11010)_2 = 1 \times 2^4 + 1 \times 2^3 + 0 \times 2^2 + 1 \times 2^1 + 0 \times 2^0 = (26)_{10}$

$(2A5)_{16} = 2 \times 16^2 + 10 \times 16^1 + 5 \times 16^0 = (677)_{10}$

3. 十进制数转换为其他进制数

将十进制数转换为二、八、十六等非十进制数分成两部分进行,即整数部分和小数部分。

(1)整数部分按"除 R 逆取余":如转换为二进制数则将整数部分除以 2 取余,直到商为 0,结果为自下而上逆取余数。

(2)小数部分按"乘 R 顺取整":如转换为二进制数则将小数部分乘以 2 取整数部分,直到指定精确度,结果为自上而下取整数。

例如,将十进数$(25.25)_{10}$转换为二进制数。

整数部分:　　　　　　　　　　　　　　　　小数部分:

得到:$(25.25)_{10} = (11001.01)_2$。

4. 二进制数、八进制数、十六进制数之间的相互转换

由于二进制数的数位较多,且书写时容易出错,通常将二进制数转换为数位较少的八进制数或十六进制数,它们之间的转换比较简单。由于 $16 = 2^4$,$8 = 2^3$,参照表 1-6 可以看出,4 位二进制数等价于 1 位的十六进制数,3 位二进制数等价于 1 位的八进制数。

表 1-6　二、八、十和十六进制的对应关系

二进制	八进制	十进制	十六进制	二进制	八进制	十进制	十六进制
0000	0	0	0	1000	10	8	8
0001	1	1	1	1001	11	9	9
0010	2	2	2	1010	12	10	A
0011	3	3	3	1011	13	11	B
0100	4	4	4	1100	14	12	C
0101	5	5	5	1101	15	13	D
0110	6	6	6	1110	16	14	E
0111	7	7	7	1111	17	15	F

例如,将十六进数 $(2D.5)_{16}$ 转换为二进制数。转换方法只要将每位十六进制数用 4 位二进制数表示即可。

$$
\begin{array}{cccc}
2 & D & . & 5 \\
0010 & 1101 & . & 0101
\end{array}
$$

即:$(2D.5)_{16} = (101101.0101)_2$。

又如:将二进制数 $(110110.01)_2$ 转换为十六进制数。转换方法只要将整数部分自右向左每 4 位二进制数用 1 位十六进制数表示,小数部分自左向右每 4 位二进制数用 1 位十六进制数表示即可。

$$
\begin{array}{ccc}
0011 & 0110 & . & 0100 \\
3 & 6 & . & 4
\end{array}
$$

即:$(110110.01)_2 = (36.4)_{16}$。

1.3.2　信息编码

现代人类社会中信息的表现形式多种多样,这些表现形式称为媒体。在计算机领域中,媒体是指信息的载体,如文本、声音、图像和视频等信息表现形式。所谓编码,是指采用约定的基本符号,按照一定的组合规则来表示复杂多样的信息,从而建立起信息与编码之间的对应关系。现代计算机能够处理多种媒体,也就意味着需要采用按一定规则组合而成的若干位二进制码来表示各类媒体信息。

1. 数字编码

数字编码是采用若干位二进制组合来表示一位十进制数的编码,其中最常用的是 BCD (binary coded decimal)编码,其编码规则如表 1-7 所示,即用 4 位二进制编码来表示对应的一位十进制数。例如,$(835)_{10}$ 对应的 BCD 码是 $(100000110101)_{BCD}$。

表 1-7　BCD 编码表

十进制数	0	1	2	3	4	5	6	7	8	9
BCD 码	0000	0001	0010	0011	0100	0101	0110	0111	1000	1001

2. 文本编码

文本字符是计算机中使用最多的非数值型信息,由于计算机内部只处理二进制编码,因此也需要将若干位二进制按一定组合规则形成编码来表示对应的文本字符。

(1)字母与常用符号编码

目前计算机中使用最为广泛的是 ASCII 字符编码(American standard code for information interchange,即美国标准信息交换码),是国际标准化组织(ISO)采纳使用的一种国际通用信息交换标准代码,该编码对应于由字母、数字字符、标点符号和一些特殊符号组成的西文字符集中的每个符号。

标准(基本)ASCII 字符编码集采用 7 位二进制位进行编码,一共可以表示 $2^7 = 128$ 个字符,表 1-8 列出标准(基本)ASCII 字符编码集。

表 1-8　标准 ASCII 字符编码集(7 位二进制位)

低 4 位 $(d_3 d_2 d_1 d_0)$	高 3 位 $(d_6 d_5 d_4)$							
	000	001	010	011	100	101	110	111
0000	NULL	DLE	SP	0	@	P	'	p
0001	SOH	DC1	!	1	A	Q	a	q
0010	STX	DC2	"	2	B	R	b	r
0011	ETX	DC3	#	3	C	S	c	s
0100	EOT	DC4	$	4	D	T	d	t
0101	ENQ	NAK	%	5	E	U	e	u
0110	ACK	SYN	&	6	F	V	f	v
0111	BEL	ETB	`	7	G	W	g	w
1000	BS	CAN	(	8	H	X	h	x
1001	HT	EM	)	9	I	Y	i	y
1010	LF	SUB	*	:	J	Z	j	z
1011	VT	ESC	+	;	K	[	k	{
1100	FF	FS	,	<	L	\	l		

续表

低4位 $(d_3 d_2 d_1 d_0)$	高3位$(d_6 d_5 d_4)$							
	000	001	010	011	100	101	110	111
1101	CR	GS	—	=	M	]	m	}
1110	SO	RS	.	>	N	^	n	~
1111	SI	US	/	?	O	_	o	DEL

注意一些符号的 ASCII 编码：

①数字符号：0～9 的 ASCII 编码范围是：$(0110000)_2 = (48)_{10} \sim (0111001)_2 = (57)_{10}$。

②大写英文字母：A～Z 的 ASCII 编码范围是：$(01000001)_2 = (65)_{10} \sim (01011010)_2 = (90)_{10}$。

③小写英文字母：a～z 的 ASCII 编码范围是：$(01100001)_2 = (97)_{10} \sim (01111010)_2 = (122)_{10}$。

（2）汉字编码

汉字的输入、处理及输出是计算机处理文字信息的一项重要内容。由于汉字是象形文字且字数集大，因此对汉字的编码显得比较复杂，即对应于计算机处理汉字过程的输入、内部处理和输出三个主要环节。每个汉字的编码都包括输入码、交换码、内部码和字形码。1980 年我国公布了国家标准的《信息交换用汉字字符集》(GB 2312-80)，其二进制编码称为国标码。国标码采用 16 位二进制位（2 个字节）表示一个汉字，共有 7445 个汉字和符号。随着计算机应用的普及，我国又公布了 GB 18030，该国家标准是对 GB 2312-80 的扩充，共有汉字 27484 个。在计算机中为了保证处理汉字字符和西方字符的兼容，消除它们之间的二义性，将汉字国标码两个字节的最高位都加上"1"，即转换成汉字的内部码。内部码是汉字在计算机内的基本表示形式，是计算机对汉字进行识别、存储、处理和传输的编码。

（3）Unicode 编码

因特网的迅猛发展推动了信息交换需求的高速增长，为了实现世界各地区各国家之间利用计算机处理和交流信息的便利快捷，国际标准化组织（ISO）制定了一种字符编码的统一标准——Unicode 编码。它采用 16 位二进制编码（2 个字节）表示一个字符，可编码的字符达到 65536 个，从而成为一种包含世界各主要文字不同符号的编码集合，使世界上几乎所有的书面语言都能用单一的 Unicode 编码表示。

3. 声音信息编码

声音是一种在时间和空间上都连续变化的波，是一种模拟信号，若要利用计算机对声音信号进行存储、处理与传输等操作，就必须将声音这一模拟信号通过采样、量化和编码转化成数字信号。

（1）采样：就是每隔一个时间间隔就在声音波形上读取一次声音信号的幅度值。采样的时间间隔称为采样周期，每秒钟所读取的幅度值样本次数称为采样频率，采样得到的声音信号在时间上是离散的（见图 1-2）。

（2）量化：虽然采样后得到的声音信号在时间上不连续，但其幅度仍然是连续的，只能将无穷多个幅度值用有限个数字表示,即把某一范围内的幅度值用一个数字表示,这一过程称为量化。

例如,将幅度值限定为 0.0,0.1,0.2,…,0.7 共 8 个值,若采样得到的幅度值为 0.198,则量化为 0.2;若采样得到的幅度值为 0.611,则量化为 0.6。这些量化后的值称为离散值(见图 1-2)。

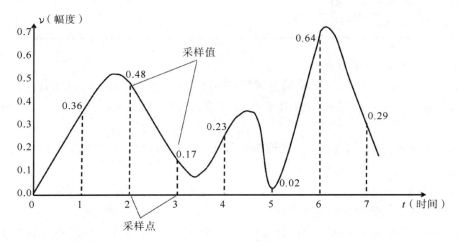

图 1-2　声音信号的采样与量化

(3)编码:就是将量化后的离散值用二进制编码进行表示。例如,将幅度值限定的 0.0,0.1,0.2,…,0.7 共 8 个值分别用 3 位二进制数 000、001、010、011、100、101、110、111 进行一一对应编码,对于图 1-2 所示的采样幅度值,经量化与编码的结果详见表 1-9。

表 1-9　声音信号的采样、量化与编码

采样次数	1	2	3	4	5	6	7	8
采样幅度值	0.00	0.36	0.48	0.17	0.23	0.02	0.64	0.29
量化值	0.0	0.4	0.5	0.2	0.2	0.0	0.6	0.3
编码	000	100	101	010	010	000	110	011

4. 图像信息编码

为了让计算机能够处理图像,类似于声音信号数字化,也需要将连续图像转换成数字图像,并且也要经过采样、量化和编码 3 个过程。

(1)采样:图像采样是将二维空间上连续的图像分割成 $M \times N$ 个相等的间隔,从而形成 $M \times N$ 个离散的小方形区域,这些小方形区域称为像素。

(2)量化:类似于声音信号数字化的量化过程,由于图像采样后得到的亮度值(或灰度值)在取值空间上仍然是连续值,就需要将亮度值(或灰度值)的范围分为有限个区域,将落入某区域的所有采样值都用同一值表示,从而实现用有限的离散值来代表无限的连续值的一一映射关系。

(3)编码:将图像量化后的离散整数值用二进制编码进行表示。

下面结合图 1-3 所示的黑白图像例子来说明图像的数字化过程。

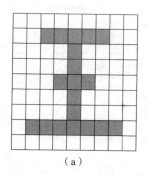
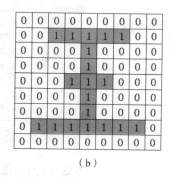

图 1-3 图像的数字化与像素编码

如图 1-3(a)所示,将图像在横向和纵向上各分割成 9 个相同间隔进行采样,进而得到 9×9 个像素;由于是黑白图像,所以每个像素仅有黑色或白色之分,在进行量化时,每个像素的亮度值(或灰度值)可以用"1"表示黑色,用"0"表示白色;对于图 1-3(a)中笔画所在的所有像素量化时均用"1"表示,其他空白区域所在的像素均用"0"表示,得到图 1-3(b)所示的像素编码。

5. 视频信息编码

要让计算机处理视频信息,也需要将模拟视频信号转换成计算机可以处理的数字信号,其转换过程相对比较复杂,一般是以每帧彩色画面为单位,先将复合视频信号中的亮度和色度分离,得到亮度(Y)和色差(U、V)三个分量,然后采用分量数字化方式,分别利用三个模/数转换器对三个分量分别进行采样、量化并编码,离散得到数字视频信息。由于视频画面的采样、量化和编码过程与图像的数字化过程类似,这里不再赘述。

1.4 计算机组成系统

1.4.1 现代计算机系统组成

现代计算机是一个复杂的系统。1946 年,冯·诺依曼提出了一种全新的现代计算机设计方案,其基本思想是:

(1)采用二进制替代十进制表示数据和程序;

(2)存储数据和程序,并由程序控制计算机自动执行;

(3)计算机硬件的基本组成包括运算器、控制器、存储器、输入设备和输出设备 5 个部件(详见图 1-4)。

13

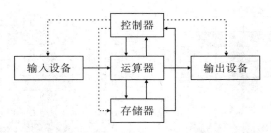

图 1-4   冯·诺依曼结构计算机

尽管计算机经历了多次发展更新,但目前使用的计算机,不论机型大小都属于冯·诺依曼结构计算机,一个完整的现代计算机系统是由硬件系统和软件系统两大部分组成的。

1. 硬件系统

计算机硬件系统是指组成一台计算机的各种物理装置,包括计算机的基本部件和各种具有实体的计算机相关设备,比如人们常见的主板、芯片、外部设备等。硬件系统是计算机进行工作的物质基础。

2. 软件系统

计算机软件系统是指在硬件设备上运行的各种程序、数据以及有关资料等,包括操作系统、语言处理系统、数据库系统以及各种应用程序包等。

1.4.2   计算机基本工作原理

在计算机的 5 个基本部件中,每一部件按要求执行特定的基本功能,其中:

(1)运算器(arithmetic logic unit,ALU),也称算术逻辑单元,是计算机的核心部件,其主要功能是进行算术运算和逻辑运算。算术运算就是指加、减、乘、除运算,而逻辑运算就是指"比较"、"与"、"或"、"非"等操作。

(2)控制器,是计算机的"神经中枢",用于分析程序中的各条指令,并根据指令要求控制计算机各部件协同工作。控制器确保了程序的正确执行和运行过程的自动化。

(3)存储器,是计算机的记忆存储部件,用于存储控制计算机工作的程序(指令序列)和数据(包括原始数据、中间结果和最终结果)。

(4)输入设备,用于输入程序和数据。

(5)输出设备,用于输出计算结果,即实现显示或者打印。

计算机的基本工作过程:

(1)由程序设计者根据实际问题需求,编写出由一系列指令有序集合而成的程序;

(2)程序通过输入设备送到存储器保存起来;

(3)计算机工作时,将程序中的首条指令从存储器取到控制器进行分析;

(4)控制器按照首条指令需要完成的操作,自动发出各种控制信号,控制各部件协同工作,完成首条指令的功能;

(5)当首条指令执行完就自动进入下一条指令的执行操作,从而按照程序规定的步骤有条不紊地执行每条指令,直到遇到结束指令。

综上所述,冯·诺依曼结构计算机的基本工作原理是"存储程序、程序控制"。

计算机工作时,有两种信息在流动,一种是数据信息,是原始数据、中间结果、结果数据、程序中的指令等,这些信息从存储器读入运算器进行运算,计算结果再存入存储器或者送到输出设备(详见图 1-4 中的带箭头实线);另一种是指令控制信息,是由控制器对指令进行分析后,向各部件发出控制信息,指挥控制各部件协同工作(详见图 1-4 中的带箭头虚线)。

1.4.3　微型计算机硬件系统

场景:作为一名消费者,在即将入手一台 PC 机时,面对市面上不同品牌与型号的 PC 机,应从哪几个主要方面来考虑呢?

以上场景对于部分刚跨入大学校园的大学生可能是一种困惑,相信通过后续章节的介绍,读者能有更深刻的认识。

微型计算机(简称微机)是应用最普及、最广泛的计算机,作为计算机的一类,微型计算机的硬件系统划分方法与其他类型的计算机有所区别(见图 1-5)。在微型计算机硬件系统中,将 CPU 和内存储器合称为主机,外部设备则包含外存储器、输入设备和输出设备,且外部设备是通过主板上的接口,采用专用总线实现连接的。

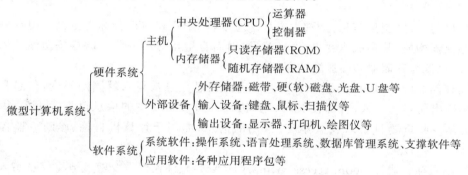

图 1-5　微型计算机系统组成

1. 中央处理器

中央处理器(central processing unit,CPU),主要由运算器和控制器组成,是整个计算机系统的运算核心和控制核心。CPU 被集成在一块超大规模集成电路芯片上,插在主板的 CPU 插槽中。CPU 的性能指标直接决定着一个计算机系统的档次,其中最重要的指标是字长和主频。字长是指 CPU 每次能处理的最大二进制数长度,如目前大多使用的 64 位处理器或 32 位处理器,以及早期的 8 位、16 位处理器。主频是指 CPU 工作时的时钟频率,主频越高,CPU 的运算速度就越快。主频的单位是 MHz(或 GHz),目前高性能 CPU 的主频已达到 GHz 量级。

在微型计算机系统中所使用的 CPU 也称为微处理器(MPU),微处理器发展的速度很快,几乎每隔一两年就有一个新品种的推出,目前市面上常见的有美国 Intel 公司的 Core i3/i5/i7 芯片、美国 AMD 的 Duron 系列芯片等,如图 1-6 所示。

图 1-6　中央处理器 CPU

2. 存储器

存储器的主要功能是保存程序和数据,存储器中含有大量存储单元,一个存储单元由多个二进制位组成,每个二进制位的值为"0"或"1",二进制位(bit)是计算机中存储数据的最小单位;通常一个存储单元由 8 个二进制位组成,称为 1 个字节(byte),通常用"B"表示。字节是计算机存储容量的基本单位,表示存储器容量的常用单位还有 KB(千字节)、MB(兆字节)、GB(吉字节)、TB(太字节)等,它们的关系是:

1 KB＝1024 B,1 MB＝1024 KB,1 GB＝1024 MB,1 TB＝1024 GB

存储器分为内存储器(简称内存)和外存储器(简称外存)。

(1)内存储器

内存直接与 CPU 交换信息,又称为主存。通常将 CPU 和内存合称为主机。内存一般由半导体存储器构成,其存取速度快,价格较贵,因而容量相对小一些。内存按功能分为只读存储器、随机读写存储器和高速缓冲存储器 3 种。

①只读存储器(read only memory,ROM)内的信息一旦被写入就固定不变,信息只能从 ROM 中读出而不能写入,且即使关闭计算机(断电),ROM 中的信息也不会丢失,因此 ROM 常保存一些重要且要求长久不变、常用的信息,如用于计算机自检、诊断或监控等程序。

②随机读写存储器(random access memory,RAM)允许根据需要随机地将信息写入其中或从中读取信息,因此用于存放 CPU 正在处理、即将处理或处理后的信息,是 CPU 可以直接读/写的存储器。值得注意的是,一旦断电,RAM 中的信息就丢失,因此在关闭程序前要将 RAM 上的处理结果保存在外存储器中,否则将可能引起处理结果的丢失。RAM 的容量越大,计算机的性能越好,目前常用 RAM 容量为 4 GB、8 GB 或 16 GB。

③高速缓冲存储器(Cache)是用于弥补 CPU 的高速度和 RAM 的运行速度之间存在一个数量级差距而专门设置的一种高速缓冲存储器。Cache 的运行速度高于 RAM,但容量较小。Cache 中的信息是 RAM 的常用副本,当 CPU 需要读取信息时先检查 Cache 中是否有,若有就从 Cache 中读取,否则从 RAM 中读取,从而充分发挥了 CPU 高速度的潜能。

目前市场上提供内存条的主流厂家有金士顿(Kingston)、威刚(Adata)、三星(Samsung)和海盗旗(Corsair)等,流行的内存有 DDR3、DDR4 系列,如图 1-7 所示。一般而言,内存容量越大越能提升系统的运行速度。

图 1-7　内存条

（2）外存储器

外存也称辅助存储器，用于存储暂时不用的信息。由于外存在主机外部，因此属于计算机外部设备。外存的特性有：

①外存存取信息的速度比内存慢，但外存容量一般都比较大，而且可以移动，有利于不同计算机之间进行信息交流；

②外存不受停电所限，其中的信息可保存数年之久；

③通常外存只与内存交换信息，且是以成批数据的方式进行交换的。

目前，常用的外存有硬盘、光盘以及体积小便于移动携带的 USB 闪速存储器（简称 U盘），如图 1-8 所示。

①硬盘的主要品牌有希捷（Seagate）、西部数据（Western Digital Corp）、东芝（Toshiba）等，硬盘的最大容量可达 16 TB。

②光盘的主要品牌有铼德（Ritek）、索尼（Sony）、紫光（Unis）和威宝（Verbatim）等，光盘的最大容量可达 20 GB。

③U 盘的主要品牌有金士顿（Kingston）、闪迪（SanDisk）、东芝（Toshiba）和三星（Samsung）等，市面上常见的 U 盘的容量有 16 G、32 G 或 64 G，最大容量可达 256 G，容量越大价格越昂贵。

（a）硬盘　　　　　　　　（b）光盘　　　　　　　（c）U盘

图 1-8　外部存储器

3. 主板

主板（main board）又称系统板或母板，上面配备内存插槽、CPU 插槽、各种扩展槽和外部设备(硬盘、键盘、鼠标、USB 等)接口,特别是现在也将其他设备的适配卡集成在上面,如集成声卡、显卡、网卡和内置调制解调器等(见图 1-9)。主板不仅是整个计算机系统平台的载体,也是系统中各种信息交流的中心。可以说,整个计算机系统的类型和档次是由主板的类型和档次决定的,主板的性能高低影响着整个计算机系统的性能。在选择主板时需要考虑的是主板支持 CPU 的类型和频率范围、所支持的内存、BIOS 芯片和版本。目前市场上常见的主板生产厂商有华硕(ASUS)、微星(MSI)和技嘉(GIGABYTE)等。

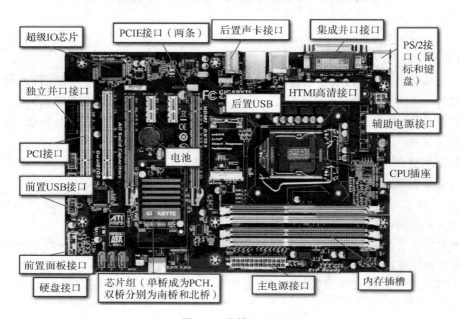

图 1-9　计算机主板

4. 总线与接口

(1)总线

总线(bus)是计算机各功能部件之间传送信息的公共通信线,主机的各部件通过总线相连接,外部设备通过相应的接口再与总线相连接,因此总线是计算机中连接各部件的"高速公路"。总线按照所传送的信息类型,可分为数据总线、地址总线和控制总线。

①数据总线(data bus,DB):用于在 CPU 与随机读写存储器 RAM 之间双向传送需要处理、存储的数据。

②地址总线(address bus,AB):用于 CPU 向存储器、输入/输出接口设备传送地址信息。

③控制总线(control bus,CB):用于传送计算机各部件之间的控制信息,包括 CPU 对内存和输入/输出接口的读写信号、输入/输出接口对 CPU 发出的中断申请信号、CPU 对输入/输出接口的应答信号等。

(2)接口

输入/输出(input/output,I/O)接口是主机与输入/输出设备交换信息的通道,连接输入设备的接口称为输入接口,连接输出设备的接口称为输出接口,I/O 接口用于解决高速的主机与低速的外部设备之间速度匹配问题。由于外部设备种类繁多、物理性能相差大和数据交换方式不同,主板上往往配置不同的 I/O 接口,常见的有显示器接口、键盘接口,串行口 COM1、COM2(连接鼠标),并行口 LPT1、LPT2(连接打印机)以及 USB 接口等。

5. 常用输入/输出设备

输入设备用于将用户输入的原始数据和程序等信息转换为计算机能够识别的二进制形式,并输送到计算机中。常用的输入设备有键盘、鼠标、扫描仪、触摸屏等,其中键盘是计算机最常用的输入设备,它用于向计算机输入字符等信息。

输出设备用于将计算机中已处理的结果转换成人们易于接受的形式并输出。常用的输出设备有显示器、打印机、绘图仪等,其中显示器是计算机必不可少的输出设备,它将计算机中的文字、图片、视频等信息转换成人们肉眼可以识别的形式显示出来。

1.4.4 计算机软件系统

通常将不安装任何软件的计算机称为"裸机",用户是无法直接使用裸机的。一台性能优良的计算机,不但取决于其硬件系统的性能指标,还与所配置的软件系统是否完善丰富有关。计算机软件系统是指计算机运行所需要的各种程序、数据和所有文档资料的集合。程序是指为实现预期任务计算机所执行的一系列有序指令的集合;而文档是为了便于了解程序所需要的阐述性资料(如安装使用手册、功能介绍等)。计算机软件系统按用途可分为系统软件和应用软件。

1. 系统软件

系统软件是指控制和协调计算机及外部设备,支持应用软件开发和运行的软件,其主要功能是监控、调度和维护计算机系统,并负责管理计算机系统中的各个独立硬件,使这些硬件可以协调工作。系统软件是软件运行的基础,所有应用软件都是在系统软件上运行的,用户可以使用系统软件,但不能随意修改它。系统软件主要包括操作系统、语言处理程序、数据库管理系统和系统辅助处理程序等。

(1)操作系统

操作系统(operating system,OS)是整个计算机系统的指挥调度中心,并为用户提供使用计算机的良好运行环境的软件。常见的操作系统有 DOS、Windows、Unix 和 Linux 等。

(2)语言处理程序

语言处理程序是为用户设计的编程服务软件,其主要功能是将用户输入的源程序转换为能被计算机识别和运行的目标程序。人们可以使用计算机语言(包括机器语言、汇编语言和高级语言)编写源程序,但计算机只能识别和运行机器语言程序,因此要在计算机上运行汇编语言程序或者高级语言程序,就必须配备语言处理程序。不同的计算机语言都有相应的翻译程序。

(3)数据库管理系统

数据库管理系统(database management system,DBMS)是一种对数据库进行操作和管理的大型软件集合。数据库管理系统位于用户和操作系统之间,其主要功能包括:建立数据库,对数据库中的数据进行编辑;对数据库中的数据进行快速有效的查询、检索和管理;提供友好的交互式输入/输出功能；方便、高效地使用数据库编程语言；提供数据独立性、完整性、安全性的保障。目前广泛使用的数据库管理系统有 Access、SQL Server、Oracle、Sybase 等。

2. 应用软件

应用软件是指为解决各种实际问题而编制的、具有特定功能的软件。应用软件能够帮助用户完成特定的任务，且种类繁多，例如目前常用的文字处理软件 WPS、Microsoft Office Word 等，表 1-10 列示了部分国内常见的应用软件。

表 1-10 部分主要应用领域的应用软件

应用软件种类	软件名称
办公处理	WPS、Microsoft Office 等
图形/动画编辑	Adobe Photoshop、Flash、3D Max 等
图文浏览	Adobe Reader、ACDSee、超星图书浏览器等
压缩/解压缩软件	WinRar、Bandizip 等
翻译/学习	有道词典、金山词霸、金山打字通等
多媒体播放与处理	Window Media Player、Premier、千千静听、绘声绘影、暴风影音等
网络通信	腾讯 QQ、微信、MSN、飞信等
辅助设计软件	AutoCAD、CorelDraw 等
文件传输/下载	CuteFTP、迅雷

1.4.5 操作系统

1. 操作系统含义

操作系统是计算机运行时必不可少的一种系统软件，用来管理计算机的硬件和软件资源，提供各种人机交互界面，控制程序执行，合理组织计算机工作流程。它直接运行在裸机上，是对计算机硬件系统的第一次扩充，为用户使用计算机提供良好运行环境的程序的集合。

2. 操作系统的基本功能

操作系统作为整个计算机系统的控制管理核心，它的主要功能就是对系统的所有软硬件资源进行合理有效的控制管理，提高计算机系统的整体性能。操作系统的基本功能有 5 部分：处理器管理、存储管理、设备管理、文件管理和作业管理。

（1）处理器管理

处理器管理也称为进程管理，主要体现在调度和管理进程的所有活动，解决处理器

（CPU）的分配问题。当有多个程序申请处理器时，操作系统选择调度哪个程序并占用处理器，其中包括在该程序运行之前要为其分配如内存空间、外部设备等一切必需的资源，在该程序运行过程中要控制其运行状态，以及程序之间的同步通信等操作。

（2）存储器管理

存储器管理主要是对内存储器（内存）资源的管理，计算机需要处理的数据和程序存放在外存储器（如硬盘、光盘等）中，在使用时才调入内存中供处理器（CPU）处理，因此操作系统就要为程序和数据在内存中分配不同的存储区，避免发生冲突并提供保护作用。另外，根据实际需要还利用覆盖、变换或虚拟等技术进行内存扩充。能否合理、有效地管理好存储器这一资源，将直接影响整个计算机系统的效率。

（3）设备管理

设备管理负责对接入本计算机系统的所有外部设备进行有效管理，其主要任务是分配、回收外部设备和控制设备的运行，包括处理外部设备的中断请求、快速处理器（CPU）和慢速外部设备的缓冲管理等，提高 CPU 和设备的利用率。

（4）文件管理

文件管理也称为信息管理，操作系统对所有的数据信息资源都是以文件的形式进行管理的，其主要任务是支持文件的建立、存储、删除、检索、调用和修改等操作，解决文件的共享和保护保密等问题，并为用户提供方便操作文件的友好界面，使用户能快速实现对文件的按名存取。

（5）作业管理

作业管理是为用户能够方便地运行自己的作业提供友好界面，包括对进入计算机系统的所有用户作业进行作业的组织、调度和运行控制等操作。所谓作业是指一次解题过程中或者一个事务处理过程中要求计算机系统所要完成的工作集合，包括要执行的程序模块和需要处理的数据。

3. 操作系统的分类

经过多年的迅速发展与积累，操作系统种类多样且功能相差很大，它们能够适应于各种不同的应用环境和硬件配置，表 1-11 列出按不同分类标准划分的操作系统。

表 1-11　操作系统的分类

分类标准	操作系统	说明
按用户数目	单用户操作系统	指系统内只能运行一个用户程序，此用户独立占用计算机系统的全部资源。如多数的微型计算机操作系统
	多用户操作系统	在同一时间最多允许多个用户同时操作计算机。如 Windows Server 2003、Windows Server 2008 等
按任务数目	单任务操作系统	指系统每次只能执行一个程序，如早期微机在执行打印时，不能再进行其他工作。如 MS-DOS
	多任务操作系统	指系统允许同时运行多个程序，如目前常见的微机在执行打印的同时，可以运行其他程序。如 Windows 2007/2010、UNIX 等

续表

分类标准	操作系统	说明
按使用界面	命令行操作系统	指用户只能在命令提示符(如 C:\>)后输入格式化的命令才能操作计算机,这类操作系统交互界面不友好,用户需要输入正确的命令才能使用系统。如 MS-DOS、Novell 等
	图形界面操作系统	指用户根据图形界面提示,利用鼠标的点取即可进行操作,这类操作系统交互界面友好,用户无须记忆各种命令,简单易用。如 Windows 系统
按使用环境	批处理操作系统	指将若干作业按一定顺序统一提交系统,由计算机自动顺序完成这些作业,这类操作系统特点是用户可以脱机使用计算机实现成批处理。如 MVX、DOS/VSE、AOS/V 等
	分时操作系统	指一台主机带有若干台终端,各个终端按照预先被分配的时间片,分时共享计算机系统的资源,它也是一种多用户操作系统。如 UNIX、XENIX 等
	实时操作系统	指在规定的短时间内即时响应并处理来自外部的请求,这类操作系统具有响应的即时性和系统的高可靠性。如 IRMX、VRTX 等
按硬件结构	网络操作系统	指管理连接在计算机网络上的多个独立的计算机系统,实现计算机之间的信息交换、资源共享等网络管理和应用。如 Netware、Windows NT、OS/2Wrap 等
	分布式操作系统	指管理分布式系统中的全部资源并控制分布式程序运行,为用户提供统一界面,实现分布式计算与处理。如 Hadoop

4. 目前常见的操作系统简介

(1)Windows 操作系统

Windows 操作系统是目前最流行、普及率最高的图形界面操作系统,其交互界面友好,操作简单,特别适合于非计算机专业人员使用。Windows 操作系统分为两个系列:一是运用于 PC 上的操作系统,如 Windows 7、Windows 8 和 Windows 10 等;二是运用于高档服务器上的网络操作系统,如 Windows NT、Windows Server 系统。

(2)UNIX 操作系统

UNIX 是一种发展比较早的操作系统,具有较好的可移植性,可运行于不同类型的计算机上,支持多用户、多任务、网络管理和网络应用。缺点是缺乏统一标准,应用程序不够丰富,不易学习,普及应用不广。

(3)Linux 操作系统

Linux 是一种"类 UNIX"且源代码开放的操作系统,广泛运用于网络服务器、巨型机、个人计算机和嵌入式系统中,具有用户界面和系统调用两种良好交互界面。

(4)Android 操作系统

Android 是一种以 Linux 为基础的开放源代码操作系统,目前广泛应用在智能手机上,具有实际应用程序运行速度快、程序多任务、性能优秀、切换迅速、开发限制少和平台开放等特点。

（5）iOS 操作系统

iOS 是由 Apple 公司开发的移动操作系统，主要应用于 iPhone、iPad、iPod touch 和 Apple TV 等产品上。由于 iOS 属于类 UNIX 的商业操作系统，虽然相对稳定且移植性好，但因不开放源代码，扩展性相对不足。

1.5　本章小结

本章从信息与信息技术等基本概念出发，概括地阐述了计算机的发展历程、特点、应用与分类，简要介绍了计算机发展趋势，较为详细地介绍了信息在计算机中的编码表示、计算机组成系统的硬件系统和软件系统、计算机基本工作原理，概要介绍了操作系统。

通过本章的学习，应理解计算机内部是如何表示现实世界中不同信息的，掌握计算机的基本组成结构和基本工作原理，了解计算机软件系统的基本概念，为进一步学习后续各章节和后续课程打好基础。

计算机系统的软、硬件层次结构详见图 1-10。

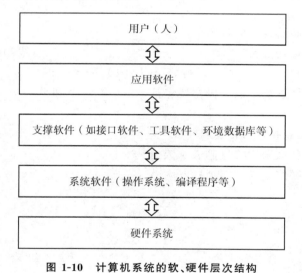

图 1-10　计算机系统的软、硬件层次结构

1.6　习题

一、选择题

1. 下列不同进制数中，最大的是（　　）。

　　A.（1001011）$_2$　　　　　　　　　　　　B.（76）$_{10}$

　　C.（A6）$_{16}$　　　　　　　　　　　　　　D.（36）$_8$

2. 冯·诺依曼提出的计算机基本工作原理是( )。

    A. 存储器只能存储程序与指令

    B. 存储程序与数据、顺序控制

    C. 存储器只能存储运算后的结果

    D. 计算机内部可以使用二进制数或者十六进制数

3. 音频数字化过程的基本步骤是( )。

    A. 采样、编码、量化   B. 采样、量化、编码

    C. 编码、采样、量化   D. 量化、采样、编码

4. 现代计算机硬件的基本组成主要包括运算器、控制器、存储器、输入设备和( )。

    A. 输出设备   B. 键盘

    C. 鼠标   D. 扫描仪

5. 计算机操作系统的功能是( )。

    A. 实现计算机与用户之间的"对话"

    B. 将源程序代码转换为可执行代码

    C. 控制、管理计算机资源和程序的执行

    D. 实现计算机硬件与软件之间的交流

二、填空题

1. 表示计算机存储器容量的基本单位是_____。

2. 计算机的系统总线分为_____总线、_____总线和_____总线。

3. Windows 7 属于_____软件,Excel 2010 属于_____软件。

4. 微型计算机硬件系统中的主机主要包括_____和_____。

三、简答题

1. 什么是信息、信息技术和信息科学?

2. 计算机内部为什么采用二进制表示数据?

3. 微型计算机有哪些主要性能指标?

第 2 章　计算机网络通信

本章学习目标

- 了解计算机网络的基本概念和系统组成；
- 了解计算机网络的发展及我国计算机网络的发展历程；
- 了解计算机网络的功能及分类；
- 掌握计算机网络技术及应用；
- 了解计算机网络体系结构；
- 了解网络新技术及其典型的应用场景；
- 了解 Internet 的基本服务及功能；
- 通过家庭组网案例介绍，了解宽带接入的典型应用场景。

2.1　计算机网络基础

2.1.1　计算机网络的概念与组成

1. 计算机网络的概念

在计算机网络发展的不同阶段，人们由于对计算机网络的理解和侧重点不同而提出了不同的定义。就目前计算机网络现状来看，从数据交换和资源共享的观点出发，通常将计算机网络定义为：把若干台地理位置不同且具有独立功能的计算机，用通信线路和通信设备互相连接起来，以实现彼此之间的数据通信和资源共享的一种计算机系统。

2. 计算机网络的组成

计算机网络由 3 部分组成：网络硬件、通信线路（传输介质）和网络软件，其组成如图 2-1 所示。

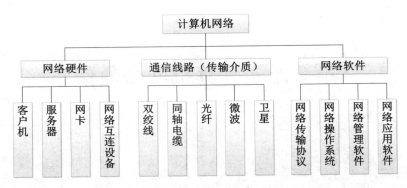

图 2-1　计算机网络组成

（1）网络硬件

网络硬件包括客户机、服务器、网卡和网络互连设备。

客户机指网络用户上网用的计算机，也可以理解为网络工作站、节点和主机。

服务器是指提供某种网络服务的计算机，通常由运算功能强大的专用服务器设备充当。

网卡即网络适配器，是计算机与传输介质连接的接口设备。

网络互连设备包括集线器、中继器、网桥、交换机、路由器和网关等。

（2）传输介质

物理传输介质是计算机网络最基本的组成部分，任何信息的传输都离不开它。传输介质通常可分为有线介质和无线介质两种。常见的有线传输介质有双绞线、同轴电缆、光纤等。无线电磁波为无线传输介质。

（3）网络软件

网络软件有网络传输协议、网络操作系统、网络管理软件和网络应用软件 4 个部分。

①网络传输协议。网络传输协议就是连入网络的计算机必须共同遵守的一组规则和约定，以保证数据传送与资源共享能顺利完成。

②网络操作系统。网络操作系统是控制、管理、协调网络上的计算机，使之能方便有效地共享网络上硬件、软件资源，为网络用户提供所需的各种服务的软件和有关规程的集合。网络操作系统除具有一般的操作系统的功能外，还具有网络通信能力和多种网络服务功能。目前，常见的网络操作系统有 Windows、UNIX、Linux 和 NetWare。

③网络管理软件。网络管理软件的功能是对网络中大多数网络设备进行管理和控制，以保证用户安全、可靠、正常地得到网络服务，使网络性能得到优化。

④网络应用软件。网络应用软件就是使用户能够在网络中完成相应功能的一些工具软件。例如，能够方便实现上网漫游的 IE 浏览器软件，能够用于聊天的 QQ 等。随着网络应用的普及，将会有越来越多的网络应用软件为用户带来更大的工作、学习方便。

2.1.2　计算机网络的发展

1. 计算机网络的发展

追溯计算机网络的发展历史，它的演变经历了一个从简单到复杂、从低级到高级的发展过程,大致可以分为 4 个发展阶段。

(1)第一代计算机网络

这一阶段可以追溯到 20 世纪 50 年代,人们将多台终端通过通信线路连接到一台中央计算机上,构成"主机-终端"系统。第一代计算机网络,又称为面向终端的计算机网络。这里的终端不具备自主处理数据的能力,仅仅能完成简单的输入输出功能,所有数据处理和通信处理任务均由主机完成。用今天对计算机网络的定义来看,"主机-终端"系统只能称得上是计算机网络的雏形,还算不上是真正的计算机网络,但这一阶段进行的计算机技术与通信技术相结合的研究,是计算机网络发展的基础。

(2)第二代计算机网络

20 世纪 60 年代,计算机的应用日趋普及,许多部门,如工业、商业机构都开始配置大、中型计算机系统。这些地理位置上分散的计算机之间自然需要进行信息交换,这种信息交换的结果是多个计算机系统连接,形成一个计算机通信网络,称为第二代网络。其重要特征是通信在"计算机-计算机"之间进行,计算机各自具有独立处理数据的能力,并且不存在主从关系。计算机通信网络主要用于传输和交换信息,资源共享程度不高。美国的 APPANET (advanced research projects agency network)就是第二代计算机网络的典型代表。APPANET 为 Internet 的产生和发展奠定了基础。

(3)第三代计算机网络

20 世纪 70 年代中期开始,许多计算机生产商纷纷开发出自己的计算机网络系统并形成各自不同的网络体系结构,如 IBM 公司的系统网络体系结构 SNA、DEC 公司的数字网络体系结构 DNA。这些网络体系结构有很大的差别,无法实现不同网络之间的互连。因此网络体系结构与网络协议的国际标准化成了迫切需要解决的问题。1977 年国际标准化组织 (International Standards Organization,ISO)提出了著名的开放系统互联参考模型 OSI/RM,形成了一个计算机网络体系结构的国际标准。尽管因特网上使用的是 TCP/IP,但 OSI/RM 对网络技术的发展产生了极其重要的影响。第三代计算机网络的特征是全网中所有的计算机遵守同一协议,强调以实现资源共享(硬件、软件和数据)为目的。

(4)第四代计算机网络

从 20 世纪 90 年代开始,因特网实现了全球范围的电子邮件、WWW、文件传输和图像通信等数据服务的普及,但电话和电视仍各自使用独立的网络系统进行信息传输。人们希望利用同一网络来传输语音、数据和视频图像,因此提出了宽带综合业务数字网(B-ISDN)的概念。"宽带"是指网络具有极高的数据传输速率,可以承载大量数据的传输;"综合"是指信息媒体,包括语音、数据和图像可以在网络中综合采集、存储、处理和传输。由此可见。第四代网络计算机的特点是综合化和高速化。支持第四代计算机网络的技术有异步传输模式 (asynchronous transfer mode,ATM)、光纤传输介质、分布式网络、智能网络、高速网络、因特网技术等。人们对这些新的技术给予了极大的热情和关注,正在不断深入地进行研究和应用。

因特网技术的飞速发展以及在企业、学校、政府、科研部门和千家万户的广泛应用,使人们对计算机网络提出了越来越高的要求。未来的计算机网络应能提供目前电话网、电视网和计算机网络的综合服务;能支持多媒体信息通信,以提供多种形式的视频服务;具有高度安全的管理机制,以保证信息安全传输;具有开放统一的应用环境,智能的系统自适应性和高可靠性,网络的使用、管理和维护将更加方便。总之,计算机网络将进一步朝着"开放、综合、智能"方向发展,必将对未来世界的经济、军事、科技、教育与文化的发展产生重大的影响。

2. 计算机网络在我国的发展

下面简单介绍一下计算机网络在我国的发展情况。

最早着手建设专业计算机广域网的是原铁道部。原铁道部在 1980 年即开始进行计算机联网实验。1989 年 11 月我国第一个公用分组交换网 CNPAC 建成运行。在 20 世纪 80 年代后期,公安、银行、军队以及其他一些部门也相继建立了各自的专用计算机广域网。这对迅速传递重要的数据信息起着重要的作用。另外,20 世纪 80 年代起,国内许多单位相继建设了大量局域网。局域网的价格便宜,其所有权和使用权都属于所在单位,因此便于开发、管理和维护。局域网的发展很快,对各行各业的管理现代化和办公自动化起到了积极的作用。

1994 年 4 月 20 日我国用 64 kbit/s 专线正式接入互联网。从此,我国被国际上正式承认为接入互联网的国家。同年 5 月中国科学院高能物理研究所设立了我国的第一个万维网服务器,9 月中国公用计算机互联网正式启动。到目前为止,我国陆续建造了基于互联网技术并能够和互联网互连的多个全国范围的公用计算机网络,其中规模较大的有下面5 个。

(1)中国电信互联网 CHINANET(也就是原来的中国公用计算机互联网);

(2)中国联通互联网 UNINET;

(3)中国移动互联网 CMNET;

(4)中国教育科研计算机网 CERNET;

(5)中国科学技术网 CSTNET。

2004 年 2 月,我国第一个下一代互联网 CNGI 的主干网 CERNET2 试验网正式开通,并提供服务。试验网以 2.5～10 Gbit/s 的速率连接北京、上海和广州三个 CERNET 的核心节点,并与国际下一代互联网相连接。这标志着中国在互联网的发展过程中,已逐渐达到国际先进水平。

2.1.3 计算机网络的功能与分类

1. 计算机网络的功能

建立计算机网络的基本目的是实现数据通信和资源共享。计算机网络的主要功能可归纳为数据通信、资源共享、提高可靠性和可用性以及分布式处理等。

(1)数据通信

计算机网络可以实现各计算机之间的信息传输,并使分散在不同地点的信息得到统一、集中的管理。这是计算机网络最基本的功能之一。计算机网络提供的数据通信服务包括传真、电子邮件(E-mail)、电子数据交换(electronic data interchange,EDI)、电子公告牌(bulletin board system,BBS)、远程登录等。

（2）资源共享

计算机网络可突破地理位置的限制,实现资源共享,大大提高了资源的利用率。所谓"资源"是指计算机系统的软件、硬件和数据资源,所谓"共享"是指网内用户均能享受网络中各个计算机系统的全部或部分资源。

（3）提高计算机的可靠性和可用性

网络中每台计算机可通过网络相互成为后备机。一旦某台计算机出现故障,它的任务就可由其他计算机代为完成。这样可避免在单机情况下,一台计算机故障引起整个系统瘫痪的现象,从而提高了系统的可靠性。而当网络中某台计算机负担过重时,网络又可将新的任务交给网中比较空闲的计算机完成,均衡负荷,从而提高每台计算机的可用性。

（4）分布式处理

分布式处理是指将大型的综合性问题交给不同的计算机分别同时进行处理。用户可以根据需要,合理选择网络资源,就近快速地进行处理。另外,利用网络技术将多台计算机连成具有高性能的计算机系统来解决大型问题,比利用同样性能的大中型计算机更节省费用。

2. 计算机网络的分类

从不同的角度出发,对计算机网络可以有多种分类方法。按计算机网络地理分布范围分类,可分为局域网、城域网和广域网3类。

（1）局域网(local area network,LAN)

局域网是将有限范围内(如一间实验室或办公室、一栋大楼、一个校园)的各种计算机、终端与外部设备连接起来所形成的网。

（2）城域网(metropolitan area network,MAN)

城域网是介于局域网和广域网之间的一种高速网络。城域网设计的目的是满足几十公里范围内的大量企业、机关、公司的多个局域网互联的需求,以实现大量用户之间的数据、语音、图形、图像、视频等多种信息的共享与传输。

（3）广域网(wide area network,WAN)

广域网(亦称为远程网)是指由连接远距离的计算机组成的网,分布范围可达几百公里乃至上万公里。广域网一般由多个部门或多个国家联合组建,能实现大范围内的资源共享。它将不同地区的计算机系统互联起来,以达到资源共享的目的。

除了按网络的地理分布范围分类,还可以按网络的其他方式划分,常见划分方式如表2-1所示。

表2-1　其他常见网络类型

划分方式	网络类型
网络交换方式	电路交换、报文交换、分组交换
网络拓扑结构	星型、总线型、环型、树型和网状型
网络信道带宽	窄带网、宽带网
网络用途	科研网、教育网、商业网、企业网等

2.2 计算机网络技术

2.2.1 计算机网络体系结构

1. 网络协议

在计算机网络上要做到有条不紊地交换数据,就必须遵循一些事先约定好的规则,这些规则明确规定了所交换的数据的格式以及有关的同步问题。这些为进行网络数据交换而建立的规则、标准或约定称为网络协议(network protocol),也可以简称为协议。更进一步讲,网络协议主要由以下 3 个要素组成。

(1)语法,即数据与控制信息的结构或格式。

(2)语义,即需要发出何种控制信息,完成何种动作,以及做出何种响应。

(3)同步,即事件实现顺序的详细说明。

由此可见,网络协议是计算机网络不可缺少的组成部分。

2. 网络体系结构

计算机网络通信是个复杂的过程,要解决这个复杂的问题,需采用分层的结构。计算机网络的各层及其协议的集合就是网络的体系结构(architecture)。换种说法,计算机网络的体系结构就是这个计算机网络及其构件所应完成功能的精确定义。这些功能究竟是用何种硬件和软件完成的,则是一个遵循这种体系结构的实现(implementation)问题。总之,体系结构是抽象的,而实现是具体的,是真正在运行的计算机硬件和软件。

3. OSI/ISO 网络体系结构

为了使不同网络体系结构的计算机都能够互联,国际标准化组织 ISO 于 1977 年成立了专门机构研究该问题。它提出了一个试图使各种计算机在世界范围内互连成网的标准框架,即著名的开放系统互联基本参考模型 OSI/RM(open system interconnection reference model),简称为 OSI。"开放"是指只要遵循标准,一个系统就可以和位于世界上任何地方也遵循着同一标准的其他任何系统进行通信。"系统"是指在现实的系统中与互连有关的各部分。所以,OSI/RM 是个抽象的概念。1983 年形成了开放系统互连基本参考模型的正式文件,即著名的 ISO 7498 国际标准,也就是所谓的七层协议的体系结构。OSI 的七层协议体系结构如图 2-2(a)所示,概念清楚,理论也比较完整,但它既复杂又不实用,只获得了一些理论研究的成果,在市场化方面失败了。现今规模最大、覆盖全球、基于 TCP/IP 的互联网并未使用 OSI 标准。

4. TCP/IP 网络体系结构

TCP/IP(transmission control protocol/Internet protocol)网络体系结构不是一个国际标准,但它现在得到了非常广泛的应用。所以,TCP/IP 就常被称为事实上的国际标准。Internet 中一个最重要的关键技术就是 TCP/IP。TCP/IP 组成了 Internet 世界的通用语言,Internet 上的每一台计算机都能理解这个协议,并且依据它来发送和接收来自 Internet 上的另一台计算机的数据。

TCP/IP 网络体系结构共分为四层[图 2-2(b)]:应用层、运输层、网际层和网络接口层(主机至网络层),分别介绍如下。

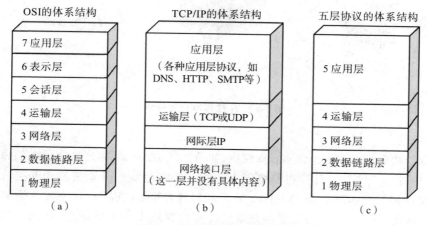

图 2-2 计算机网络体系结构

(1)应用层(application layer),包含所有的高层协议,让用户处理特定的应用程序数据,为应用软件提供网络接口。它主要包括超文本传输协议(hypertext transfer protocol,HTTP)、文件传输协议(file transfer protocol,FTP)、电子邮件传输协议(simple mail transfer protocol,SMTP)、域名服务(domain name system,DNS)、网上新闻传输协议(network news transfer protocol,NNTP)等。

(2)运输层(transport layer),用于为两台联网设备之间提供端到端的通信,在这一层有传输控制协议(TCP)和用户数据报协议(user datagram protocol,UDP)。其中,TCP 是面向连接的协议,它提供可靠的报文传输和对上层应用的连接服务;UDP 是面向无连接的不可靠传输的协议,主要用于不需要 TCP 的排序和流量控制等功能的应用程序。

(3)网际层(Internet layer),是整个的体系结构的关键部分,用于确定数据包从端到端的路径选择方式。互联网层使用因特网协议(Internet protocol,IP)、网际控制报文协议(Internet control message protocol,ICMP)等。

(4)网络接口层,或称主机至网络层(host-to-network layer),用于确定数据包从一个设备的网络层传输到另一个设备网络层的方法。

2.2.2　计算机网络硬件组成

1. 网络传输介质

传输介质是连接网络设备的中间介质,也是信号传输的媒体,常用的介质有双绞线、同轴电缆、光纤(图 2-3)以及微波等。

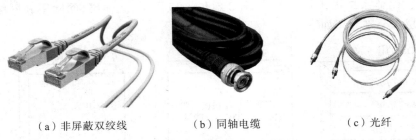

（a）非屏蔽双绞线　　　（b）同轴电缆　　　（c）光纤

图 2-3　几种传输介质外观

（1）双绞线

现行双绞线电缆中一般包含 4 对双绞线,如图 2-4(a)所示,具体为橙白 1/橙 2、绿白 3/绿 4、蓝白 5/蓝 6、棕白 7/棕 8。计算机网络用 1—2、3—6 两组线对分别来发送和接收数据。双绞线的连接使用符合国际标准的 RJ-45 插头和插座[图 2-4(b)]。双绞线分为屏蔽双绞线(STP)和非屏蔽双绞线(UTP)。非屏蔽双绞线有线缆外皮作为屏蔽层,适用于网络流量不大的场合中;屏蔽式双绞线具有一个金属甲套(sheath),对电磁干扰(electromagnetic inter-ference,EMI)具有较强的抵抗能力,适用于网络流量较大、安全性要求较高的高速网络应用。

一般规定:一段双绞线的最大长度为 100 m,只能连接一台计算机;双绞线的每端需要一个 RJ-45 插件(头或座)。

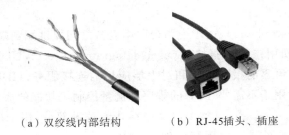

（a）双绞线内部结构　　　（b）RJ-45插头、插座

图 2-4　双绞线及 RJ45 插头、插座

（2）同轴电缆

广泛使用的同轴电缆(coaxial)有两种:一种为 50 Ω(指沿电缆导体各点的电磁电压对电流之比)同轴电缆,用于数字信号的传输,即基带同轴电缆;另一种为 75 Ω 同轴电缆,用于宽带模拟信号的传输,即宽带同轴电缆。同轴电缆以单根铜导线为内芯,外裹一层绝缘材料,外覆密集网状导体,最外面是一层保护性塑料,如图 2-5 所示。金属屏蔽层能将磁场反

射回中心导体,同时也使中心导体免受外界干扰,故同轴电缆比双绞线具有更高的带宽和更好的噪声抑制特性。

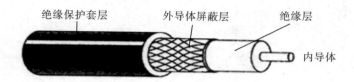

图 2-5　同轴电缆结构

以太网同轴电缆常见的接法有两种:直径为 0.4 cm 的 RG-11 粗缆采用凿孔接头接法和直径为 0.2 cm 的细缆采用 T 形头接法。粗缆要符合 10 Base-5 介质标准,使用时需要一个外接收发器和收发器电缆,单根最大标准长度为 500 m,可靠性强,最多可接 100 台计算机,两台计算机的最小间距为 2.5 m。细缆按 10 Base-2 介质标准直接连到网卡的 T 形头连接器(即 BNC 连接器)上,单段最大长度为 185 m,最多可接 30 个工作站,最小站间距为 0.5 m。

(3)光纤

光纤(fiber optic)是软而细、利用内部全反射原理来传导光束的传输介质,有单模和多模之分。单模光纤多用于通信业,多模光纤多用于网络布线系统。

光纤为圆柱状,由 3 个同心部分组成:纤芯、包层和护套,如图 2-6 所示。每一路光纤包括两根,一根接收,另一根发送。用光纤作为网络介质的 LAN 技术主要是光纤分布式数据接口(fiber-optic data distributed interface,FDDI)。与同轴电缆比较,光纤的频率带宽且功率损耗小,传输距离长(2 km 以上),传输率高(可达数千 Mbit/s),抗干扰性强,是构建安全性网络的理想选择。

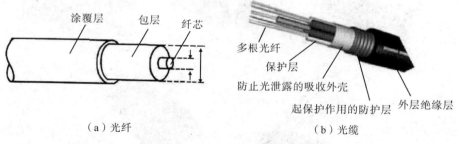

（a）光纤　　　　　　　　　　　（b）光缆

图 2-6　　光纤与光缆结构图

(4)微波传输和卫星传输

微波传输和卫星传输这两种传输都属于无线通信,传输方式均以空气为传出介质,以电磁波为传输载体,联网方式较为灵活,适合应用在不易布线、覆盖面积大的地方。通过一些硬件的支持,可实现点对点或点对多点的数据、语音通信,通信方式分别如图 2-7 和图 2-8 所示。

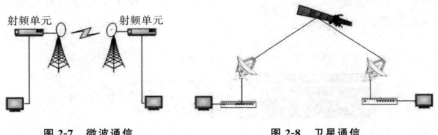

图 2-7　微波通信　　　　　　　　　图 2-8　卫星通信

2. 网卡

网卡也称网络适配器或网络接口卡(network interface card, NIC),在局域网中用于用户计算机与网络相连。大多数局域网采用以太网卡,如 NE2000 网卡、PCMCIA 卡等。

网卡是一块插入微机 I/O 槽中,发送和接收不同的信息帧,计算帧检验序列,执行编码译码转换等以实现微机通信的集成电路卡。它主要完成如下功能:

(1)读入由其他网络设备(路由器、交换机、集线器或其他 NIC)传输过来的数据包(一般是帧的形式),经过拆包将其变成客户机或服务器可以识别的数据,通过主板上的总线将数据传输到所需的 PC 设备中(CPU、内存或硬盘)。

(2)将 PC 设备发送的数据打包后输送至其他网络设备中。网卡按总线类型可分为ISA 接口网卡、EISA 接口网卡、PCI 接口网卡、PCMCIA 接口网卡、USB 接口网卡等,如图2-9 所示。其中,ISA 网卡的数据传送量为 16 位;EISA 网卡和 PCI 网卡的数据传送量为 32位,速度较快。

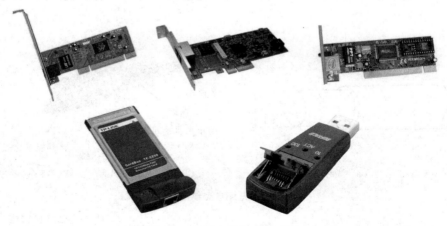

图 2-9　常见各种接口类型网卡

网卡有 16 位与 32 位之分,16 位网卡的代表产品是 NE2000,市面上非常流行其兼容产品,一般用于工作站;32 位网卡的代表产品是 NE3200,一般用于服务器,市面上也有兼容产品出售。

网卡的接口大小不一,其旁边有红、绿两个小灯。网卡的接口有三种规格:粗同轴电缆接口(AUI 接口)、细同轴电缆接口(BNC 接口)、无屏蔽双绞线接口(RJ-45 接口)。目前

RJ-45 接口类型的网卡较为常见。一般的网卡仅有一种接口，但也有两种甚至三种接口的，称为二合一或三合一卡。红、绿小灯是网卡的工作指示灯，红灯亮时表示正在发送或接收数据，绿灯亮时则表示网络连接正常，否则就不正常。值得说明的是，倘若连接两台计算机线路的长度大于规定长度（双绞线为 100 m，细电缆是 185 m），即使连接正常，绿灯也不会亮。

3. 交换机

交换机可以根据数据链路层信息做出帧转发决策，同时构造自己的转发表。交换机运行在数据链路层，可以访问 MAC 地址，并将帧转发至该地址接口。交换机的出现，促进了网络带宽的增加。

（1）3 种方式的数据交换

直通方式（cut-through）：封装数据包进入交换引擎后，在规定时间内丢到背板总线上，再送到目的端口。这种交换方式交换速度快，但容易出现丢包现象。

存储转发（store & forward）：封装数据包进入交换引擎后被存在一个缓冲区中，由交换引擎转发到背板总线上，这种交换方式克服了丢包现象，但降低了交换速度。

碎片隔离（fragment free）：介于上述两者之间的一种解决方案。它检查数据包的长度是否够 64 字节，如果小于 64 字节，认为是有问题的包，丢弃该包；如果大于等于 64 字节，则发送该包。它适用链路质量一般的环境。它的优点是数据处理速度比存储转发方式快，缺点是比直通方式慢。

（2）背板带宽与端口速率

交换机将每一个端口都挂在一条背板总线（core bus）上，背板总线的带宽即背板带宽，端口速率即端口每秒吞吐多少数据包。

（3）模块化与固定配置

交换机从设计理念上讲只有两种，一种是机箱式交换机（也称为模块化交换机），另一种是独立式固定配置交换机。

机箱式交换机最大的特色就是具有很强的可扩展性，它能提供一系列扩展模块，如吉比特以太网模块、FDDI 模块、ATM 模块、快速以太网模块、令牌环模块等，所以能够将具有不同协议、不同拓扑结构的网络连接起来。它最大的缺点就是价格昂贵。机箱式交换机一般作为骨干交换机来使用。

固定配置交换机一般具有固定端口的配置，如图 2-10 所示。固定配置交换机的可扩充性不如机箱式交换机，但是成本要低得多。

图 2-10　交换机

4. 路由器

路由器（router）是工作在 OSI 第 3 层（网络层）、具有连接不同类型网络的能力并能够选择数据传送路径的网络设备，如图 2-11 所示，路由器有三个特征：工作在网络层，能够连接不同类型的网络，具有路径选择能力。

图 2-11　路由器

（1）路由器工作在网络层

路由器是第 3 层网络设备，这样说比较难理解，为此先介绍一下集线器和交换机。

集线器工作在第 1 层（即物理层），它没有智能处理能力，对它来说，数据只是电流而已，当一个端口的电流传到集线器时，它只是简单地将电流传送到其他端口，至于其他端口连接的计算机接收不接收这些数据，它就不管了。

交换机工作在第 2 层（即数据链路层），它比集线器要智能一些，对它来说，网络上的数据就是 MAC 地址的集合，它能分辨出帧中的源 MAC 地址和目的 MAC 地址，能根据数据帧中的目的 MAC 地址，把帧转发到交换机相应的端口。

路由器工作在第 3 层（即网络层），它比交换机还要"聪明"一些，它能理解数据中的 IP 地址，如果它接收到一个数据包，就检查其中的 IP 地址，如果目标地址是本地网络就不理会；如果是其他网络的，就将数据包转发出本地网络。

（2）路由器能连接不同类型的网络

常见的集线器和交换机一般都是用于连接以太网的，但是如果将两种网络类型连接起来，如以太网与 ATM 网，集线器和交换机就派不上用场了。路由器能够连接不同类型的局域网和广域网，如以太网、ATM 网、FDDI 网、令牌环网等。不同类型的网络，其传送的数据单元——帧（frame）的格式和大小是不同的，就像公路运输是以汽车为单位装载货物，而铁路运输是以车皮为单位装载货物一样，从公路运输改为铁路运输，必须把货物从汽车上放到火车皮上。网络中的数据也是如此。数据从一种类型的网络传输至另一种类型的网络，必须进行帧格式转换。路由器就具有这种能力，而交换机和集线器没有。实际上，我们所说的互联网就是由各种路由器连接起来的，因为互联网上存在各种不同类型的网络，集线器和交换机根本不能胜任这个任务，所以必须由路由器来担当这个角色。

（3）路由器具有路径选择能力

在互联网中从一个节点到另一个节点，可能有许多路径，路由器可以选择通畅快捷的近路，会大大提高通信速度，减轻网络系统通信负荷，节约网络系统资源，这是集线器和第 2 层交换机所不具备的性能。

2.2.3　网络新技术简介

1. 无线网络技术

(1)无线局域网技术简介

无线网络技术通过无线通信设备将计算机连起来,实现计算机之间的通信和资源共享。无线网络与有线网络的用途类似,最大的不同在于传输媒介的不同,前者利用无线电技术取代网线实现通信连接。无线网络是网络技术发展的趋势,未来大多数计算机和数码设备都可以做到无线连接,不用再受时间和地域的限制。

无线局域网(wireless LAN,WLAN)是在一个较小的范围内使用的无线网络技术,现在已经广泛应用在商务区、大学、机场以及其他公共区域,如大楼之间、展示会场、餐饮及零售、医疗、仓储管理、货柜集散场等。

目前应用的标准有以下几种:IEEE 802.11a、802.11b、802.11g。新一代的 802.11n 标准可达到至少 300 Mbit/s 的传输率,其中 IEEE 802.11 是目前最流行的无线局域网标准。

人们现在一般逐渐习惯用 WiFi 来称呼 802.11 协议,但实际上 WiFi 只是无线局域网联盟(WLANA)的一个商标,它是一种认证标准。WiFi 全称为 wireless fidelity(拼音音译为"wai-fai"),是一种个人电脑、手持设备(如 PDA、手机)等终端以无线方式互相连接的认证标准,目的是改善基于 IEEE 802.11 标准的无线网络产品之间的互通性。图 2-12 是新一代 WiFi 标准 802.11n 的认证 Logo。

图 2-12　WiFi 标准 802.11n 的认证 Logo

(2)无线局域网相关设备

无线局域网常见的设备有无线网卡、无线网桥、无线天线等。

①无线网卡

无线网卡的作用类似于以太网中的网卡,它作为无线局域网的接口,实现计算机与无线局域网的连接。目前大多数笔记本电脑中都有内置的无线网卡,一般不需要另外购买,而大多数台式机都没有装配无线网卡。

根据接口类型的不同,无线网卡主要分为三种类型,即 PCI 无线网卡、USB 无线网卡和 PCMICA 无线网卡。

a.PCI 无线网卡:PCI 无线网卡(图 2-13 所示)适用于普通的台式计算机,它插在台式机的 PCI 插槽中。

b.USB 无线网卡:USB 接口的无线网卡插在笔记本和台式机的 USB 接口上,外形像 U 盘,如图 2-14 所示。它的优点是支持热插拔,可很方便地在多台计算机上使用。

c.PCMICA 无线网卡:PCMICA 无线网卡(图 2-15 所示)一般适用于笔记本电脑,支持热插拔。

图 2-13　PCI 无线网卡　　　　图 2-14　USB 无线网卡　　　　图 2-15　PCMICA 无线网卡

②无线 AP

无线 AP(wireless access points,WAP,图 2-16)完整的中文名称为"无线接入点",它是无线路由器、无线网关或无线网桥等设备的统称。无线 AP 作为传统的有线局域网络与无线局域网络之间的桥梁,将计算机以无线方式接入有线局域网络中。目前,无线 AP 具备支持多用户(多台计算机)接入、数据加密等功能。

图 2-16　无线 AP 示意图

③无线路由器

无线路由器(wireless router)是用于用户上网且带有无线覆盖功能的路由器,它是一种将单纯性无线 AP 和宽带路由器合二为一的扩展及产品,如图 2-17 所示。无线路由器可以将网络信号通过天线转发给附近的无线网络设备(笔记本电脑、支持 WiFi 的手机、平板电脑以及所有带有 WiFi 功能的设备)。目前无线路由器一般还具有一些网络管理的功能,如 DHCP 服务、NAT、防火墙、MAC 地址过滤、动态域名等。

图 2-17　无线路由器

(3)无线局域网的架设

一般架设无线局域网都是将有线局域网和无线局域网进行混合组网,如图 2-18 所示。选择合适的接入点,在原有的有线局域网中加入若干台无线 AP,其他具有无线网卡的计算机、PDA 等数字设备通过无线 AP 接入有线局域网中,如此便能以无线的模式,配合既有的有线架构来分享网络资源。

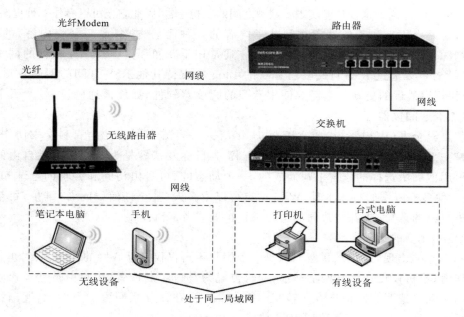

图 2-18　无线与有线局域网混合组网

2. Web 2.0

Web 2.0 是相对 Web 1.0 的新一类互联网应用的统称。有人把以前基于静态的 HTML 语言的技术称为 Web 1.0,把基于动态的 DHTML 语言的 Web 技术称为 Web 1.5,而把目前基于交互式内容发布方式的 Web 技术称为 Web 2.0。

(1)Web 2.0 与 Web 1.0 的主要区别

Web 1.0 是指传统的通过网络浏览器浏览 HTML 网页的模式,用户对网站所提供的内容只能阅读,是网站到用户的单向行为。Web 2.0 则更注重用户的交互作用,用户既是网站内容的浏览者,也是网站内容的制造者。Web 1.0 到 Web 2.0 的转变,从模式上看是由单纯的"读"向"写"和"共同建设"发展;从基本构成单元上看,是由"网页"向"发表/记录的信息"发展。

(2)Web 2.0 的主要应用技术

基于 Web 2.0 的各种新技术和应用如 Blog(博客)、微博、TrackBack、RSS(really simple syndication,简易信息聚合)、网摘、Wiki、SNS(social network service,社交网络)和 IM(instant messaging,即时通信,如 QQ、微信)等层出不穷。

SNS 中文含义是社交网络。顾名思义,它就是社交关系的网络化,如 Twitter、Facebook 和国内的人人网等都是属于 SNS 技术的具体应用。SNS 将我们现实中的社会圈子搬到网络上,根据不同的条件建立属于自己的社交圈子。

Blog 的全名是 Web log,后来缩写为 Blog。Blog 是个人或群体以时间顺序所做的一种记录,且不断更新。Blog 的中文名为"博客",实际的英文含义为"网络日志",类似于以前的个人网站和主页。Blog 的作者(Blogger)既是这个 Blog 的创作人,也是其档案管理人。

Blogger 之间的交流主要是通过 TrackBack 和留言/评论(comment)的方式来进行的。

TrackBack(反向引用)是一种 Blog 应用工具,它可以让 Blogger 知道有哪些人看到自己的文章后撰写了相关的评论。这种功能实现了网站之间的互相通告,因此它也可以看作一种提醒功能。

RSS 是站点用来和其他站点之间共享内容的一种简易方式(也叫聚合内容)的技术。RSS 最初源自浏览器"新闻频道"的技术,现在通常用于新闻和其他按顺序排列的网站。例如 Blog,读者可以通过 RSS 订阅自己喜欢的 Blog 和支持其他 RSS 订阅的网站频道,确知该 Blog 和频道最近的更新。它需要使用专门的阅读器软件,如周博通阅读器、看天下阅读器、新浪点点通阅读器等。

维基百科全书(Wikipedia)成立于 2001 年,它是一个全球性多语言百科全书协作计划,同时也是一部用多种语言编成的网络百科全书,其目标及宗旨是为全人类提供自由的百科全书——用他们所选择的语言书写而成的,一个动态的、可自由访问和编辑的全球知识体。Wiki 是一种多人协作的写作工具,Wiki 站点可以由多人(甚至任何访问者)维护,每个人都可以发表自己的意见,或者对共同的主题进行扩展或者探讨。

(3)Web 2.0 的意义

Web 2.0 的出现,使得互联网上的每一个用户不再仅仅是互联网的读者,同时也成为互联网的作者;不再仅仅在互联网上冲浪,同时也成为"波浪"制造者;用户由被动地接收互联网信息向主动创造互联网信息方向转变。Web 2.0 正在让互联网更加人性化,逐渐找到互联网真正的含义——平等、交互、去中心化。

3. 移动互联网等

随着宽带无线接入技术和移动终端技术(如智能手机、平板电脑)的飞速发展,人们迫切希望能够随时随地乃至在移动过程中都能方便地从互联网获取信息和服务,移动互联网应运而生并迅猛发展。相关的网络新技术也层出不穷,如移动互联网、5G 移动通信、物联网、云计算等,这些技术在后续章节中有更详细的介绍。

2.3　Internet 基础

2.3.1　Internet 概述

Internet 是从 20 世纪 60 年代末开始发展起来的,其前身是美国国防部高级研究计划署建立的一个实验性计算机网络(ARPA),目的是研究坚固、可靠并独立于各生产厂商的计算机网络所需要的有关技术。这些技术现在被称为 Internet,Internet 技术的核心是 TCP/IP。

简单地讲,Internet 就是将成千上万的不同类型的计算机以及计算机网络通过电话线、高速专用线、卫星、微波和光缆连接在一起,并允许它们根据一定的规则(TCP/IP)进行互相通信,从而把整个世界联系在一起的网络。在这个网络中,几个最大的主干网络组成了 Internet 的骨架。主干网络之间建立起一个非常快速的通信线路并扩展到世界各地,其上有许多交汇的节点,这些节点将下一级较小的网络和主机连接到主干网络。

　　从另一个角度来看，Internet 又是一个世界规模的、巨大的信息和服务资源网络，因为它能够为每一个入网的用户提供有价值的信息和其他相关服务。Internet 也是一个面向公众的社会性组织，有很多人自愿花费自己的时间和精力为 Internet 辛勤工作，丰富其资源，改造其服务，并允许他人共享自己的劳动成果。

　　总之，Internet 是当今世界最大的媒体，也是当今世界最大的计算机网络，是一个世界上最为开放的系统，更是一个无尽的信息资源宝库。

2.3.2　Internet 的基本服务功能

　　随着 Internet 的飞速发展，Internet 上的各种服务已多达上万种，其中大多数服务是免费的。本小节介绍 Internet 中最最常见的、最重要的 3 种服务。

1. WWW 服务

WWW（world wide web）译为万维网。WWW 是以超文本标记语言和超文本传输协议为基础，能够提供面向 Internet 服务的、一致的用户界面信息浏览系统。

　　（1）超文本和链接的概念

　　超文本是一种通过文本之间的链接将多个分立的文本组合起来的一种格式。在浏览超文本时，看到的是文本信息本身。同时文本中含有一些"热点"，选中这些"热点"又可以浏览到其他超文本。这样的"热点"就是超文本中的链接。

　　（2）Web 页面

　　阅读超文本不能使用普通的文本编辑程序，而要在专门的应用程序（如 Internet Explorer）中进行浏览。在 WWW 中，浏览环境下的超文本就是通常所说的 Web 页面。

　　（3）统一资源定位符

　　使用统一资源定位符（uniform resource locator，URL）可唯一地标识某个资源网络。URL 地址的思想是使所有资源都得到有效利用，实现资源的统一寻址。

　　（4）超文本标记语言

　　超文本是用超文本标记语言（hypertext markup language，HTML）来实现的，HTML 文档本身只是一个文本文件，只有在专门阅读超文本的程序中才会显示成超文本格式。

　　例如，有如下 HTML 文档：

```
<HTML>
  <HEAD>
    <TITLE>这是一个关于 HTML 语言的例子</TITLE>
  </HEAD>
  <BODY>这是一个简单的例子</BODY>
</HTML>
```

<HTML>、<TITLE>等内容叫作 HTML 语言的标记。从上例可以看出，整个超文本文档是包含在<HTML>与</HTML>标记对中的，而整个文档又分为头部和主体部分，分别包含在标记对<HEAD></HEAD>与<BODY></BODY>中。

HTML 中还有许多其他的标记(对),HTML 正是用这些标记(对)来定义文字的显示、图像的显示和链接等多种格式。

(5)WWW 的工作原理

WWW 服务采用客户/机服务器模式,Internet 中的一些计算机专门发布 Web 信息,这样的计算机称为 WWW 服务器。这些计算机上运行的是 WWW 服务程序,用 HTML 写出的超文本文档都存放在这些计算机上。同时,在客户机上,运行专门进行 Web 页面浏览的客户程序(浏览器)。客户程序向服务程序发出请求,服务程序响应客户程序的请求,通过 Internet 将 HTML 文档传送到客户机,客户程序以 Web 页面的格式显示文档。服务器和浏览器之间采用统一的 HTTP 协议来完成客户端与服务器之间的通信。HTTP 协议的工作过程如图 2-19 所示。

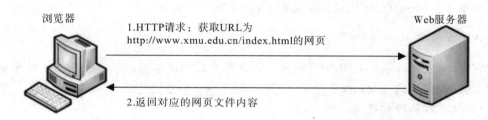

图 2-19　HTTP 协议的工作过程

2. 电子邮件服务

电子邮件(E-mail)是 Internet 上最基本、最重要的服务。据统计,Internet 上 30%以上的业务量是电子邮件。电子邮件的优势是速度快,可靠性高,价格便宜,而且它不像电话那样要求通信双方同时在场,可以一信多发,可以将文字、图像和语言等多媒体信息集成在一个邮件中传送。

收发电子邮件要使用 SMTP(简单邮件传输协议)和 POP3(post office protocol 3,邮局协议 3)。用户通过 SMTP 服务器发送电子邮件,通过 POP3 服务器接收邮件。用户的计算机上运行电子邮件的客户程序(如 Outlook Express),Internet 服务提供商的邮件服务器上运行 SMTP 服务程序和 POP3 服务程序,用户通过建立客户程序与服务程序之间的连接来收发电子邮件,整个工作过程就像平时发送普通邮件一样,无论用户身处何地,只要能从互联网上连接到邮箱所在的 SMTP 服务器和 POP3 服务器,就可以收发电子邮件。电子邮件系统的结构如图 2-20 所示。

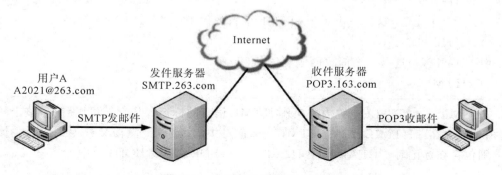

图 2-20　电子邮件的收发工作过程

3. 文件传输服务

文件传输服务（FTP 服务）是 Internet 最早提供的服务功能之一。文件传输是指通过网络将文件从一台计算机传送到另一台计算机上。Internet 上的文件传输服务是基于文件传输协议（FTP）的，故通常称为 FTP 服务。FTP 服务采用客户机/服务器工作模式，服务器运行服务程序，用户使用 FTP 客户端程序。用户通过用户名和密码与 FTP 服务器建立连接，一旦连接成功，用户就可以向服务器发送文件、下载文件或查看 FTP 文件服务器的目录结构和文件。

一些 FTP 服务器提供匿名服务，用户在登录时可以用"anonymous"作为用户名，用自己的 E-mail 地址作为口令。有些服务器不提供匿名服务，它要求用户在登录时提供注册的用户名与口令，否则就无法使用服务器所提供的 FTP 服务。

FTP 有上传和下载两种方式，上传是用户将本地计算机上的文件传输到 FTP 服务器上，下载是用户将文件服务器上提供的文件传输到本地计算机上。用户登录到 FTP 服务器上后可以看到根目录下的多个子目录，一般供用户上传文件的目录名称是"incoming"，提供给用户下载文件的目录名称是"pub"，而其他的目录用户可能只能看到一个空目录，或者虽然可以看到文件，但不能对其进行任何操作。也有一些 FTP 服务器没有提供用户上传目录，不支持上传服务。

FTP 服务实现了两台计算机之间的数据通信，但随着计算机网络通信的发展，FTP 服务显示出了一些不足，例如传输速度慢、传输安全性存在隐患等。目前基于点对点（P2P）技术的文件传输有着更广泛的应用领域。

点对点（peer-to-peer，P2P）技术打破了传统的 client/server（C/S）模式，在网络中的每个节点的地位都是对等的，每个节点既充当服务器，为其他节点提供服务，同时也享用其他节点提供的服务。在 P2P 网络中，随着用户的加入，不仅服务的需求增加了，系统整体的资源和服务能力也在同步地扩充，始终能比较容易地满足用户的需要。P2P 架构由于服务是分散在各个节点之间进行的，部分节点或网络遭到破坏，对其他部分的影响很小，因此 P2P 网络天生具有耐攻击、高容错的优点。目前，Internet 上各种 P2P 应用软件层出不穷，用户数量也急剧增加。

4. 其他新服务

随着 Internet 的快速、全面发展，Internet 除了提供上述最基本的三项服务外，又增加了很多服务功能，如电子公告牌（BBS）、电子商务、博客（Blog）、IP 电话、网络会议、云计算等。

总之，Internet 使现有的生活、学习、工作以及思维模式发生了根本性的变化。无论来自何方，Internet 都能把世界连在一起，Internet 使人们坐在家中就能够和世界交流。

2.3.3　TCP/IP 协议

TCP/IP 是一个协议族，其中 Internet 协议 IP 和传输控制协议 TCP 为最核心的两个协议。Internet 的其他协议都要用到这两个协议提供的功能，因而称整个 Internet 协议族为 TCP/IP 协议族，简称 TCP/IP 协议。其中，IP 是 TCP/IP 体系中的网络层协议，负责分组数据的传输；TCP 是 TCP/IP 体系中的传输层协议，负责数据的可靠传输。

2.3.4 IP 地址

我们在网上买了东西，要留下正确的地址，快递员才能把买的东西送到自己家而不是别人家。IP 地址就像因特网的收货地址一样，每一台连入因特网的电脑，都必须有自己的 IP 地址，这样网络才能正确地收发和处理信息。

1. IP 地址定义

接入 Internet 的计算机如同接入电话网的电话，每台计算机应有一个由授权机构分配的唯一号码标识，这个标识就是 IP 地址。IP 地址是 Internet 上主机地址的数字形式，由 32 位二进制数组成。

在 Internet 的信息服务中，IP 地址具有以下重要的功能和意义。

（1）唯一的 Internet 通信地址

在 Internet 上，每一台计算机都被分配一个 IP 地址，这个 IP 地址在整个 Internet 中是唯一的。

（2）全球认可的通用地址格式

IP 地址是供全球识别的通信地址，在 Internet 上通信必须采用这种 32 位的通用地址格式，才能保证 Internet 成为向全球开放的互联数据通信系统。

（3）计算机、服务器和路由器的端口地址

在 Internet 上，任何一台服务器和路由器连上网络的每一个端口都必须有一个 IP 地址。

（4）运行 TCP/IP 的唯一标识符

TCP/IP 与其他网络通信协议的区别在于 TCP/IP 是上层协议，无论下层是何种物理类型的网络，均应统一在上层 IP 地址上。任何物理网接入 Internet，都必须使用 IP 地址。

Internet 是一个复杂系统，为了唯一、正确地标识网中的每一台主机，应采用结构编址。IP 地址采用分层结构编制，将 Internet 从概念上分为 3 个层次，如图 2-21 所示。最高层是 Internet；第 2 层为各个物理网络，简称为"网络层"；第 3 层是各个网络中所包含的许多主机，称为"主机层"。这样，IP 地址便由网络号和主机号两部分构成，如图 2-22 所示，由此可见，IP 地址结构编址带有明显位置信息，给出一台主机的地址，马上就可以确定它在哪一个网络上。

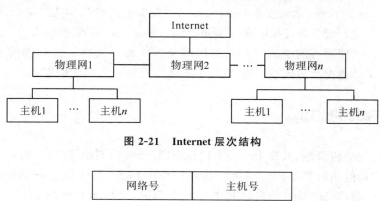

图 2-21　Internet 层次结构

图 2-22　IP 地址结构

2. IP 地址格式

IP 地址可表达为二进制格式或十进制格式。二进制的 IP 地址格式为×.×.×.×,每个"×"为 8 位二进制数,如 11001010011001010110111111000011。十进制的 IP 地址格式是将每 8 位二进制数用一个十进制数表示,并以小数点分隔,这种表示法叫作"点分十进制表示法",显然这比全是二进制的 1 和 0 容易记忆。例如,上列二进制地址用十进制表示为 202.101.111.195。

3. IP 地址等级与分类

TCP/IP 规定,IP 地址用 32 位二进制数来表示,且地址中包括网络号和主机号。将这 32 位的信息合理地分配给网络和主机作为编号,看似简单,意义却很大,因为各部分的位数一旦确定,就等于确定了整个 Internet 中所能包含的网络规模的大小、数量以及各个网络所能容纳的主机数量。从这一点出发,Internet 管理委员会将 IP 地址划分为 A、B、C、D、E 5 类地址。

A 类地址第一个字节的最高位为 0,从 1.×.×.×～126.×.×.×;B 类地址第一个字节的最高两位为 10,从 128.×.×.×～191.×.×.×;C 类地址第一个字节的最高三位为 110,从 192.×.×.×～223.×.×.×;D 类地址第一个字节的最高四位为 1110,是组播 IP 地址;E 类地址第一个字节的最高四位为 1111,是科研的 IP 地址。下面重点介绍 A、B、C 3 类地址,其示意图如图 2-23 所示。

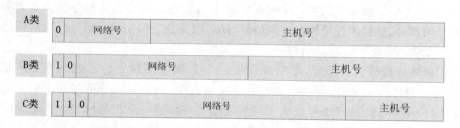

图 2-23 Internet 前三类 IP 地址示意图

A 类 IP 地址的高 8 位代表网络号,后 3 个 8 位代表主机号。有效 IP 地址范围为 1.0.0.1～126.255.255.254。A 类地址用于超大规模的网络,每个 A 类网络能容纳 1600 多万台主机。

B 类 IP 地址前两个 8 位代表网络号,后两个 8 位代表主机号。有效 IP 地址范围为 128.0.0.1～191.255.255.254。B 类地址用于中等规模的网络,每个 B 类网络能容纳 65000 多台主机。

C 类地址一般用于规模较小的本地网络,如校园网等。前 3 个 8 位代表网络号,最后 8 位代表主机号,十进制第 1 组数值范围为 192～223。有效 IP 地址范围为 192.0.0.1～223.255.255.254。C 类地址用于小型的网络,每个 C 类网络仅能容纳 254 台主机。

从地址分类的方法来看,A 类网络地址的数量最少,只有 126 个;B 类网络地址有 16000 多个;C 类网络地址最多,总计达 200 多万个。A、B、C 三类地址是平级的,它们之间不存在任何从属关系。

Internet 地址的定义方式是比较合理的,它既适合大规模网少而主机多,小型网多而主机少的特点,又方便网络号的提取。因为在 Internet 中寻找路径时只关心找到相应的网络,主机的寻找只是网络内部的事情,所以便于提取网络号,对全网的通信是极为有利的。

4. IP 地址的获取方法

IP 地址由国际组织按级别统一分配,用户在申请入网时可以获取相应的 IP 地址。

(1)最高一级 IP 地址由国际网络信息中心(Network Information Center,NIC)负责分配。其职责是分配 A 类 IP 地址,授权分配 B 类 IP 地址的组织,并有权刷新 IP 地址。

(2)分配 B 类 IP 地址的国际组织有 3 个:ENIC 负责欧洲地区的分配工作,InterNIC 负责北美地区,设在日本东京大学的 APNIC 负责亚太地区。我国的 Internet 地址由 APNIC 分配(B 类 IP 地址),由原邮电部数据通信局或相应网管机构向 APNIC 申请地址。

(3)C 类 IP 地址由地区网络中心向国家级网络中心(如 CHINANET 的 NIC)申请分配。

5. 子网编址

IP 地址有 32 位,可容纳上百万个主机,应该足够用了,可目前 IP 地址已经分配得差不多了。实际上,现在只剩下少部分的 B 类地址和一部分 C 类地址。IP 地址消耗如此之快的原因是存在巨大的地址浪费,以 B 类地址为例,它可以标记几万个物理网络,每个网络65534 台主机,如此大规模的网络几乎是不可实现的。事实上,一个数百台主机的网络已经很大了,何况上万台。因而在实际应用中,人们开始寻找新的解决方案以克服 IP 地址的浪费现象,于是便产生了子网编址技术。子网编址技术的思想是将主机号部分进一步划分为子网号和主机号两部分,这样不仅可以节约网络号,还可以充分利用主机号部分巨大的编址能力。

(1)子网编址模式下的地址结构

32 位 IP 地址被分为两部分,即网络号和主机号,而子网编址的思想是将主机号部分进一步划分为子网号和主机号。在原来的 IP 地址模式中,网络号部分就是一个独立的网络物理网络,引入子网模式后,网络号加上子网号才能唯一标识一个物理网络。

子网编址使得 IP 地址具有一定的内部层次结构,这种层次结构便于分配和管理。它的使用关键在于选择合适的层次结构——如何既能适应各种现实的物理网络规模,又能充分的利用地址空间(即从何处分隔子网号和主机号)。

(2)子网掩码

由以上分析可知,每一个 A 类网络能容纳 16777214 台主机,这在实际应用中是不可能的。而 C 类网络的网络 ID 太多,每个 C 类能容纳 254 台主机。在实际应用中一般以子网的形式将主机分布在若干个物理地址上,划分子网就是使用主机 ID 字节中的某些位作为子网 ID 的一种机制。在没有划分子网时,一个 IP 地址可被转换成两个部分:网络 ID + 主机 ID;划分子网后,一个 IP 地址就可以成为:网络 ID + 子网 ID + 主机 ID。

在实际中,采用掩码划分子网,故掩码也称子网掩码。子网掩码同 IP 地址一样,由 4 组,每组 8 位共 32 位二进制数字构成,如 255.255.0.0。每一类 IP 地址的缺省子网掩码如表 2-2 所示。

表 2-2　缺省子网掩码

类别	子网掩码
A	255.0.0.0
B	255.255.0.0
C	255.255.255.0

2.3.5 域名系统

1. 域名

Internet 由成千上万台计算机互联而成，为使网络上每台主机(host)实现互访，Internet 定义了 IP 地址作为每台主机的唯一标识；但数字 IP 地址表述不形象，没有规律，记忆不方便，人们更喜欢使用具有一定含义的字符串来标识 Internet 上的主机。为了向一般用户提供一种直观、明了的主机识别符，TCP/IP 专门设计了一种字符型主机命名机制，而这个字符型名字就是域名。

2. 域名的构成

Internet 域名采用层次型结构，反映一定的区域层次隶属关系，是比 IP 地址更高级、更直观的地址。域名由若干个英文字母和数字组成，由"."分隔成几个层次，从右到左依次为顶级域、二级域、三级域等。例如在域名 xmu.edu.cn 中，顶级域为 cn，二级域为 edu，最后一级域为 xmu。

域名分为国际域名和国内域名两类。国际域名也称为机构性域名，它的顶级域表示主机所在的机构或组织的类型，例如，com 表示营利性组织，edu 表示教育机构，org 表示非营利性组织机构等。国际域名由国际互联网络信息中心(InterNIC)统一管理。国内域名也称为地理性域名，它的顶级域表示主机所在区域的国家或地区。Internet 顶级域名示例如表 2-3 所示。例如，中国的地理代码为 cn，在中国境内的主机可以注册顶级域为 cn 的域名。中国的二级域又分为类别域名和行政域名两类。国内域名由中国互联网络信息中心(CNNIC)管理。

表 2-3　Internet 顶级域名示例

域名	域机构	全称	国家或地区顶级域名	
com	商业组织	commercial organization	cn	中国
edu	教育机构	educational institution	jp	日本
gov	政府部门	government	in	印度
mil	军事部门	military	uk	英国
net	网络服务机构	networking organization	au	澳大利亚
org	其他组织	non-profit organization	tw	台湾
int	国际组织	international organization	hk	香港

2.3.6 家庭组网案例介绍

现在家庭宽带上网,Internet 服务提供商(Internet service provider,ISP)基本上都能提供光纤入户,一般家庭也都会选择光纤宽带接入方式。利用光纤宽带连接,实现家庭多种设备共享上网,一种比较常见的网络拓扑连接如图 2-24 所示。

光纤一般已经接入到家庭弱电箱中,弱电箱里面一般放运营商的光猫和一台小交换机(4 口或者 8 口),交换机的上联口连接到光猫的 LAN 口,光猫一定要运营商设置为自动拨号(ISP 技术人员第一次安装都会上门安装调试)。无线路由器建议放在家里的几何中心位置,如客厅等。无线路由器一侧的双绞线接入接口为 WAN 口,无线路由器设置为自动获取IP 即可(有关无线路由器的详细配置方法,参照各路由器产品的使用说明书);各房间设备如果接上网络接口,设备设置成自动获取 IP 即可。

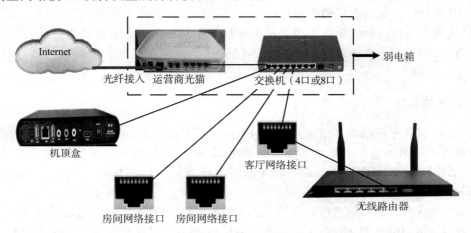

图 2-24 家庭光纤宽带连接拓扑结构示意

这里介绍的利用光纤宽带连接,实现家庭多种设备共享上网的实用案例,也适用于学生宿舍、小型办公场所和实验室等环境。

2.4 本章小结

本章主要对计算机网络基础、计算机网络技术及 Internet 基础 3 个方面进行了简单的介绍。希望通过本章的学习,能够掌握计算机网络相关的一些基本概念和基础知识,并对常用网络技术和应用以及网络新技术有所了解。

2.5　习题

一、选择题

1. 以下（　　）不属于计算机网络的组成部分。
   - A. 网络硬件
   - B. 云计算平台
   - C. 网络软件
   - D. 通信线路（传输介质）
2. 以下（　　）不属于计算机网络的主要功能。
   - A. 资源共享
   - B. 数据通信
   - C. 提高可靠性和分布式处理
   - D. 大数据处理
3. 以下（　　）工作在第三层。
   - A. 网卡
   - B. 二层交换机
   - C. 路由器
   - D. 集线器
4. 以太网中的 MAC 帧属于（　　）的协议数据单元。
   - A. 物理层
   - B. 数据链路层
   - C. 网络层
   - D. 应用层
5. 域名与 IP 地址的转换是通过（　　）服务器完成的。
   - A. DNS
   - B. WWW
   - C. E-mail
   - D. FTP

二、填空题

1. TCP/IP 网络体系结构共分为 4 层,分别为应用层、＿＿＿＿＿＿、＿＿＿＿＿＿和网络接口层(主机至网络层)。
2. 网络协议也可以简称为协议,网络协议主要有语法、＿＿＿＿＿＿和＿＿＿＿＿＿三个要素组成。
3. 常见的云计算服务性架构类型有 IaaS(基础设施即服务)、＿＿＿＿＿＿和＿＿＿＿＿＿。
4. IEEE 802.11 是目前最流行的无线局域网标准,目前应用的标准有以下几种:IEEE 802.11a、802.11b、802.11g 等。新一代的 802.11n 标准可达到至少＿＿＿＿＿＿ Mbit/s 的传输率。
5. 每一类 IP 地址都由两个固定长度的字段组成,其中一个字段是＿＿＿＿＿＿,它标志主机(或路由器)所连接到的网络;而另一个字段则是＿＿＿＿＿＿,它标志该主机(或路由器)。

三、简答题

1. 目前常用的传输介质有哪几种? 请概述它们的特点。
2. 无线局域网有哪些常用设备? 它们的作用是什么?
3. A、B、C 三类 IP 地址所能表示的 IP 地址范围分别是什么?

第 3 章　数据处理与数据库技术

本章学习目标
- 通过案例了解数据库进行数据处理的一般过程；
- 从数据处理角度了解数据对象的概念及属性；
- 对于数据可视化有一定认识并能运用；
- 对于简单数据的数据处理有初步认识，并对大数据处理有轮廓的认识；
- 了解数据管理技术发展经历的三个阶段；
- 了解数据库、数据库管理系统、数据库系统基本概念；
- 了解数据库系统的特点；
- 理解关系型数据库及其涉及的相关术语；
- 初步认识市场上常用的几种数据库管理系统。

3.1　数据处理基础

数据处理是将数据转换成信息的过程，其目的是从原始数据中抽取和推导出有价值的信息。

如何理解这个概念？如何了解数据处理的一般过程？这里借助教学方面数据处理的需要来概要叙述。

3.1.1　数据处理案例

在管理或者处理教学数据时，如何科学地存储和管理成绩、排名、选课等相关数据，并且方便学生或者教师查询、输入、修改等操作？

现在通常是使用关系数据库存储和处理数据。关于数据库特别是关系数据库的相关知识，本章后面两节将展开介绍。

关系数据库中的基本成员就是存储数据的表，也常称为数据表。对于教学数据管理的问题，我们需要先把学生资料存储成一个数据表，所用的字段一般要有学号、姓名、性别、出生日期、联系电话等。针对成绩，我们需要建立成绩表，这里有两种方案：一种是每个班级的每一门课单独存成一个数据表，另外一种方案是每个班级每学期的各课程成绩存成一个数据表。

　　一般为了方便数据输入，每个班级的每一门课单独存成一个数据表的情况相对常见。如果是选修课，通常是每个学期的每一门课单独存成一个数据表。数据表显示形式如图3-1。

学号	平时成绩	期末成绩	最终成绩
1001	75	80	78
1002	88	86	87
1003	67	72	70
1004	79	83	81
1005	56	64	61
1006	87	59	70
1007	78	82	80
1008	81	79	80

图 3-1　某学期某课程成绩（局部）

　　为满足查询或者其他数据处理需求，我们往往还需要保存专业、课程数据表和教师数据表。专业数据表的字段主要有专业号、专业名、所属学院、学习年限等；课程数据表的字段主要有课程号、课程名称、学分、选修要求等；教师数据表的字段主要有教师工号、姓名、职称、最高学历、最高学位、联系电话等。

　　在这些数据表之间，需要进行连接操作，使它们逻辑上相互联系成一个纽带。有了连接作为基础，数据处理比如查询、打印时可以协同调用两个以上的数据表。

　　在查询或输出大学里某个学期某个班级的各课程成绩时，如果每一门课单独存成一个数据表，我们就可以以学号这个各数据表都有的字段作为纽带，把涉及的课程成绩表关联在一起。

　　为了给定某个学期某个班级的学生排名，以便确定奖学金的归属，我们也可以单独建立某个学期某个班级学生排名表，主要的字段有学号、姓名、性别、加权成绩，由于关系数据库一般自带索引功能，只需要按加权成绩建立索引就很容易得到由高到低的排名表，因此可以不必建立排名字段。这里加权成绩是需要计算的，通常是各课程以学分作为权重的平均成绩。这里又需要用到连接这一数据库基本操作，其纽带仍然是学号这一字段。

　　如果是学分制的机制，选课时，将会涉及查询课程、教师信息等数据，就会调用我们前面提及的课程数据表和教师数据表。在这里涉及一些权限的问题。比如，教学管理人员有权查询教师联系电话，但一般选课的学生是无权看到这一字段信息的。这可以通过设定列（字段）级别权限来实现。

　　上面概要介绍了大学教学环节常见的数据处理问题和解决思路。实际应用中，往往需要借助3.2与3.3两节的知识进行设计，再使用数据库管理系统如 Access、MySQL 等去实现。

3.1.2　从数据处理角度认识数据

　　为了管理数据，我们需要从数据处理角度认识数据，从更一般意义上说，我们数据处理的对象往往称为数据对象，图 3-1 所示数据表中每一行（即每条记录）是数据对象的实例。

1. 数据对象与属性类型

　　数据集由数据对象组成。一个数据对象代表一个实体。例如，在大学的教学数据库中，主要的数据对象有学生、教师、课程、成绩、专业等。

　　数据对象用属性描述。属性表示数据对象的一个特征，或者说，是实体的某方面的特定信息。在数据处理时，属性、维、特征和变量常常可以互换使用。比如，用数据库存储学生资料时，学生这一数据对象或者实体，其主要的属性有学号、姓名、性别、出生日期、联系电话等。

　　属性的类型主要有标称属性、二元属性、序数属性、数值属性等几种。下面进一步介绍这几种属性。

（1）标称属性

标称属性的值是一些符号或者事务的名称，取值是有限的，通常是比较方便列举完的。比如头发颜色是一组有限的名称，从全世界范围来说可能值有黑色、白色、棕色、金色、红色、黄色、灰色等。另外一个使用标称属性的典型实例是职业，也是有限数量的取值，比如教师、医生、律师、翻译、公务员等。

（2）二元属性

二元属性只有两个类别或状态，可以分别用 0 或 1 对应。比如性别就是一个二元属性，只有两种取值：男或女。在医学检查中也常常出现二元属性，比如是否发烧，就只有"是"和"否"两种取值。

需要注意的是，性别为男或者女，在绝大多数的数据处理场景中是对称的，或者说是平等意义的，这样的二元属性称为对称的；而是否发烧这个属性在许多场合下，"发烧"（属性取值为"是"）是比较突出需要后续诊断、处理的取值，"未发烧"（属性取值为"否"）则可以忽略，也就是说两个取值并非对等，一个重要或稀有，另一个无关紧要，这样的二元属性称为非对称的。

（3）序数属性

序数属性的可能取值之间存在一定的次序。比如，大学教师的职称由高到低有教授、副教授、讲师、助教等几种；顾客满意度可以有非常满意、满意、一般、不满意、极度不满等几种。

（4）数值属性

数值属性的值是可度量的值，用整数或者实数值标示。这样的属性很多，比如身高、体重、体温、百分制成绩等。

有时候序数属性可能来自连续属性的离散化，比如身高在某些数据分类，比如第 6 章的决策树处理时，可能需要把它们划分成几个区间，然后取值转换为特别高、高、中等、矮、特别矮等几类。

另外，在数据处理时，也经常把属性分成离散的或连续的。上面介绍的数值属性就是连续属性，而标称属性、二元属性、序数属性都属于离散属性。

2. 指标性数据：均值、众数和分位数

在数据处理时，衡量数据分布的中部或者中心位置经常很重要，比较常用的衡量指标有均值、众数。另外，在考虑数据的分散状况时，中位数和四分位数也常常是重要的指标。

均值大家比较熟悉，就是所有值的平均数。众数则是所有取值中，出现最多的那个取值，在离散属性也就是属性取值有限个时用得比较多。比如，调查亚洲人的头发颜色，显然取值最多的是黑色，这时候头发颜色的众数就是黑色。

分位数是取自数据分布每隔一定数量比例的关键位置对应的数值。主要使用的分位数有中位数和四分位数，中位数又称中值，是按顺序排列的一组数据中居于最中间位置的数；四分位数则有三个：第一个是按顺序排列的一组数据中排在前面四分之一位置处的数，第二个就是中位数，第三个则是排在四分之三位置处的数。

3. 数据可视化

数据经过获取、存储、分析之后，最终目的还是给用户进行展示，以作为决策依据。那么,如何有效地将数据展示给用户呢?可以考虑数据可视化。

数据可视化旨在通过图形更清晰、直观地表现数据。我们利用数据可视化的优点,有时候还会发现原始数据中不易观察到的数据联系。此外,还可以利用数据可视化生成有趣的图案,比如后面要提到的切尔诺夫脸谱图。

我们先研究常见的基本的统计描述图形,如直方图和散点图。直方图也称为柱形图,如下面的成绩直方图(图3-2)。

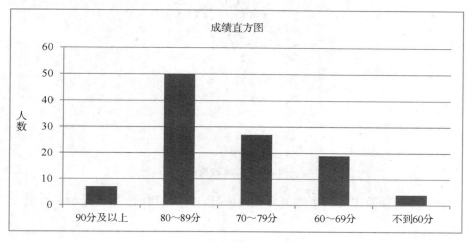

图3-2 一维直方图

以上直方图显示的是一维的数据,这里的维对应着属性,如果是多个属性的直方图,我们可以通过灰度来区分,比如下面的直方图(图3-3)。

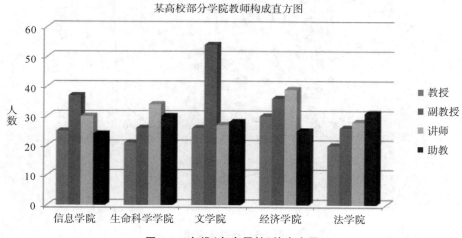

图3-3 多维(多个属性)的直方图

散点图是确定两个以上数值型属性之间是否存在关联或趋势的直观而有效的图形,如下面的二维散点图(图3-4)。

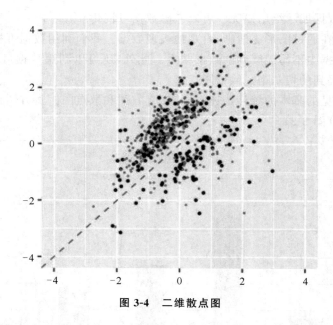

图 3-4　二维散点图

对于三维数据，即数据有三个数值属性的情况，可以使用图 3-5 所示的三维散点图。

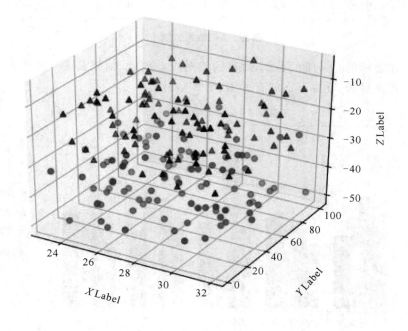

图 3-5　三维散点图

维数（属性个数）在四个及以上的，还可以使用散点图矩阵。散点图矩阵是散点图的一种扩充，就是把数据集中的每个数值属性两两组合绘制对应的散点图。图 3-6 展示的是埃德加·安德森提取的鸢尾花数据的散点图矩阵。

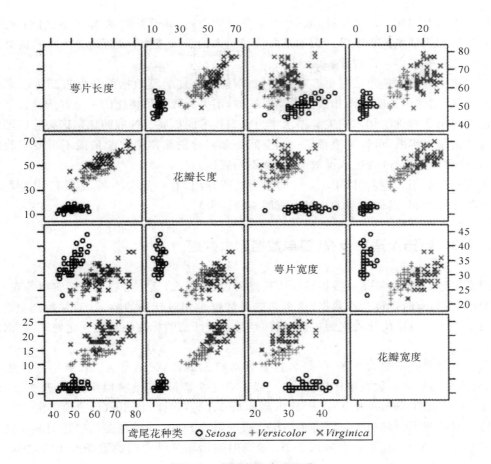

图 3-6　鸢尾花散点图矩阵

　　还有一种很有趣的数据图——切尔诺夫脸谱图,它是统计学家赫尔曼·切尔诺夫推出的,因而得名。它把多达 18 个维(属性)的数据以卡通人脸显示,有助于揭示数据中的趋势。图 3-7 就是一个切尔诺夫脸谱图的示意图。

图 3-7　切尔诺夫脸谱图

维可以映射到如下面部特征:眼的大小、两眼的距离、鼻子长度、眼球大小、眉毛倾斜、眼睛偏离程度和头部偏离程度等。切尔诺夫脸利用人的思维能力,识别面部特征的微笑差异并立即消化理解许多面部特征。

切尔诺夫脸谱图使得数据更容易被感知、理解。存储大型数据的数据表浏览起来可能费劲而乏味,切尔诺夫脸谱图让数据生动而有趣,不失为数据可视化的一个好选择。

已经提出非对称的切尔诺夫脸谱图作为原来技术的扩展。标准的切尔诺夫脸谱图的脸谱左右两边是对称的,可以说浪费了一些空间。非对称的切尔诺夫脸谱图不再要求脸的对称性,这样可以对应 36 维或者说对应 36 个不同属性。

上面列举的图,有些可以用 Excel 的图表功能作出,有些复杂的图,需要使用专业软件乃至编程才能绘制,具体实现方法可以查阅因特网资料。

3.1.3 数据处理初步:从简单数据到大数据

前面说过,数据处理是将数据转换成信息的过程,那么,这一过程是怎么实现的呢?

简单数据,有时也称为小数据,这里指的是数据量相对较小的数据(通常数据量为 MB 级别甚至更小),以结构化数据为主,一般都经过了较严格的标准化和统一化处理,数据质量相对较高。

第 7 章将要介绍的大数据,则是数据量相对较大的数据(通常为 TB 级别甚至更大)。当然,大数据不仅只是数据量比较大,它一般还有 4 个特征,其英文以字母 V 开头,所以也常称作 4V 特征:volume(大量)、velocity(高速)、variety(多样)、value(低价值密度)。

传统简单数据处理的核心语言是结构化查询语言 SQL,一般是在某些常用的高级语言比如 C 语言、PASCAL 语言中嵌入 SQL;也有时候运用某种专门的数据库语言,比如早先的 DBase、Foxbase＋再到 Access 都有自己的编程语言体系。

在当今的大数据时代,虽然大数据的使用越来越频繁,但是在一些应用场景里,简单数据(小数据)也不时会用到并需要专门处理。因此,在许多数据处理中 SQL 仍然是核心的处理手段。

不过,大数据时代毕竟需要一些更高效处理大量乃至海量数据的方法和手段。大数据尤其是海量数据的处理,技术上一般需要用到第 6 章将要介绍的数据挖掘技术,从运行的平台和实现细节上,需要用到第 7 章将要介绍的大数据平台,尤其是分布式处理,是大数据时代数据处理的研究和实现热点。从编程语言或者软件工具来说,常常用到 Python 语言和 R 语言。另外,Matlab、SAS 等软件系统也是常常用到的工具软件。

3.2 数据库系统简介

数据库(database,DB)是按照数据结构来组织、存储和管理数据的仓库。数据库作为一项数据管理的有效技术,始于 20 世纪 60 年代后期,经过 50 多年的快速发展,已经成为计算机应用领域中非常重要的分支。环顾我们周遭,政府的办公自动化系统、企业的决策支持系统、银行的综合业务管理系统、医院的住院管理系统、车站的订票系统、学校的学籍管理系统等,各种类型的数据库系统已然渗透到社会的每个角落,影响并改变着我们的生活。在信息化社会,充分有效地管理和发掘数据资源是进行科学研究和决策管理的前提条件。数据库的建设规模、数据库信息量的大小和使用频度已成为衡量一个国家信息化程度的重要标志。

3.2.1 数据管理发展简介

计算机的主要应用之一就是进行数据处理,并将大量的信息以数据的形式存放在磁盘上。数据处理是一个外延宽泛的概念,它是数据的收集、存储、加工和传播等一系列活动的统称。

数据管理是指对数据的分类、组织、编码、存储、检索和维护,它是数据处理的核心部分。数据管理技术的发展主要是被应用需求推动的,随着社会各行业对数据需求的快速增长,以及这几十年来计算机硬件、软件技术日新月异,数据管理技术也大步向前,先后经历了以下3 个阶段:人工管理阶段、文件系统阶段、数据库系统阶段。每个阶段相较前一阶段,都出现数据冗余减小、数据独立性提高、数据操作更便捷等特点。

1. 人工管理阶段

20 世纪 50 年代中期以前,计算机主要应用是进行科学计算。当时硬件方面,外存只有纸带、卡片和磁带,没有像磁盘、磁鼓这样的直接存取设备。需要计算时先将数据写入纸带,处理完成则取走纸带,计算机本身不能保存数据。系统软件方面,当时没有操作系统,没有管理数据的专门软件,主要采用的处理方式是批处理。人工管理阶段应用程序与数据的关系如图 3-8 所示。

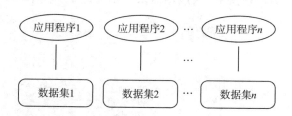

图 3-8 人工管理阶段应用程序与数据的关系

在人工管理阶段,每个应用程序需要自己设计、说明和管理数据。数据的共享性和独立性都比较差,每个数据集只能被一个应用程序使用,许多数据需要在多个数据集中重复定义,这样就带来了大量的冗余数据。同时,一旦数据的逻辑结构或物理结构发生调整或改变,则需要对应用程序代码做出修改。该阶段应用程序访问数据的代码除了要涉及数据的逻辑结构,对数据存取方法、输入方式等也要做出说明,所以程序员的工作量大而烦琐。

2. 文件系统阶段

20 世纪 50 年代后期到 60 年代中期,计算机的硬件方面已经出现了磁盘、磁鼓等直接存储设备,数据能以文件的形式长期保存在计算机内。系统软件方面,操作系统中出现了专门的数据管理软件——文件系统,故此阶段我们称为文件系统阶段。在处理方式上不仅有了批处理,而且能够联机实时处理。此时计算机不仅限于科学计算,开始大量应用于数据处理。在文件系统阶段,应用程序与数据的关系如图 3-9 所示。

文件系统阶段一大特点是解决了应用程序与数据之间的公共接口问题,使得应用程序能够采用统一的存取方法来操作数据。数据被存储于一个个文件中,数据管理采用“按文件名访问,按记录进行存取"的方式。这时的应用程序和数据之间有了一定的独立性,程序员不必太多考虑物理细节,相比人工阶段,维护程序的工作变得简单不少。但是文件系统中,文件仍然是面向应用的。当不同的应用程序需要获取相同数据时,共享并不方便。数据依然存在较大的冗余度,除了占用存储空间,还容易造成数据的不一致性,此阶段数据的修改和维护工作依然不轻松。此外,由于数据独立性差,文件之间是相互孤立的,这样也不利于系统的扩充。

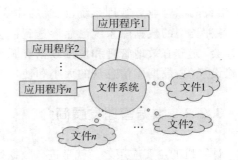

图 3-9　文件系统阶段应用程序与数据的关系

3. 数据库系统阶段

20 世纪 60 年代后期,计算机的硬件和软件都有了进一步的发展,这个阶段出现了大容量的磁盘,社会对信息需求爆发式增长,对数据体量的要求也越来越大,数据管理技术面临着严峻挑战,在应用需求的倒逼之下,数据库技术应运而生。

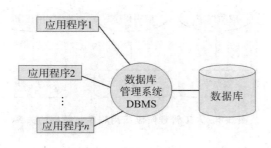

图 3-10　数据库系统阶段应用程序与数据的关系

数据库系统阶段将所有的数据进行集中、统一的管理,数据实行统一的结构,实现了数据共享的同时,还保证了数据的完整性与安全性。相较于文件系统阶段,数据系统阶段数据管理的效率大大提高,应用程序与数据的关系如图 3-10 所示。数据库系统实现了整体数据的结构化,这也是数据库系统阶段的重要特点,数据库中的数据不再仅仅面向于一个特定的应用,而是面向整个组织。例如开发某大学校园信息管理系统时,对学生数据的设计不仅要考虑教务处的学生选课这一应用要求,更需要从整个学校角度,考虑学生处学籍管理系统、各学院学生管理系统、科研处科研管理系统等对学生数据的需求。

在应用程序和数据库之间出现一个专门的管理软件叫作数据库管理系统(data base management system,DBMS)。DBMS 对数据的处理方式与文件系统不同,它把所有应用程序中使用的数据汇集在一起,以记录为单位进行存储,方便应用程序的使用。数据的存储方式也很灵活,可以存取数据库中的某一个或者某一组数据项、一个记录或者一组记录。而在文件系统阶段,数据的存取单位最多是记录,不可以细化到数据项。在数据库系统中,数据独立性强,程序与数据之间相互独立,数据的操作和维护是通过 DBMS 而不是应用程序,所有相关数据都被存储于一个称为数据库的地方集中进行统一的管理,数据无须重复存储,冗余度低。DBMS 能够从全局考虑,合理设计、组织和维护数据库中的数据,整体数据是结构化的,方便修改和扩展。

数据库(DB)是长期存储在计算机内、有组织、大量、可共享的数据集合,数据库系统的出现,使得信息系统的工作重心从加工数据变成提供数据共享,方便了数据的集中管理,也简化了应用程序的开发和维护,提高数据的利用率。在信息化社会中,有效管理和利用各类数据资源,是促进社会生产和科学决策的前提,基于数据库支持的各类决策系统变得更加可靠。随着信息技术和市场的发展,特别是 20 世纪 90 年代以后,数据库被社会广泛使用和蓬勃发展,从最简单的存储数据的表格到能存储海量数据的大型数据库系统,数据库技术愈发成熟,并成为计算机应用领域最重要的分支之一。数据库的许多概念、技术内容、应用领域,甚至某些原理都出现了重大变化,出现了一些新型的数据库系统,比如分布式数据库系统、并行数据库系统、知识库系统、多媒体数据库系统等。

从人工管理阶段到文件系统阶段,是计算机开始应用于数据管理,而由文件系统到数据库系统阶段,标志着数据管理技术质的飞跃。数据库管理历经的三个阶段可见表 3-1。

表 3-1 数据管理三个阶段的比较

	人工管理阶段	文件系统阶段	数据库系统阶段
应用背景	科学计算	科学计算、管理	大规模数据管理
硬件背景	无直接存取存储设备	磁盘、磁鼓	大容量硬盘
软件背景	没有操作系统	有文件系统	有数据库管理系统
处理方式	批处理	联机实时处理、批处理	联机实时处理、分布处理、批处理
数据管理者	用户(程序员)	文件系统	数据库管理系统
数据面向对象	某一应用程序	某一应用	现实世界
数据共享程度	无共享,冗余极大	共享性差,冗余大	共享性高,冗余度小
数据独立性	无独立,完全依赖于程序	独立性差	具有高度的物理独立性和一定的逻辑独立性
数据结构化	无结构	记录内有结构,整体无结构	整体结构化,用数据模型描述
数据控制能力	应用程序自己控制	应用程序自己控制	由数据库管理系统提供数据安全性、完整性、并发控制和恢复能力

3.2.2 数据库、数据库管理系统和数据库系统

1. 数据库

数据库,简单理解就是"存放数据的仓库"。数据库是一个用来存储和管理数据的容器,人们将某个应用所需的各种数据收集并放于该容器中,以备后期调取或进一步处理得到有用的信息,因此,数据库中的数据是数据库的内涵与核心,是等待开采的宝贵资源。

严格来讲,数据库是长期存放在计算机内、有组织的、可共享的相关数据的集合,它将数据按一定的数据模型组织、描述和存储。数据库具有较小的冗余度、较高的数据独立性和易扩展性,能被多个用户共享使用。

2. 数据库管理系统

数据库管理系统（DBMS）是位于用户与操作系统（OS）之间的一层数据管理软件，DBMS为用户或应用程序提供访问数据库的方法，包括数据库的创建、查询、更新及各种数据控制，是数据库系统的核心。

数据库管理系统由计算机软件公司提供，目前比较流行的DBMS有Oracle、SQL Server、MySQL、Access等。

数据库管理系统的主要功能如下：

（1）数据定义功能

借助DBMS提供的数据定义语言（DDL）对数据库中的数据对象进行定义。数据定义包括定义模式、内模式和外模式，定义外模式与模式之间的映射，定义内模式与模式之间的映射，定义有关的约束条件。

（2）数据组织、存储和管理

为了提高数据的存取效率，数据库管理系统需要分类组织、存储和管理各种数据，包括数据字典、用户数据和存取路径等。数据库管理系统要确定以何种文件结构和存取方式在存储级上组织这些数据，如何实现这些数据之间的联系。数据存储和组织的基本目标就是提高存储空间的利用率，实现更高效的存取。

（3）数据操纵功能

借助DBMS提供的数据操纵语言（DML），用户可实现对数据库提出的各种操作要求，实现数据的查询、插入、删除和修改等操作。

（4）数据库的运行管理

数据库中的数据可以供多个用户同时使用，具有共享性，但共享性另一方面也给数据库的运行管理带来困难。实现对数据库有效的运行管理是DBMS的基本要求，DBMS对数据库的运行管理主要包含4个方面内容：数据的安全性控制、数据的完整性控制、多用户环境下的数据并发控制和数据库的恢复。

（5）数据库的建立和维护功能

数据库的建立包括数据库初始数据的装入与数据转换等。数据库的维护包括数据库的转储、恢复、重组织与重构造、系统性能监视与分析等。数据库管理系统为实现这些功能提供了实用程序和工具。

（6）其他功能

如DBMS与网络中其他软件系统的通信、两个DBMS系统的数据转换、异构数据库之间的互访和互操作等。

DBMS对数据的存取通常需要经过以下几个步骤，如图3-11所示。

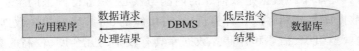

图3-11 DBMS的工作方式

（1）用户使用某种特定的数据操作语言向 DBMS 发出存取请求。

（2）DBMS 接受请求并将该请求解释转换成机器代码指令。

（3）DBMS 依次检查外模式、外模式/模式映象、模式、模式/内模式映象及存储结构定义。

（4）DBMS 对存储数据库执行必要的存取操作。

（5）接收对数据库存取操作的结果。

（6）对得到的结果进行必要的处理,如格式转换等。

（7）将处理的结果返回给用户。

3. 数据库系统

数据库系统(database system,DBS)是指在计算机系统中引入数据库后的系统。DBS 是为适应数据处理的需要而发展起来的一种较为理想的数据处理系统,也是一个为实际可运行的存储、维护和应用系统提供数据的软件系统,是存储介质、处理对象和管理系统的集合体。

数据库系统通常认为可由三大部分组成:硬件平台及数据库、软件体系、人员体系,如图3-12 所示。

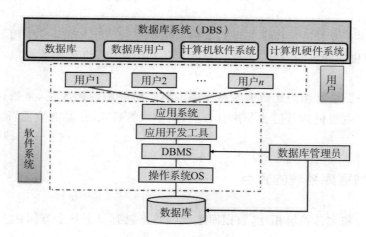

图 3-12 DBMS 的工作方式

（1）硬件系统

由于数据库的数据量庞大,加之 DBMS 本身丰富的功能,整个数据库系统对硬件资源有较高的要求,具体包括:

①足够大的内存,存放操作系统、DBMS 核心模块、数据缓冲区和应用程序。

②足够大的磁盘等存取设备来存放数据库。

③需要可用于数据备份的存储介质。

④有较高的通信能力,支持较快的数据传输。

（2）软件系统

数据库系统的软件主要包括 DBMS、支持 DBMS 的操作系统、具有与数据库接口的高级语言及其编译系统。其中,DBMS 是数据库系统的核心,是位于用户和操作系统之间的一层数据管理软件,主要用于数据库建立、操作和维护,能对数据库所有资源进行统一的管理和控制,是数据库应用程序与数据库联系起来的重要纽带。

（3）人员

这里的人员主要是指开发、设计、管理和使用数据库的人员,包括数据库管理员、系统分析员、数据库设计人员、应用程序开发人员和最终用户。

①数据库管理员（database administrator,DBA）。为保证数据库的正常运行,需要专门的人员全面管理和控制数据库系统,DBA 的具体职责包括：

a. 参与数据库的设计。DBA 需要了解和分析用户的需求,决定数据库的内容和结构,与数据库设计人员共同决定数据库的存储结构和存取策略。

b. 定义数据的安全性要求和完整性约束条件,让数据库维持健康安全状态。

c. 日常维护。例如,定期备份数据,监视数据库的运行,DBA 需要跟踪监视数据库系统运行的情况,及时处理运行过程中出现的问题。

d. 数据库的改进、重组和重构。根据现实环境和实际需求的变化对数据库进行跟进调整。

②系统分析员和数据库设计人员。系统分析员负责应用系统的需求分析和规范说明,与用户、DBA 协商,确定系统的硬软件配置,参与数据库系统的概要设计。

数据库设计人员参与用户需求调查和系统分析,确定数据库中的数据,设计数据库各级模式。

③应用程序开发人员。程序开发人员根据系统需求,设计和编写应用系统的程序功能模块,完成各模块的调试与安装,实现对数据库的动态更新,将结果数据以友好形式呈现给用户。

④最终用户。最终用户是数据库系统中的各类型终端使用人员,是数据库系统的主要用户。最终用户主要包括基层业务执行人员、高中级管理人员、具有专业背景的技术人员三大类。

3.2.3 数据库系统的特点

与人工管理和文件系统相比,数据库系统的特点具有以下几个方面：

1. 实现数据共享

数据共享是指多个用户或应用同时访问数据而互不影响。让数据充分共享是数据库系统的重要目的。数据库中的数据,应该尽可能给更多的人或者应用所使用。文件系统阶段数据共享性差,数据只是给某个应用或者某个部门使用。数据库系统阶段数据被同一企业或组织的各部门共享成为可能。随着数据库应用的不断发展,数据库还可以被不同组织、地区甚至不同国家的用户所共享。

2. 减少数据冗余

数据冗余是指数据的重复,即同一数据在不同数据文件中重复存放。数据冗余除了造成存储空间的浪费,还会妨碍数据的一致性。因为数据库中的数据是共享的,相同的数据在数据库中只需存储一次,这就避免了数据的冗余可能带来的数据不一致性问题。如果一个数据在数据库中多处冗余存放,当发生数据更改时,几处的数据必须全部更正。如果有遗漏的更正,则会产生数据的不一致。

3. 实施标准化

没有标准化就没有专业化,更没有高质量和高速度。随着信息化的不断深入,数据标准化已成为各行业实现信息管理自动化、正规化、制度化的首要条件。假如数据的分类与编码不够科学与规范化,局部性的修改可能会引起应用程序的变动,全局性的修改可能会导致数据的重构,给数据的维护、管理、使用造成极大的困难。数据库系统要求保存的数据要具有结构化特征,这也是数据库系统阶段与文件系统阶段的本质区别,数据的定义和表示必须实行统一的标准和规范,只有这样,数据资源的交换和共享才能成为可能。

4. 保证数据安全

数据库的安全性是指防止不合法使用所造成的数据泄露、更改或破坏。正如一个硬币具有两面性,数据库在充分实现数据共享的同时,也带来数据的安全性问题。数据库存在的几种不安全因素如下:

(1)非授权用户对数据库的恶意存取和破坏

一些黑客(hacker)和犯罪分子在用户存取数据库时获取用户名和口令,然后假冒合法用户偷取、修改甚至破坏用户数据。数据库管理系统提供的安全措施包括用户身份鉴别、存取控制和视图等技术。

(2)数据库中重要或敏感的数据被泄露

黑客和非法用户想尽各种办法盗窃数据库中的重要数据,机密信息一旦被窃取,可能带来不可预计的后果。数据库管理系统提供的主要技术有强制存取控制、数据加密等。对安全性要求较高的部门,可以采取审计日志分析预防潜在威胁,防止安全责任否认。

(3)安全环境的脆弱性

数据库的安全性与整个计算机系统的安全性紧密联系,计算机硬件、操作系统、网络系统等的安全性的问题都会威胁到数据库的安全。需要有一套可信的计算机系统安全的概念和标准来保障不同的安全级别需求。

5. 保证数据完整

数据库的完整性包括正确性和相容性两方面内容。

数据的正确性是指数据必须符合现实世界语义,反映了当前的实际情况。例如某学校学籍管理系统中,学生的年龄必须是正整数;性别取值是男或女二选一;政治面貌应为中共党员、共青团员、群众等十三种情况之一。

数据的相容性则是指数据库同一对象在不同关系表中的数据是符合逻辑的。例如,学生所选的课程必须是学校开设的课程,即在选课表中出现的课程,必须以课程表中存在的课程为前提。同样,学生表中的所在的院系必须是院系表中已经有的院系才行。

数据的完整性和安全性是两个不同概念,数据的完整性防止数据库中存在不符合语义的数据,也就是防止数据库中存在不正确的数据。安全性是防止对数据恶意的破坏或非法存取,防范对象是非法用户与非法操作。

为保证数据库的完整性,数据库管理系统提供了以下功能:

（1）提供定义完整性约束条件的机制

SQL 标准使用了一系列概念来描述完整性，包括关系模型的实体完整性、参照完整性和用户定义完整性，这些完整性一般由 SQL 的数据定义语言语句来实现。

（2）提供完整性检查的方法

一般在 INSERT、UPDATE、DELETE 语句执行后开始检查，也在事务提交时检查。

（3）违约处理

DBMS 在发生违背完整性操作时必须做出一定反应，例如拒绝（NO ACTION）执行该操作、级连（CASCADE）执行其他操作。

3.3　关系型数据库和常用的数据库管理系统

3.3.1　关系型数据库的基本知识

数据模型（data model）是对现实世界数据特征的抽象，描述了数据及其联系的组织方式、表达方式和存取路径。数据模型是数据库系统的核心与基础，数据库技术的发展就是沿着数据模型的主线展开的。

传统的数据模型分为 3 种：

（1）层次模型：用"树"结构来表示数据之间的关系。

（2）网状模型：用"图"结构来表示数据之间的关系。

（3）关系模型：用"表"结构（术语称为关系）来表示数据之间的关系。

其中层次模型、网状模型也称为格式化模型，在 20 世纪 70 年代至 80 年代初非常流行，占据了市场的主导位置，而后逐渐被关系模型所替代。关系模型结构简单，数据之间的联系容易实现，是目前最重要、最被市场广泛接受的数据模型。

关系模型由美国 IBM 公司的 E.F.Codd 在 20 世纪 70 年代初提出，开创了数据库关系方法和关系数据理论的研究，为数据库技术的发展奠定了理论基础。由于杰出的贡献，1981年 E.F.Codd 获得 ACM 图灵奖。

关系型数据库就是采用关系模型作为数据的组织形式，通过数学方法进行数据处理的数据库。几十年来，关系型数据库的研究和开发取得了巨大的成就，关系型数据库系统从实验室走向了社会大众，也促进了数据库应用领域的扩大和深入。目前，关系型数据库是市场上使用最广泛的数据库系统，计算机厂商新推出的数据库管理系统几乎都支持关系模型。

1. 关系模型的特点

在用户观点下，关系模型中数据的逻辑结构是一张二维表，如表 3-2 所示，它由简单的行和列组成。在关系模型中只有关系这一种结构，现实世界的实体以及实体间的各种联系都用关系（二维表）来表示。

关系模型要求关系（即二维表）必须满足一定的规范条件，满足规范条件的关系称为范式,范式级别越高,越能避免一些数据冗余或者异常的情况。在这些规范条件中最基本的一条就是关系中的每个分量必须是不可分割的数据项。例如表 3-3 中,工资被拆分成基本工资、岗位津贴和交通补贴,扣除被拆分为五险和公积金,这种结构在关系模型中是不被允许的,或者称为非规范化的关系。关系模型最低要求是一张简单结构的二维表格,不允许有表中表的复杂结构。将该表修改为表 3-4 所示,则符合关系模型的规范要求。

表 3-2　学生基本情况表

学号	姓名	性别	籍贯	出生日期	系号	政治面貌
2021105033××	陈婉茹	女	福州	20031129	D05	共青团员
2021111091××	黄嘉鹏	男	宁德	20020426	D11	群众
2021102061××	张励斌	男	贵阳	20031006	D02	共青团员
2021105053××	林海燕	女	泉州	20030117	D05	共青团员
2021110022××	郭彤颖	女	安阳	20030729	D10	共青团员
2021103042××	黄文远	男	莆田	20020907	D03	中共党员
2021103042××	钟晓潇	男	福州	20020321	D03	中共党员
2021105011××	张理毅	男	龙岩	20030423	D05	共青团员

表 3-3　非规范化的关系

员工号	姓名	岗位	工资			扣除		实发
			基本工资	岗位津贴	交通补贴	扣五险	扣公积金	
0860××	郑丽	会计	5500	2600	500	680	560	7360
0605××	王嘉韧	设计师	6680	2800	300	712	610	8458

表 3-4　修改后的规范化关系

员工号	姓名	岗位	基本工资	岗位津贴	交通补贴	扣五险	扣公积金	实发
0860××	郑丽	会计	5500	2600	500	680	560	7360
0605××	王嘉韧	设计师	6680	2800	300	712	610	8458

2. 关系型数据库的主要名词

我们以某食品销售公司的数据库(如表 3-5 至表 3-12 所示)为例来熟悉关系型数据库的相关概念。我们可以看到整个数据库只用到一种数据结构——二维表(数据库术语称为关系)。每个实体(如产品、客户、供应商等)都用一张二维表(即一个关系)来表示;客户和产品之间的购买联系也是通过订单这一二维表(关系)来表示的。

表 3-5　产品关系

产品 ID	产品名称	供应商 ID	类别 ID	单位数量	单价	库存量	订购量	停产
0031	苹果汁	1	1	每箱 12 瓶	43.00	39	0	-1
0022	牛奶	1	1	每箱 24 盒	76.00	17	40	0
0103	番茄酱	1	2	每箱 12 瓶	49.00	13	70	0
0044	盐	2	2	每箱 30 袋	50.00	53	0	0
0035	麻油	2	2	每箱 30 瓶	360.00	0	0	-1
0056	酱油	3	2	每箱 24 瓶	500.00	120	0	0
0006	海鲜粉	3	2	每箱 30 袋	450.00	15	0	0
0028	胡椒粉	2	2	每箱 20 瓶	180.00	6	0	0
0015	蛋卷	4	3	每箱 40 盒	630.00	29	0	-1
0010	通心面	4	4	每箱 30 袋	225.00	31	0	0

表 3-6　订单关系

订单 ID	客户 ID	雇员 ID	订购日期	货主姓名	货主地址	运货商 ID
10248	575275	0302	2020/6/30	王哲华	深圳市京港城市大厦××室	3
10249	326268	0602	2020/7/1	刘明	南京市水仙路海光大厦××室	1
10250	375651	0805	2020/7/4	陈铭华	石家庄化工北路××号	2
10251	625163	0210	2020/7/4	关运辉	天津成山路 208 弄××号	1
10252	325256	0302	2020/7/5	刘煜章	天津市兴华路金溪苑×栋××号	2
10253	215389	0210	2020/7/6	唐庆德	天津市滨江南大道××号	2
10254	365626	0302	2020/7/7	叶剑波	武汉市洪山区滨江路××号	4

表 3-7　订单明细关系

订单 ID	产品 ID	数量	折扣
10248	0103	12	0
10248	0035	10	0.10
10248	0006	5	0
10249	0022	9	0.25
10249	0103	40	0
10249	0006	3	0
10250	0035	10	0
10250	0010	35	0.15
10251	0028	6	0.05

表 3-8　雇员关系

雇员 ID	姓名	职务	入职时间	家庭地址	所在城市
0102	柯斌维	销售代表	2016/4/27	东城区前门东大街××号	北京
0206	肖伟	副总裁（销售）	2010/8/10	朝阳区安定路甲××号	北京
0302	陈吉州	销售代表	2017/3/28	海淀区羊坊店路××号	北京
0602	刘杰斌	销售代表	2016/4/29	新建宫门路××号	北京
0805	柯俊杰	销售经理	2015/10/13	海淀区三里河路××号	北京
0210	谢晓晴	出纳	2019/10/13	朝阳区北四环中路××号	北京
0323	何少东	仓管员	2014/5/22	丰台区嘉园路××号	北京
0668	柯斌	销售代表	2018/8/15	昌平区中山西路××号	北京

表 3-9　客户关系

客户 ID	公司名称	联系人姓名	地址	城市	电话	地区
325256	三川贸易有限公司	黄小玲	大华路 ××号	天津	(022)300743××	华北
215389	南嘉集团	王敏	罗秀路××号	天津	(022)555547××	华北
375651	坦森行贸易	何筱洁	东华西路××号	石家庄	(0311)645393××	华北
575275	顺铭有限公司	方易鑫	华海新街 ××号	深圳	(0755)665778××	华南
326268	贝鲜食品有限公司	黄开	下南北街××号	南京	(025)612346××	华东
625163	森通日用品	王萧雨	学府路××号	天津	(022)374584××	华北
365626	启悦有限公司	张泽贤	新华中街××号	南京	(025)852365××	华东
377457	七色光商行	李梦洁	槐安东路××号	石家庄	(0311)625325××	华北

表 3-10　供应商关系

供应商 ID	公司名称	联系人姓名	地址	城市	电话
1	华达	刘恩华	北京海淀区中山南路××号	北京	(010)343222××
2	新恩	黄桂雄	厦门市莲前东路××号	厦门	(0592)35436××
3	宏大	胡茵	北京市北三环中路××号	北京	(010)543573××
4	嘉华	王关辉	上海罗秀路××号	上海	(021)566757××

表 3-11　类别关系

类别 ID	类别名称
1	饮料
2	调味品
3	点心
4	面制品

表 3-12　运货商关系

运货商 ID	公司名称	电话
1	运通速递	(010)555598××
2	华宇包裹	(010)755537××
3	永辉货运	(010)855432××
4	速达货运	(010)574325××

(1)关系(relation)

关系对应我们日常说的一张二维表,例如上述食品销售公司数据模型中对应8张二维表,即有8个关系:产品关系、订单关系、订单明细关系、雇员关系、客户关系、供应商关系、类别关系、运货商关系。

(2)元组(tuple)

表中的每一行记录就对应一个元组。例如在表 3-5 产品关系中,(0031,苹果汁,1,1,每箱12瓶,￥43.00,39,0,－1)就是一个元组。可以看出,产品关系是由10个元组构成的。

(3)属性(attribute)

表中的一列或一个字段,术语称为属性,给每个属性取一个名称为属性名。产品关系中对应的属性有9个:产品ID、产品名称、供应商ID、类别ID、单位数量、单价、库存量、订购量、停产。

(4)域(domain)

域是属性的取值范围,它是一组具有相同数据类型的值的集合。例如表 3-5 产品关系中库存量的域是正整数的集合,单价的域是正实数的集合,停产的域是集合{0,－1},供应商ID的域必须是来自表 3-10 供应商关系中供应商ID所有取值的集合,若当前供应商关系中只有编号为1、2、3、4四个供应商ID,则产品关系中的供应商ID的域是{1,2,3,4}。

(5)分量(component)

元组中的一个属性值。例如,在元组(0031,苹果汁,1,1,每箱12瓶,￥43.00,39,0,－1)中,苹果汁对应的价格“43”就是一个分量。苹果汁这条元组对应了“0031”、“苹果汁”、“1”、“1”、“每箱12瓶”、“￥43.00”、“39”、“0”、“－1”9个分量。

(6)候选码(candidate key)

若关系中的某一属性或属性组的值能唯一标识一个元组,且从这个属性组中去除任何一个属性,都不再具有这样的性质,则称该属性或属性组为候选码,候选码简称码,也可以叫作键或者关键字。

例如产品关系中,能唯一标识出每一个产品的是属性“产品ID”,因为每个产品ID都是唯一的,则“产品ID”是候选码。假设“产品名称”也是不重复的,产品关系中就存在两个候选码:“产品ID”和“产品名称”。

又如在表 3-7 订单明细关系中,一个订单ID对应了多个产品,“订单ID”不能成为候选码,需要和产品ID联合构成候选码,即“订单ID＋产品ID”两个属性组合成为候选码。

(7)主码(primary key)

一个关系只能有一个主码。若一个关系中有多个候选码,从现实使用方便的角度,人为从中选定一个作为主码(也叫主键或者主关键字)。例如,产品关系中,假设"产品名称"不重复,则有两个候选码:"产品 ID"和"产品名称",我们一般选取"产品 ID"为主码。

(8)全码(all-key)

候选码可以包含一个属性,也可以是一个属性组;在最极端的情况下,关系模式的所有属性是这个关系模式的候选码,称这种情况为全码。

例如我们将表 3-7 订单明细关系简化,只体现订单与具体产品的关系,修订后如表 3-13 所示,此时即为全码的情况,关系模式的所有属性(订单 ID+产品 ID)构成该关系模式的候选码。

表 3-13　订单明细关系(修订)

订单 ID	产品 ID
10248	0103
10248	0035
10248	0006
10249	0022
10249	0103
10249	0006
10250	0035
10250	0010
10251	0028

(9)外码(foreign key)

如果关系中某个属性或属性组合并非本关系的候选码,却是另一个关系的候选码,则称这样的属性或属性组合为本关系的外码(也叫外部关键字或外键)。

例如表 3-6 订单关系中,存在三个外码:客户 ID、雇员 ID、运货商 ID。在订单关系中"雇员 ID"的值必须参照表 3-8 雇员关系中的"雇员 ID",被参照的雇员关系称为主表,而订单关系称为从表。"雇员 ID"属性在主表中是主码,而在从表中则是外码。观察表 3-8 雇员关系中的"雇员 ID"的取值有 8 个(0102、0206、0302、0602、0805、0210、0323、0668),则订单关系中的"雇员 ID"值必须是这 8 个值之一,才符合逻辑。不可能一个雇员关系不存在的雇员,在订单关系中却有其相关的记录。"客户 ID"、"运货商 ID"也是同样的道理,对于订单关系它们都是外码。

在关系数据库中,不同关系之间是存在联系的,外码可以表达数据库各表间的这种联系。在数据库实际应用中,通过使用外码的约束,可以实现数据库的参照完整性,保证数据的正确性和相容性。

(10)主属性(prime attribute)和非主属性(non-prime attribute)

在关系中,候选码中的属性称为主属性,不包含在任何候选码中的属性则称为非主属性。

(11)关系模式(relation schema)

关系的描述称为关系模式,它可以形式化地表示为 R(U,D,Dom,F)。其中,R 为关系名;U 为组成该关系的属性的集合;D 为属性组 U 中的属性所来自的域;Dom 为属性向域映像的集合;F 为属性间数据依赖关系的集合。关系模式通常可以简记为 R(U)或 R(A1,A2,…,An)。

在食品销售公司数据库中,共有 8 个关系,其对应的关系模式可分别表示为:

产品(<u>产品 ID</u>,产品名称,供应商 ID,类别 ID,单位数量,单价,库存量,订购量,停产)

(注:下划线表示关系的主码,波浪线表示外码)

订单(<u>订单 ID</u>,客户 ID,雇员 ID,订购日期,货主姓名,货主地址,运货商 ID)

订单明细(<u>订单 ID</u>,产品 ID,数量,折扣)

雇员(<u>雇员 ID</u>,姓名,职务,入职时间,家庭地址,所在城市)

客户(<u>客户 ID</u>,公司名称,联系人姓名,地址,城市,电话,地区)

供应商(<u>供应商 ID</u>,公司名称,联系人姓名,地址,城市,电话)

类别(<u>类别 ID</u>,类别名称)

运货商(<u>运货商 ID</u>,公司名称,电话)

以下将关系与我们日常生活中的表格使用的术语做一个简要比较,如表 3-14 所示。

表 3-14　术语的比较

关系术语	一般表格使用的术语
关系名	表名
关系模式	表头(表格的描述)
关系	一张二维表
元组	记录或行
属性	列
属性名	列名、字段名
属性值	列值
分量	一条记录中对应的一个列值
非规范关系	表中表(大表中嵌套小表)

关系具有以下性质:

(1)同一属性的数据具有同质性,即每一列中的分量是同一类型的数据,它们来自同一个域。

(2)同一关系的属性名具有不可重复性,即同一关系中不同属性的数据可出自同一个域,但不同属性应赋予不同的属性名。

(3)关系中元组的位置具有顺序无关性,即元组的顺序可以任意交换。

(4)关系中列的位置也具有顺序无关性,即列的次序可以任意交换。

(5)关系中的任意两个元组不能完全相同。

(6)关系中每个分量必须取原子值,即每个分量都必须是不可分的数据项。

3.3.2　常用的数据库管理系统

从 DB-Engines 网站统计的数据库管理系统流行程度最新排名来看(2021 年 4 月,每月更新一次),关系(relational)数据库管理系统依然占据着市场主导地位,如图 3-13 所示。

	Rank		DBMS	Database Model	Score		
Apr 2021	Mar 2021	Apr 2020			Apr 2021	Mar 2021	Apr 2020
1.	1.	1.	Oracle ⊞	Relational, Multi-model 🛈	1274.92	-46.82	-70.51
2.	2.	2.	MySQL ⊞	Relational, Multi-model 🛈	1220.69	-34.14	-47.66
3.	3.	3.	Microsoft SQL Server ⊞	Relational, Multi-model 🛈	1007.97	-7.33	-75.44
4.	4.	4.	PostgreSQL ⊞	Relational, Multi-model 🛈	553.52	+4.23	+43.66
5.	5.	5.	MongoDB ⊞	Document, Multi-model 🛈	469.97	+7.58	+31.54
6.	6.	6.	IBM Db2 ⊞	Relational, Multi-model 🛈	157.78	+1.77	-7.85
7.	7.	↑8.	Redis ⊞	Key-value, Multi-model 🛈	155.89	+1.74	+11.08
8.	8.	↓7.	Elasticsearch ⊞	Search engine, Multi-model 🛈	152.18	-0.16	+3.27
9.	9.	9.	SQLite ⊞	Relational	125.06	+2.42	+2.87
10.	10.	10.	Microsoft Access	Relational	116.72	-1.41	-5.19
11.	11.	11.	Cassandra ⊞	Wide column	114.85	+1.22	-5.22
12.	12.	12.	MariaDB ⊞	Relational, Multi-model 🛈	96.37	+1.92	+6.47
13.	13.	13.	Splunk	Search engine	88.49	+1.56	+0.41
14.	14.	14.	Hive	Relational	78.50	+2.46	-5.56
15.	↑16.	↑23.	Microsoft Azure SQL Database	Relational, Multi-model 🛈	71.84	+0.96	+32.89

370 systems in ranking, April 2021

图 3-13　DBMS 流行程度排名

下面简要介绍几种常用的关系数据库管理系统。

1. Access

Access 是美国 Microsoft 公司于 1994 年推出的微机型桌面数据库管理系统,具有界面友好、易学易用、开发简单、接口灵活等特点。作为 Microsoft Office 的组件之一,Access 常用于小型数据库系统的开发,相比于其他数据库管理系统,Access 具有轻便易用的优势。Access 软件的工作主界面如图 3-14 所示。

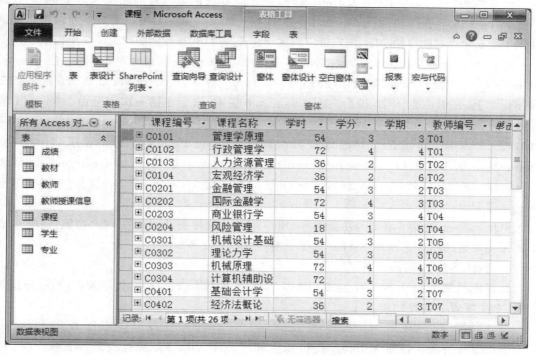

图 3-14　Access 的工作界面

美国 Microsoft 公司于 1992 年 11 月发布了 Access 1.0 版本，该版本是基于 Windows 3.0 操作系统的独立的关系型数据库管理系统。1993 年 Access 升级为 2.0 版本，并成为 Microsoft Office 软件的一部分。为了满足市场需求，Access 陆续更新了多个版本，如 Access 7.0/95、8.0/97、9.0/2000、10.0/2002，Access 2003、Access 2007、Access 2010、Access 2016、Access 2019。

Access 以它自己的格式将数据存储在基于 Access Jet 的数据库引擎里，可以直接导入或者链接数据。通过 Access 可视化的界面可以方便管理数据库各类对象，用户甚至可以不写一行代码，完全通过可视化的操作，快速开发出一个功能完善的数据库应用系统。

Access 软件内嵌了 6 种常用的对象：表、查询、窗体、报表、宏和模块，不同的对象在数据管理中起着不同的作用。

表：实现数据组织、存储和管理的对象，是整个数据库系统的基础。

查询：根据一定的条件从表中筛选出所需要的数据，形成一个动态的数据集。

窗体：数据库和用户交互的接口，可用于输入数据、显示、应用程序的执行控制。

报表：将选定的数据格式化显示或打印。

宏：若干个操作的集合，用于实现一些经常性的操作。

模块：可以建立复杂的 VBA(Visual Basic for Application)程序，完成比宏更复杂的任务。将模块与窗体、报表等 Access 对象相联系，可构建出完整的数据库应用系统。

2. SQL Server

Microsoft SQL Server 是 Microsoft 公司推出的关系型数据库管理系统。它具有使用方便、可伸缩性好、与相关软件集成度高等优点，是一个功能全面的数据库平台。SQL Server 提供的各种工具功能强大，界面友好，用户能够快速地构建问题解决方案，实现数据的扩展与应用的迁移等功能。Microsoft SQL Server 数据库引擎为关系型数据和结构化数据提供了更安全可靠的存储功能，用户可以构建和管理高可用、高性能的数据库应用程序。

SQL Server 最早由 Microsoft、Sybase 和 Ashton-Tate 三家公司共同研发，在 1988 年推出了第一个基于 OS/2 的版本。1993 年 Microsoft 将 SQL Server 移植到 Windows NT 操作系统上，并于 1995 年推出了 SQL Server 6.0 版本，这也是第一次完全由 Microsoft 公司独立开发的版本。此后新版本不断被推出，近年来就有 SQL Server 2012/2014/2016/2017/2019 版本。为满足不同的用户需求，SQL Server 的版本分为企业版(enterprise edition)、商业智能版(business intelligence edition)、标准版(standard edition)、网络版(Web edition)、开发版(developer edition)和快捷版(express edition)，不同的用户可根据需要选择适合自己的版本。

SQL Server 提供了丰富的功能组件，用户可以在软件安装过程中，在"功能选择"页面选择需要安装的组件。SQL Server 常见的组件有以下几种。

(1)SQL Server 数据库引擎

数据库引擎是 SQL Server 的核心组件，除了实现基本数据存储、处理和保护外，还包含复制、全文搜索等管理功能。

(2)分析服务(SQL server analysis services)

分析服务为商业智能应用程序提供联机分析处理(OLAP)、数据挖掘等服务。OLAP

能够帮助分析人员快速、交互地从不同角度深入分析数据,并将分析的结果用易于理解的方式直观呈现出来。数据挖掘则可能从海量数据中发现有价值的甚至超预期的信息。

（3）报表服务（reporting services）

报表服务是一种基于服务器的报表平台,可用于创建和管理来自不同的、多维的数据源的表格报表、矩阵报表、图形报表和自由格式报表。用户通过基于 Web 的连接可方便查看和管理所创建的报表。报表服务提供了一套完整的服务、工具和应用程序编程接口（API）,程序员可以使用 API 将报表功能扩展或集成到自定义解决方案中。

（4）集成服务（integration services）

集成服务是用于生成高性能数据集成和工作流解决方案的平台,是对 SQL Server 数据转换服务（DTS）、数据导入/导出功能的扩充,高效率处理各种不同的数据源,实现数据提取、转换、加载等服务。

（5）主数据服务（master data services）

主数据服务是从 SQL Server 2008 R2 版本起新增的具有商业智能特性的服务,为企业提供权威的信息来源,也为其他应用提供权威的引用。通过主数据服务配置,实现对产品、客户、账户等的管理。

SQL Server 软件为用户提供了大量可视化的管理工具,应用这些工具使得数据管理变得简单、便捷、高效。常用的工具有 SQL Server Management Studio、SQL Server 配置管理器、SQL Server Profiler、数据库引擎优化顾问、Business Intelligence Development Studio 等。

SQL Server Management Studio 主窗口如图 3-15 所示。它是一个可以实现访问、配置、控制、管理和开发的集成环境,集成了图形化工具、脚本编辑器,为数据库开发人员、数据库管理人员提供了便捷高效的操作平台。可以看到主窗口包括"已注册的服务器"、"对象资源管理器"、"查询编辑器"、"结果/消息"、"属性"等。其中"对象资源管理器"窗口位于主窗口左侧位置,用于管理各类数据库对象资源（数据库、表、索引等）。"查询编辑器"位于主窗口中间部分,用于编写 Transact-SQL 脚本,查询编辑器中不同的代码关键字使用不同颜色加以区别,运行和调试代码也很方便,是一个非常实用的工具。

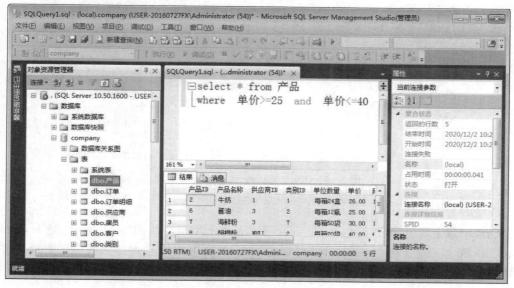

图 3-15　Microsoft SQL Server Management Studio 主窗口

3. Oracle

Oracle 数据库(Oracle database),又名 Oracle RDBMS,简称 Oracle,是甲骨文公司的一款核心产品,适合于大型项目的开发,银行、电信、电商、金融等各领域大量使用 Oracle 数据库。

Oracle 数据库自从 1979 年发布第一版以来,迄今已走过 40 多年头,是值得信赖和广泛使用的关系数据库引擎之一。Oracle 数据库是世界上第一款支持 SQL 语言的商业数据库,后来发展成为行业标准,在稳定性、安全性、兼容性、高性能、处理速度、大数据管理方面都有优秀的表现。缺点是价格昂贵,对硬件要求比较高,管理和操作也比较复杂。

用户可以使用 SQL Plus 工具以命令方式进行数据库管理、联机分析处理(on-line analytical processing,OLAP)、数据挖掘(data mining)和实时应用程序测试。和其他 DBMS 一样,Oracle 也为用户提供了很多管理工具和实用程序。

(1)OEM

Oracle 企业管理器(Oracle enterprise manager database control,简称 Oracle enterprise manager,OEM)是一个基于 Web 界面的管理数据库的工具。它集成了多种组件,可以实现创建方案对象(表、视图、索引等)、管理用户安全性、管理数据库内存和存储、备份和恢复数据库、导入和导出数据、查看数据库性能和状态信息等功能,为用户提供了一个功能强大的图形用户界面。

如图 3-16 所示,Oracle Enterprise Manager 分为 7 个功能页面:主目录、性能、可用性、服务器、方案、数据移动、软件和支持。

图 3-16　Oracle Enterprise Manager 界面

(2)OSD

Oracle 数据库开发工具(Oracle SQL Developer,OSD)如图 3-17 所示,是一款能在 Windows 和 Linux 等操作系统上运行、功能强大、拥有直观导航式界面的图形管理和开发工具,通过该工具的导航树结构可以很容易地搜索到数据库对象。

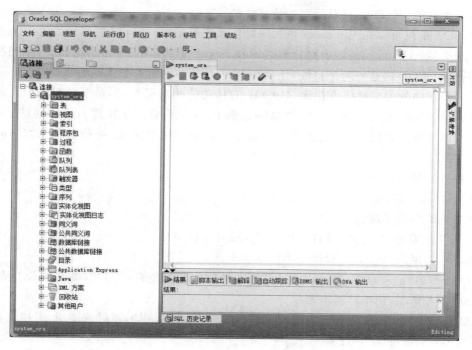

图 3-17 Oracle SQL Developer 界面

（3）OUI

Oracle 安装工具 OUI（Oracle universal installer）是一款安装各类工具和组件的软件，OUI 为用户提供了统一的安装界面。

（4）DBCA

数据库配置助手（database configuration assistant，DBCA）是由 Oracle 提供的，通过模板创建数据库的实用程序。它能够复制一个预配置的种子数据库，从而可节省生成和定制一个新数据库的时间和精力。

（5）DBUA

数据库升级助手（database upgrade assistant，DBUA），是一款引导当前数据库向其他版本迁移的实用工具。

（6）NETCA

网络配置助手（net configuration assistant，NETCA）使用户可以配置监听器和命名方法，这是 Oracle 数据库网络的重要组成部分。

4. MySQL

MySQL 是一款关系型数据库管理系统，最早由瑞典的 MySQL AB 公司开发，2008 年1 月 MySQL 被美国 SUN 公司收购，2009 年 4 月 SUN 公司又被美国甲骨文（Oracle）公司收购，MySQL 从此成为甲骨文公司的旗下产品。

MySQL 是基于 Linux 操作系统开发出来的，具有体积小、速度快、总体成本低的特点。特别是开放源码这一特点，备受中小企业的青睐。社区版本的 MySQL 都是免费使用的，即便是需要付费的附加功能，价格也相对便宜。相对于 Oracle、DB2 和 SQL Server 这些价格昂贵的商业软件,MySQL 具有绝对的价格优势。

MySQL 不仅可以在 Windows 系列的操作系统上运行,还可以在 UNIX、Linux 和 Mac OS 等操作系统上运行。例如前面介绍的 SQL Server 数据库,只能在 Windows 系列操作系统上运行,MySQL 的这种跨平台性,让其在 Web 应用方面拥有很大的竞争优势。

虽然与其他的大型数据库相比,MySQL 总体功能相对逊色,但对于一般的个人和中小型企业来说,MySQL 提供的功能已经足够完备了,非常适合用来构建自己的网站。以下 4 款为开放源码软件,可以快速低成本搭建起一个稳定的网站系统,被业界称为"LAMP"或"LNMP"组合:

- 操作系统:选 Linux。
- Web 服务器:Apache、Nginx(二选一)。
- 数据库管理系统:选 MySQL。
- 服务器端脚本解释器:PHP、Perl、Python(三选一)。

针对不同用户,MySQL 提供了不同的版本:

(1)MySQL community server(社区版):该版本开源免费,官方不提供技术支持,如果仅仅是从学习角度,使用该版本即可。

(2)MySQL enterprise server(企业版):官方提供技术支持,需付费使用,但相比其他大型付费 DBMS,性价比非常高。

(3)MySQL cluster(集群版):开源免费,能将几个 MySQL Server 封装成一个。

(4)MySQL cluster CGE(高级集群版):需付费使用。

MySQL 数据库管理系统提供了许多命令行工具,这些工具可以用来管理 MySQL 服务器、对数据库进行访问控制、管理 MySQL 用户以及进行数据库备份和恢复等,如 mysql、mysqladmin。

当然我们也可以使用图形化工具如 MySQL Workbench、phpMyAdmin、Navicat for MySQL、MySQLDumper、MySQL Gui Tools、MySQL ODBC Connector 等,这些图形化工具使得对数据库的操作更加简单方便。图 3-18 为 Navicat for MySQL 主界面。

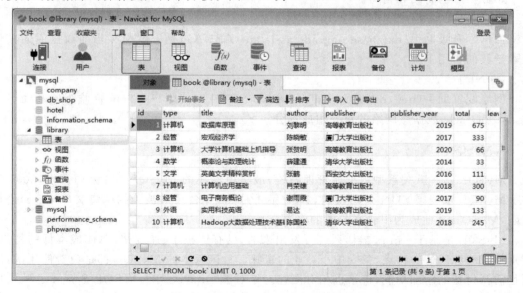

图 3-18　Navicat for MySQL 主界面

3.4　本章小结

　　数据处理是数据转换成信息的过程及获取信息的手段。本章通过描述学生相对熟悉的教学管理方面的案例,使读者了解用数据处理解决生活中的实际需求,从数据处理角度加深对数据的认知。本章还介绍了数据处理初步的知识,特别是概要介绍了数据可视化,为衔接后续大数据、数据挖掘等章节作引导。

　　数据库技术作为管理数据的有效手段,当前被各行业和领域广泛使用,数据库技术的普及极大促进了计算机应用相关技术的发展。本章介绍了数据管理技术发展的三个历史阶段以及数据库、数据库管理系统、数据库系统、关系型数据库系统等相关基础理论知识。

3.5　习题

一、选择题

1. 以下( )属于数据对象的连续属性。

　　A. 二元属性　　　　　　　　　　B. 标称属性

　　C. 数值属性　　　　　　　　　　D. 序数属性

2. 以下( )是分位数。

　　A. 均值　　　　　　　　　　　　B. 中值

　　C. 众数　　　　　　　　　　　　D. 方差

3. 数据库系统的核心是( )。

　　A. 数据库　　　　　　　　　　　B. 数据库管理系统

　　C. 数据模型　　　　　　　　　　D. 软件工具

4. 下列四项中,不属于数据库系统的特点的是( )。

　　A. 实现数据共享　　　　　　　　B. 保证数据安全

　　C. 数据冗余度大　　　　　　　　D. 实施标准化

5. 下列说法不正确的是( )。

　　A. 数据库减少了数据冗余　　　　B. 数据库中的数据可以共享

　　C. 数据库避免了一切数据的重复　D. 数据库具有较高的数据独立

6. 在数据库系统中,负责监控数据库系统的运行情况,及时处理运行过程中出现的问题,这是( )的职责

　　A. 数据库管理员　　　　　　　　B. 系统分析员

　　C. 数据库设计员　　　　　　　　D. 应用程序员

7. 设有关系模式 EMP(职工号,姓名,年龄,特长)。假设职工号唯一,每个职工有多项特长,则 EMP 表的主码是( )。

    A. 职工号   B. 姓名,特长

    C. 技能   D. 职工号,特长

二、填空题

1. 数据管理技术先后经历了人工管理、文件系统、＿＿＿＿＿＿＿＿＿三个阶段。

2. 在关系型数据库中,关系中的每一行称为元组,每一列称为＿＿＿＿＿＿＿＿＿。

3. 在关系 A(H,J,K) 和 B(K,N,M) 中,A 的主码是 H,B 的主码是 K,则 K 在 A 中称为＿＿＿＿＿＿＿＿＿。

4. 现有关系:学生(宿舍编号,学号,姓名,性别,专业,出生日期),则该关系的主码是＿＿＿＿＿＿＿＿＿。

5. 位于用户与操作系统(OS)之间的一层数据管理软件称为＿＿＿＿＿＿＿＿＿,它为用户或应用程序提供访问数据库的方法,是数据库系统的核心。

6. 若关系中的某一属性或属性组的值能唯一标识一个元组,且从这个属性组中去除任何一个属性,都不再具有这样的性质,则称该属性或属性组为＿＿＿＿＿＿＿＿＿。

三、简答题

1. 什么是数据库,其特点是什么?

2. 数据库管理经历了哪几个阶段? 简述不同的阶段软硬件背景情况。

3. 人工管理、文件系统和数据库系统阶段在数据共享方面有什么不同?

4. 什么是数据库管理系统? 比较常见的 DBMS 有哪些?

5. 数据库管理系统主要功能有哪些? 如何选择适合的数据库管理系统?

6. 数据库系统由哪几部分组成? 每一部分包含哪些内容?

7. 数据库管理员在数据库系统运行中担负着哪些职责?

8. 什么是数据库的完整性? 试举例说明。

9. 什么是关系模型? 解释下列关系模型相关术语:①关系;②元组;③属性;④域;⑤主码;⑥外码。

10. SQL Server 提供了哪些常见的组件? 它们的主要作用是什么?

11. 结合自己的专业知识或兴趣爱好,谈谈怎么使用某个常用的图对已有数据可视化。

第 4 章 办公自动化实践

本章学习目标

- 了解文档的编辑与排版处理；
- 通过案例领会长文档编辑的方法和技巧；
- 通过案例领会简报的制作；
- 通过案例领会电子表格数据的录入、计算、分析、统计及数据可视化；
- 通过案例领会演示文稿的制作；
- 熟练掌握办公软件的实务技术，提升使用计算机解决问题的能力。

请扫描下载本章教学素材和参考答案：

素材和参考答案

在日常学习与工作中，常常需要编写文案、撰写报告，需要对数据进行分析和处理，制作演示文稿等，办公软件可以帮助创建专业而优雅的文档，对数据资料进行整理、统计与分析，创建和展示动态效果丰富的演示文稿，提升工作效率，办公软件已经成为日常工作必备的基础软件。常用的办公自动化软件有 Microsoft 公司的 Microsoft Office 系列软件和金山公司的 WPS Office 系列办公软件。

4.1 长文档的编辑与排版

场景：某高校计算机应用专业学生的毕业论文已经写好，需要按照毕业论文的格式要求完成排版，排版参考效果如图 4-1 所示。

论文排版的格式设置要求如下：

（1）使用 A4 纸打印，上边距为 2.5 cm，下边距为 2.4 cm，左边距为 2.8 cm，右边距为 2.2 cm。

（2）正文字体设置为五号宋体；段落设置为首行缩进 2 字符，文本行距为固定值 22 磅。

（3）页眉、页脚边距分别为 1.7 cm 和 1.5 cm，正文奇数页眉内容为：××届计算机科学与技术专业毕业论文，偶数页眉的内容为：×××（作者姓名）；××××（论文题目），均采用宋体小五号居中格式的设置；页脚插入页码，页码从正文开始编排，采用小五号居中的格式设置。

（4）论文标题：章节一级标题设置为四号黑体，二级标题设置小四号黑体，三级标题设置为五号黑体。

（5）创建目录。

毕业论文通常是篇幅较长的文档，要完成毕业论文的编辑与排版首先需要选择适合的文字处理软件，目前常用的专业排版软件有 Adobe 公司的 PageMaker、Quark 公司的 QuarkXpress、北大方正公司的 FIT（飞腾）、蒙泰排版软件、文渊阁排版软件等，但是日常办公场所的计算机中安装的办公软件 Microsoft Word 或者 WPS Office 就能为用户提供文字处理、插入图表、编辑、排版等功能，帮助用户节省时间，提高办公效率。本节以 Microsoft Word 2016 软件为例实现长文档的编辑与排版；其次是进行编辑排版，在排版中涉及的知识点有页面设置、字体和段落的设置、样式设置、插入页眉和页脚、插入题注和交叉引用以及生成目录等；最后完成排版操作后需要保存文档。完成毕业论文排版的流程如图 4-2 所示。

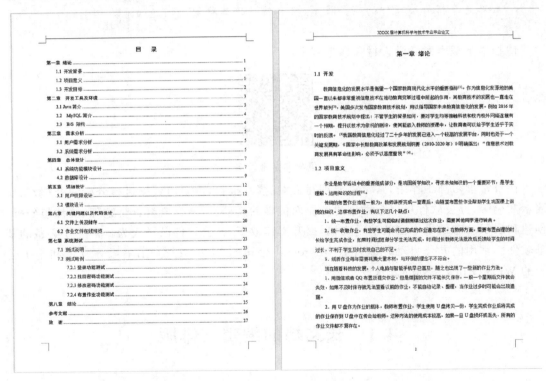

图 4-1　毕业论文排版效果

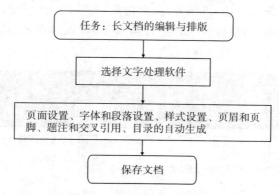

图 4-2　长文档编辑的流程图

4.1.1　页面设置

为了使整个版面美观大方、格式清晰，需要对页面进行格式设置。论文排版格式的页面设置要求及"页面设置"对话框如图 4-3 所示。

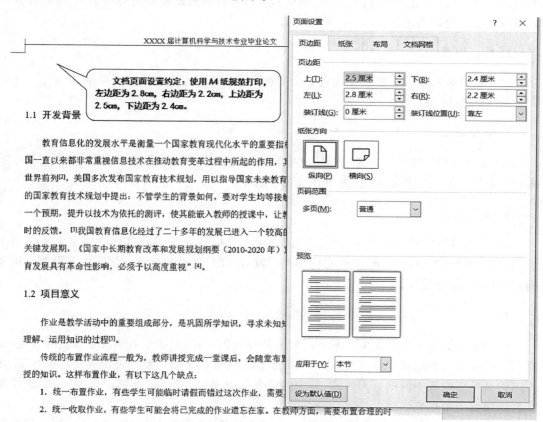

图 4-3　排版的页面设置要求及"页面设置"对话框

页面设置包括设置纸张大小、纸张方向、页边距、每页的行数和每行的字数、分栏、文字方向等内容,在"页面设置"对话框或"布局"选项卡下的"页面设置"功能区(如图4-4所示)都可以进行页面设置。

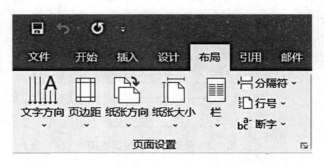

图 4-4 "布局"选项卡下的"页面设置"功能区

1. 页边距设置

设置页边距可以使文本打印效果美观。页边距可以设置页面上、下、左、右四边的页边距,装订线位置以及纸张的方向(纵向、横向),可以选择页边距设置的应用范围,并且在预览区域可查看设置的效果。

2. 纸张设置

用户可以选择设置各种纸型或自定义纸张大小,设置首页和其他页的纸张来源。纸张大小的默认值为 A4。

3. 布局设置

在"页面设置"对话框中的"布局"选项卡可以设置节的起始位置,页眉页脚距边界的距离以及页眉页脚奇偶页不同、首页与其他页不同等。

4. 文档网格

在"页面设置"对话框中的"文档网格"选项卡可以设置文字的排列方向是水平还是垂直、是否有网格、网格的类型、文档每行的字符数与间距、每页的行数与间距以及设置应用范围,并可查看预览效果。

5. 分节

毕业论文的扉页和目录页一般不设置页眉和页码,而正文部分需要设置页眉和页码,要实现这种编排格式的效果,可以通过插入分节符来实现。页面设置的最小有效单位是节,在不同的节可以设置不同的页面格式,节中的内容可以是一个段落,也可以是多页,节的添加在页面设置中很重要。

分节符是节的标志,有四种类型:"下一页"、"连续"、"偶数页"、"奇数页"。"布局"选项卡下的"页面设置"功能区中的"分隔符"的下拉选项如图4-5所示。在大纲视图和草稿视图中,分节符可见,显示为横跨页面的双虚线。在论文第一章结束后插入"分节符"中的"下一页"，在大纲视图中分节符的显示效果如图 4-6 所示。

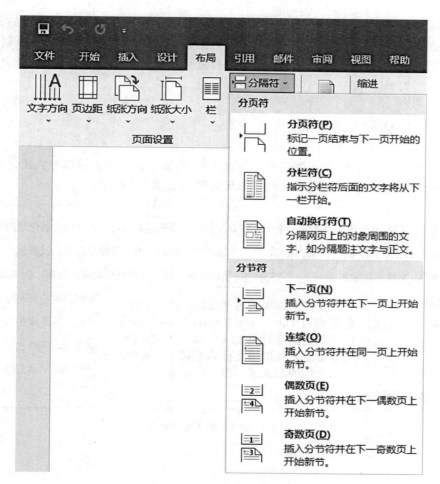

图 4-5 "分隔符"下拉选项

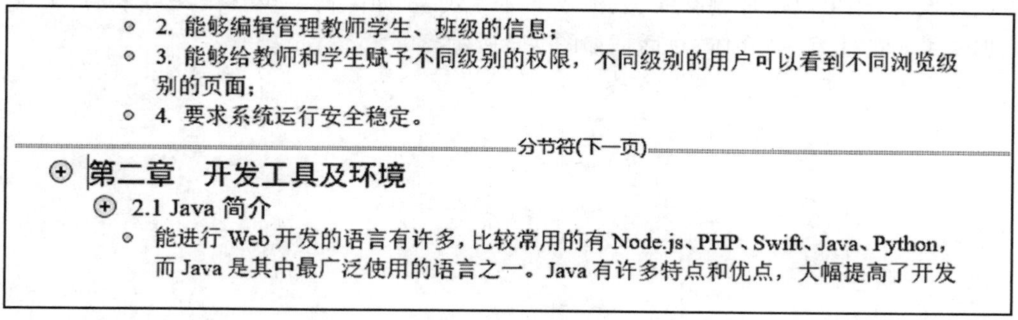

○ 2. 能够编辑管理教师学生、班级的信息；
○ 3. 能够给教师和学生赋予不同级别的权限，不同级别的用户可以看到不同浏览级别的页面；
○ 4. 要求系统运行安全稳定。

--------------------分节符(下一页)--------------------

⊕ **第二章 开发工具及环境**

⊕ **2.1 Java 简介**

○ 能进行 Web 开发的语言有许多，比较常用的有 Node.js、PHP、Swift、Java、Python，而 Java 是其中最广泛使用的语言之一。Java 有许多特点和优点，大幅提高了开发

图 4-6 分节符的显示

6. 分页

分页有自动分页和人工分页两种方式。自动分页是指在完成页面设置后，文字处理软件根据页面参数的设置自动对文档进行分页，人工分页是根据需要对文档进行强制分页，可通过打开"分隔符"下拉选项，选择"分页符"进行分页。如果文档此位置不需要分页显示，可将插入的分页符删除，则该页面就取消了分页设置。

4.1.2　字体和段落格式

要使文本变得美观大方、增强信息的传递力度，需要对其字体和段落的格式进行多方面的设置，毕业论文的字体和段落格式的排版设置要求如图 4-7 所示。

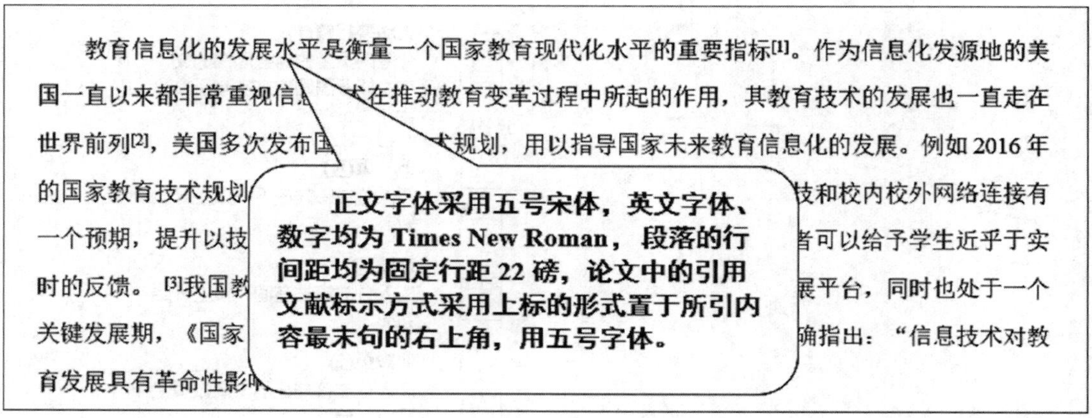

教育信息化的发展水平是衡量一个国家教育现代化水平的重要指标[1]。作为信息化发源地的美国一直以来都非常重视信息技术在推动教育变革过程中所起的作用，其教育技术的发展也一直走在世界前列[2]，美国多次发布国家教育技术规划，用以指导国家未来教育信息化的发展。例如 2016 年的国家教育技术规划……科技和校内校外网络连接有一个预期，提升以技……者可以给予学生近乎于实时的反馈。[3]我国教……展平台，同时也处于一个关键发展期，《国家……确指出："信息技术对教育发展具有革命性影……

正文字体采用五号宋体，英文字体、数字均为 Times New Roman，段落的行间距均为固定行距 22 磅，论文中的引用文献标示方式采用上标的形式置于所引内容最末句的右上角，用五号字体。

图 4-7　字体、段落设置要求

1. 字体

选择需要设置格式的文字，对所选文字的字体、字形、字号、字体颜色、下划线线型、字符间距进行设置，还可以添加删除线、上标或下标等效果，如果需要设置全文可采用"全选"的方式加快编辑的速度。"字体"对话框如图 4-8 所示。

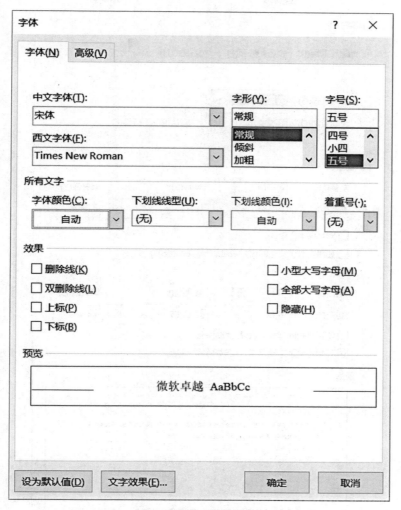

图 4-8　"字体"对话框

2. 段落

选择需要设置格式的段落,对所选段落的对齐方式,左、右缩进,段前和段后的间距、行距,特殊格式缩进(首行缩进、悬挂缩进)等进行设置,"段落"对话框如图 4-9 所示。

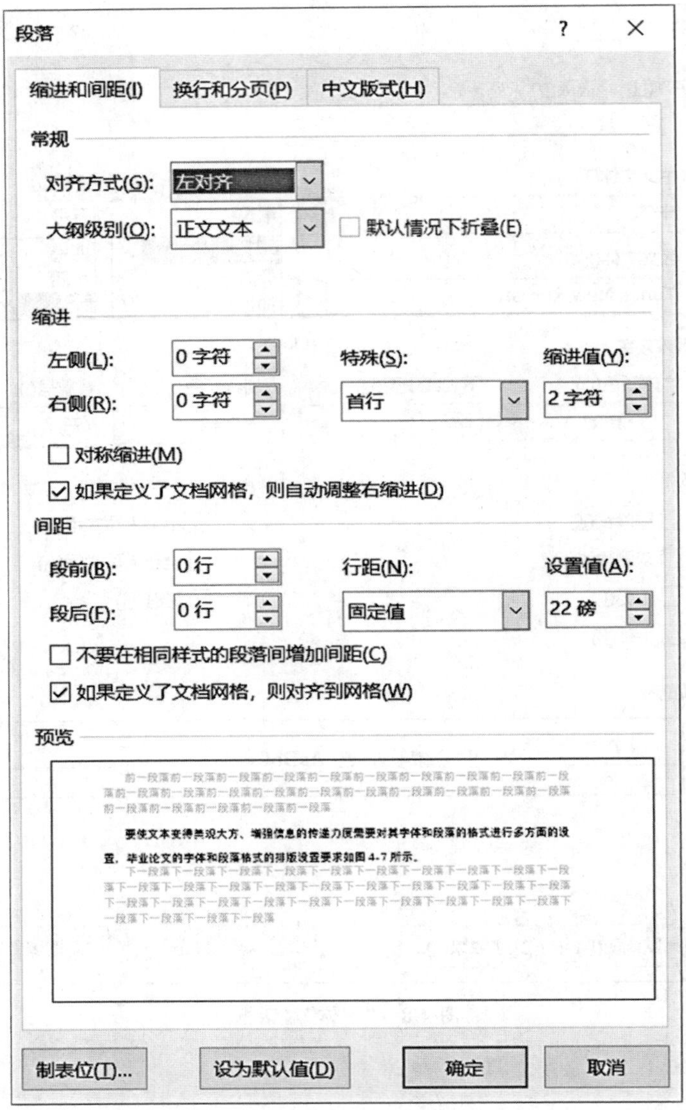

图 4-9 "段落"对话框

3. 样式

样式是系统自带或者由用户自定义的一系列排版格式(包括字体、段落、制表位和边距等)的总和。一篇长文档中常常包含多级标题,同一级的标题或正文要求使用统一的格式,设置这些格式需要执行多次相同的命令,采用样式功能可以简化排版操作,实现文档格式与样式同步自动更新,加快排版速度,同时也为长文档自动生成目录提供便利。毕业论文排版的标题样式设置要求如图 4-10 所示。

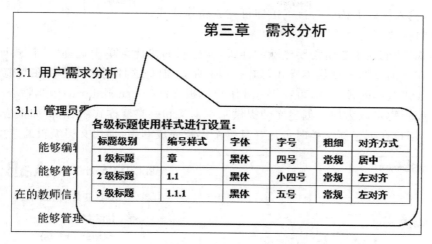

第三章　需求分析

3.1　用户需求分析

3.1.1　管理员需求

　　能够编辑

　　能够管理

在的教师信息

　　能够管理

各级标题使用样式进行设置：

标题级别	编号样式	字体	字号	粗细	对齐方式
1 级标题	章	黑体	四号	常规	居中
2 级标题	1.1	黑体	小四号	常规	左对齐
3 级标题	1.1.1	黑体	五号	常规	左对齐

图 4-10　标题样式的设置要求

（1）软件自带的样式

　　选择标题的文字，利用软件自带的样式进行格式设置。例如：在正文中选择"第一章 绪论"文字内容，然后单击"开始"选项卡下"样式"功能区中的"标题 1"样式，则文档中选择的标题文字与文中其他文字的格式形成了反差，有了一个标题该有的样式。

（2）修改样式

　　若软件自带的样式不符合用户的要求，可以右击该样式，在弹出的快捷菜单中选择"修改"命令，"修改样式"对话框如图 4-11 所示，可以修改样式的字体、段落等格式，完成后选择"自动更新"，则当前文档中所有应用了该样式的文本都会自动更新格式，这一特点给长文档的排版带来便利。

（3）新建样式

　　用户可以在"开始"选项卡下的"样式"功能区里单击"创建样式"命令，打开"根据格式化创建新样式"对话框，如图 4-12 所示，在该对话框中为创建的新样式取样式名，单击该对话框中的"修改"命令，对样式进行设置，完成后确定即可将该样式添加到样式库中。更快捷的方式是选择已设置好格式的标题或正文段落，单击"开始"选项卡下"样式"功能区里的"创建

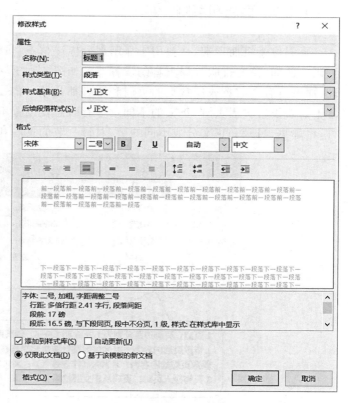

图 4-11　"修改样式"对话框

样式"命令,输入样式名称后直接确定即可完成新建样式。

(4)删除样式

在"样式"功能区中右击需要删除的样式,在打开的快捷菜单中选择"从样式库中删除"命令,即可在当前文档中删除该样式,如图 4-13 所示,但是这种删除方法仅在当前的文档中起作用,若要永久删除该样式,可在 Word 用户模板文件(Normal.dotm)中删除。

提示:模板也可以为用户创建文档提供基本框架和一整套样式组合,例如报告、传真、信函的模板。用户在创建新文档时可选择某一个模板完成套用,加快文档编辑的速度。

图 4-12　"根据格式化创建新样式"对话框

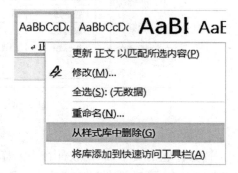

图 4-13　样式的快捷菜单

4.1.3　页眉和页脚

页眉位于页面顶端,一般用于显示部分标记信息;页脚位于页面最底端,一般用于显示页码。例如,论文排版页眉页脚的设置要求如图 4-14 所示。在一个文档中如果没有分节处理,那么所有奇数页或偶数页的页眉和页脚都是统一的。一篇长文档的扉页和目录部分常常不需要设置页眉页脚,正文的不同章节有时需要设置不同的页眉,用户可以通过插入分节符,将扉页、目录和正文分成不同的节,对每一节的页眉和页脚逐个进行设置。

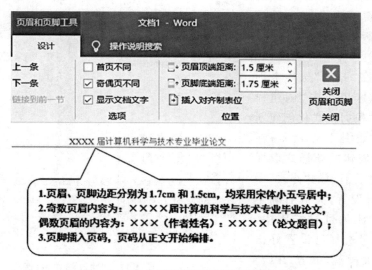

图 4-14　论文排版页眉页脚的设置要求

　　在"插入"选项卡中的"页眉和页脚"功能区单击"页眉"的下拉选项，如图 4-15 所示，选择其中的一种样式即可插入页眉。插入页眉之后，在"页眉和页脚工具"选项卡下的"选项"功能区可以设置页眉的首页不同、奇偶页不同、是否显示文档文字等选项；在"导航"功能区的"链接到前一节"可以设置本节的页眉内容与上一节是否相同。"页眉和页脚工具"选项卡如图 4-16 所示。

　　提示：页眉页脚奇偶页的不同也可以通过"页面设置"对话框中的"布局"选项卡来实现。

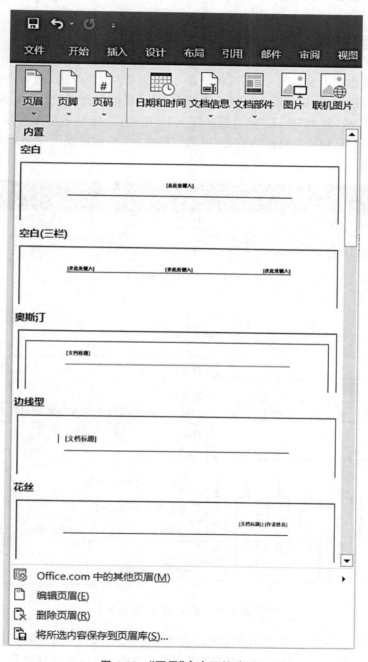

图 4-15　"页眉"命令下拉选项

图 4-16 "页眉和页脚工具"选项卡

4.1.4 题注和交叉引用

长文档中常出现大量的图片、表格和公式,用户需要对这些图片、表格和公式进行编号、添加名称或用途说明,使用题注可以对长文档中图片、表格和公式进行自动编号。"引用"选项卡如图 4-17 所示,插入"题注"对话框如图 4-18 所示,在该对话框中可以选择已有的标签,也可以新建标签,输入题注的内容,指定题注的位置,一般情况下图名放在图的下方,表名放在表的上方。

图 4-17 "引用"选项卡

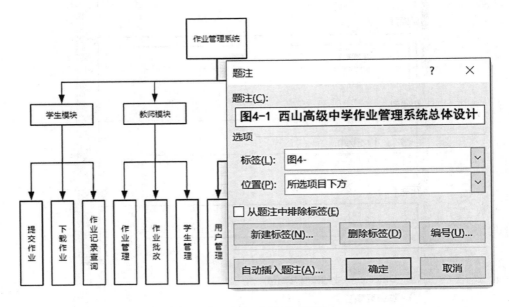

图 4-18 插入"题注"对话框

题注插入后,正文中需要引用题注的相关内容可通过"交叉引用"命令实现,"交叉引用"对话框如图 4-19 所示。在该对话框中的"引用类型"下拉选项中选择需要的类型,在"引用哪一个题注"列表框中选择需要引用的题注,在"引用内容"中选择"整项题注""仅标签和编号""只有题注文字""页码"等列表项中的一个,单击"插入"命令即完成了一次"交叉引用"。

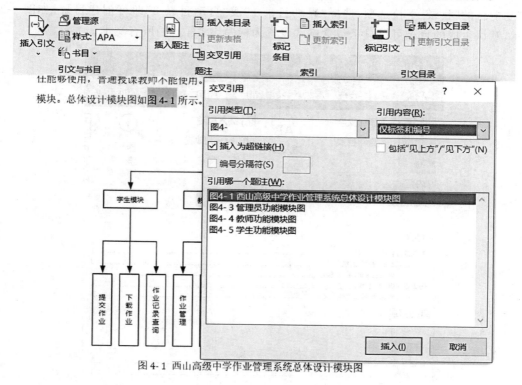

图 4-1 西山高级中学作业管理系统总体设计模块图

图 4-19 "交叉引用"对话框

当文档中的图片、表格、公式进行了增减、改变了顺序,手工修改编号不仅工作量大而且容易出错,使用了题注,新插入的图片、表格、公式的编号会自动顺序编号,而正文中使用了交叉引用,可以选择有变更的内容,右击打开快捷菜单,单击"更新域"命令,即可对选定文本中的题注和交叉引用进行更新,为长文档的编辑提供方便。

4.1.5 目录

目录主要用来显示文档的结构,列出文档中的各级标题以及标题在文档中的页码。目录的插入方式可以分为两大类:一类是利用制表位进行静态目录手动创建,另一类是自动生成目录,包括基于标题样式和基于大纲级别目录自动生成,其中最常用的是基于标题样式的目录自动生成,其使用及更新都比较方便。

1. 基于标题样式的目录自动生成

(1)标题样式的应用

在目录生成之前,先对各级标题段落使用相应的样式。一般情况下,一级标题使用"标题 1"样式,二级标题使用"标题 2"样式,三级标题使用"标题 3"样式,依此类推。如果系统里的标题样式不能满足实际的需求,可以修改标题样式,甚至新建样式。

（2）插入自动目录

各级标题按相应的样式设置之后，在需要插入目录的位置打开"引用"选项卡下的"目录"功能区的"目录"下拉选项，选择"自动目录 1"或"自动目录 2"即可创建目录，如图 4-20 所示，默认生成的目录可以显示包含格式设置为标题 1-3 样式的所有文本。

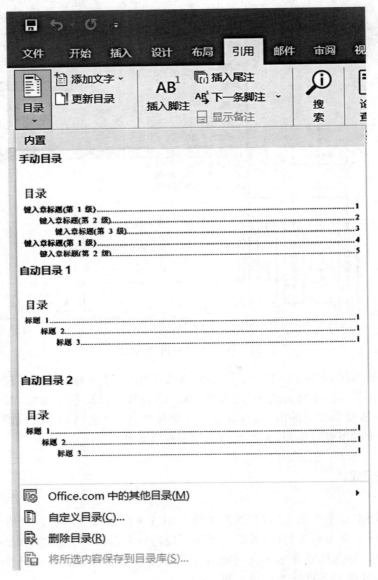

图 4-20　目录的生成

在"目录"下拉选项中单击"自定义目录"命令，打开"目录"对话框，如图 4-21 所示。目录对话框中的"显示级别"可以修改目录级别，最多可显示 9 层样式的目录，生成的目录包含目录标题及这些标题所在的页码；"制表符前导符"是用来表示目录中的左侧文字和右侧页码之间的连接内容的样式，可以根据需要选择修改；"选项"可以打开"目录选项"对话框，在该对话框中可以设置采用系统默认样式或用户自定义的样式或按照"大纲级别"自动生成目录。图 4-22 就是采用用户自定义的三个样式(样式 1、样式 2、样式 3)自动生成目录。

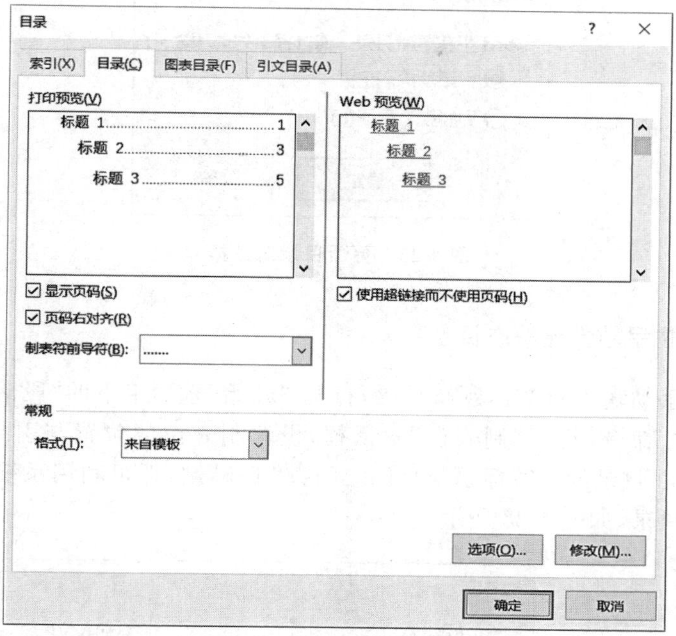

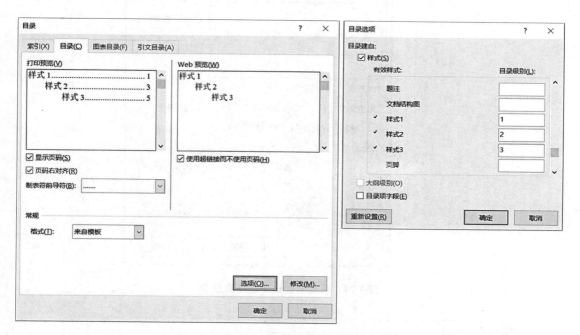

图 4-21 "目录"对话框

图 4-22 采用用户自定义的样式生成目录

(3)更新目录

目录生成后,如果标题的内容或所在的页码发生了变化,可以右击目录,打开快捷菜单,单击"更新域"命令,打开"更新目录"对话框,如图 4-23 所示,可以只更新页码或者更新整个目录。

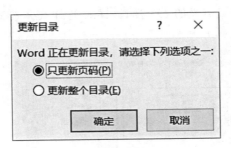

图 4-23 更新目录对话框

2. 利用制表位手动创建静态目录

在正文之前手动输入章节标题及页码,打开"开始"选项卡下的"段落"对话框,在对话框中单击"制表位"命令,打开"制表位"对话框,设置制表位的位置与引导符的类型,如图 4-24 所示,完成后在目录的章节标题与页码之间按"Tab"键,即可利用系统提供的制表符人工手动设置创建目录,如图 4-25 所示。

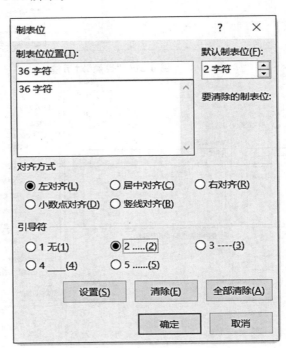

图 4-24 利用制表位手动创建目录

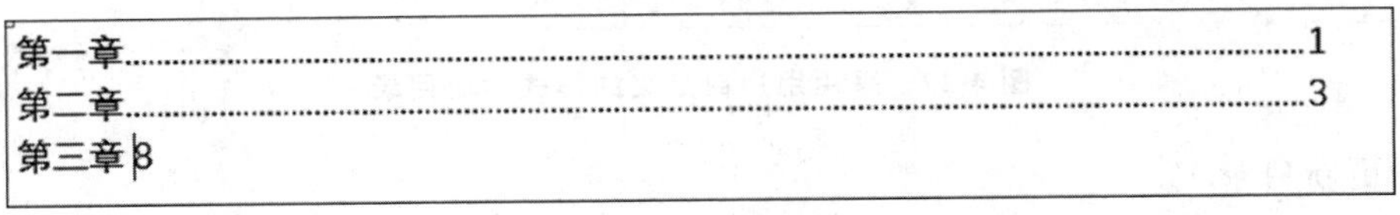

| 第一章..1 |
| 第二章..3 |
| 第三章 8 |

图 4-25 插入手动目录

这种方式插入的目录需要用户逐条输入标题与页码,而且当文档中标题的内容发生变化或标题所在的页码发生改变时,目录的内容必须手动进行更改,不推荐此方法。

经过对毕业论文进行页面设置、字体和段落格式设置、标题样式设置、插入页眉页脚与题注、生成目录等编辑排版操作,这篇论文就完成了排版任务。

请扫码观看教学视频:

长文档的编辑与排版

4.2 实践周报的制作

在学习和工作中,常常需要制作工作简报或者学习简报,也就是涉及报纸的编辑排版。

场景:某高校的学生正在进行专业实训,需要将同学们提交的文档和图片制作一份简报,排版参考效果如图4-26所示。简报要求根据设计主题和视觉需求按照一定的规范,将文字、图片、色彩等视觉传达信息要素有组织、有目的合理地编排在有限的版面上,做到标题有特色,简报图文并茂,色彩和谐统一,可以激发阅读者的阅读兴趣,使阅读者在美的形式氛围中浏览丰富多彩的信息报道。

图4-26 简报排版的参考效果

简报的排版首先要做好设计前期的沟通,对所要表达的内容和素材有一个全面的了解和理解,其次做好设计前期素材的准备,确定稿件的内容、编排稿件的轻重顺序,设计文字、图片的准确数量,然后在此基础上可以采用勾画版面草图的方式,确定好版面的基本构架。具体规划版式时,还可以套用某些已有的版式,提高版式设计的效率,版式设计好后就可以往版式中填充文字、图片等内容,完成简报排版的流程如图 4-27 所示。

专业的报纸排版软件有方正飞腾 founder fit、Adobe InDesign、CorelDraw、PageMaker 等,但是日常办公场所安装的 Microsoft Word 或者 WPS Office 软件就可以实现简报的排版,本节以 Microsoft Word 2016 软件为例实现简报排版,简报的排版涉及的知识点主要有版面布局、报头设计、分栏、插入图表、图文混排等。

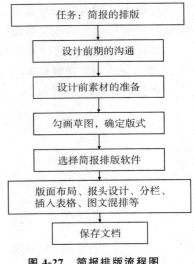

图 4-27　简报排版流程图

4.2.1　版面布局

1. 纸张大小

简报的版面布局首先要确定简报纸张的大小,一般简报采用自定义纸张的大小以满足实际的需求。纸张大小可在"页面设置"对话框中的"纸张"选项卡中进行相应的设置,如图 4-28(a)所示,纸张大小确定后,单击"页边距"选项卡,设定简报的页边距及纸张的方向,如图 4-28(b)所示。

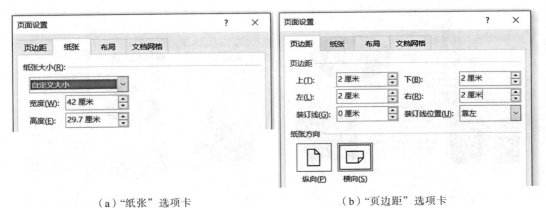

（a）"纸张"选项卡　　　　　　　　　　（b）"页边距"选项卡

图 4-28　"页面设置"对话框中的"纸张"和"页边距"选项卡

2. 文本框

文本框是软件提供的可移动位置、可调整大小的文字或图形的容器,在版面布局中可以利用文本框实现版面布局定位。在一页上放置多个文字块内容,文本框内文字的方向可以横排或竖排。"文本框"的选项卡如图 4-29 所示。

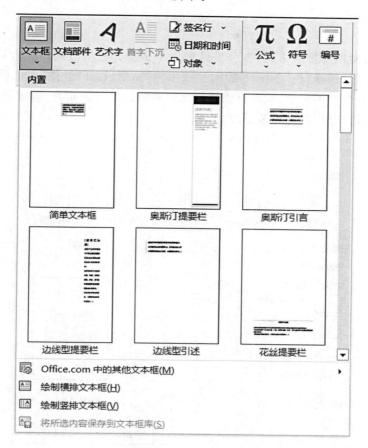

图 4-29　"文本框"选项卡

4.2.2　报头设计

　　简报报头的构成要素有简报标题、Logo 等相关信息,简报的报头可以通过"开始"选项卡下的"字体"功能区的命令进行设置,或通过"开始"选项卡下的"样式"功能区里的样式进行设置,还可以通过艺术字进行设置。

　　提示:用户可以在文档中插入形式多样、丰富多彩的艺术字,使得制作出的标题文字美观大方。对于插入的艺术字,可以通过修改艺术字的字体、字号,编辑艺术字的样式、设定艺术字的形状、改变艺术字的环绕方式等对艺术字进行修改。艺术字选项卡如图 4-30 所示。

图 4-30　"艺术字"选项卡

4.2.3 分栏

分栏是简报常用的排版方式,办公软件提供了多种分栏的方式,在"布局"选项卡下的"页面设置"功能区,选择"栏"下拉列表中的"更多栏"命令,打开"分栏"对话框,如图 4-31 所示,用户可以选择分栏的栏数,设定每个栏的宽度和分栏之间的距离,确定分栏之间是否添加分隔线,以及设定分栏的应用范围。

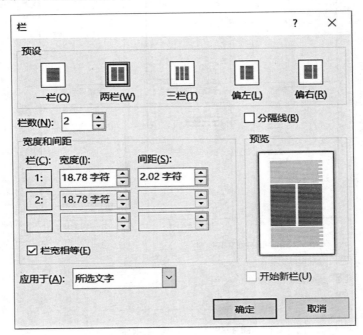

图 4-31 "分栏"对话框

提示:

(1)可以在"页面视图"和"打印预览"中观察到文本分栏的效果。

(2)如果对文档最后几段进行分栏,首先应在最后一段按一下回车键,产生一个空段,然后选中最后几段(勿将最后一段的"段落标记↵"选上),再进行分栏,可以避免出现分栏集中在单侧的情况。

4.2.4 表格

文本中使用表格进行描述是一种简明扼要的表达方式,用户可以创建表格,进行插入、删除行和列的操作,对单元格进行合并或拆分等编辑处理,修改表格的行高与列宽,对表格中的文字进行字符格式、段落格式、对齐方式的设置,对表格的样式进行设置。例如,实训简报中需要显示如表 4-1 所示的表格,就涉及创建表格及对表格进行编辑操作。

表 4-1 实训第一周课程表

	时间	教学内容	讲师
周一	9:00-12:00	Java 概述、开发环境搭建	李老师
	13:30-17:30	关键字、标识符、常量	李老师
周二	9:00-12:00	变量、基本数据类型	李老师
	13:30-17:30	运算符	李老师
周三	9:00-12:00	Scanner、Random 类、分支语句	王老师
	13:30-17:30	分支语句和循环语句	王老师
周四	9:00-12:00	数组定义、数组遍历	李老师
	13:30-17:30	冒泡排序、选择排序	李老师
周五	9:00-12:00	调用方法、方法重载	李老师
	13:30-17:30	方法参数传递、可变参数	李老师

1. 创建表格

创建表格的方法主要有五种，用户可以根据需求选择合适的方法创建表格，"插入"选项卡下的"表格"功能区的"表格"命令下拉选项如图 4-32 所示。

（1）利用系统提供的模拟表格，选择需要的单元格后插入表格。

（2）单击"插入表格"命令，指定表格的行数、列数等参数，生成表格。

（3）单击"绘制表格"命令，鼠标变成一支笔的形状，可以像用铅笔在纸上画表格一样，用鼠标在屏幕上绘制表格，如果有画错的地方可以使用"橡皮"按钮进行擦除。

（4）单击"快速表格"打开内置表格库，利用内置表格模板生成有格式的表格。

（5）文本转换为表格。如果有一段文本且文本之间用相同的分隔符（如逗号、空格等）分隔，可选择文本，单击"文本转换为表格"命令，打开"将文字转换成表格"对话框，如图 4-33 所示，在对话框中设置表格尺寸及文字分隔位置等参数，将此段文本转换成表格。

图 4-32 插入"表格"选项

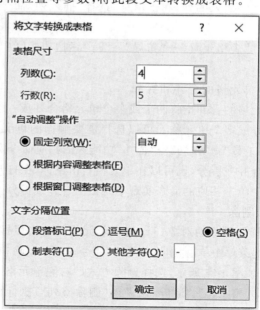

图 4-33 "将文字转换成表格"对话框

99

2. 编辑表格

编辑表格可以通过"表格工具"选项卡下的"设计"和"布局"选项卡中的命令来实现,如图 4-34 所示。

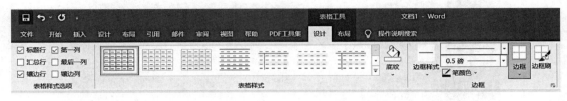

（a）"设计"选项卡

（b）"布局"选项卡

图 4-34 "表格工具"选项卡

（1）对象的选择

像选中一行文字一样,在表格的左侧鼠标呈现 45°向上的箭头时单击,可选中表格中的一行;把光标移动到表格上,当表格的上方出一个向下的黑色箭头时,单击鼠标可以选取一列;鼠标移动到表格上,在表格的左上方会出现双向箭头的移动标记,单击此标记即可选取整个表格。

（2）增加表格的行或列

选择要插入的行,右击鼠标,单击"插入行"命令,可以在选定行的上方或下方插入一个新行。

选定要插入的列,右击鼠标,选择"插入列"命令,可以在选定列的左侧或右侧插入一个新列。

通过"表格工具"→"布局"→"行和列"功能区中的相关插入命令也可以实现增加表格行或列。

（3）单元格的合并和拆分

单元格的合并指将两个或多个单元格合并成一个单元格,而单元格的拆分是指将一个单元格拆分成多个单元格。可以选择需要操作的单元格,利用"表格工具"→"布局"→"合并"功能区的相应命令实现单元格的合并或拆分,也可以在单元格右击鼠标,在打开的快捷菜单中单击相应的命令实现单元格的合并或拆分。

（4）删除

选择要删除的对象（行、列或单元格）,右击鼠标,在打开的快捷菜单中单击"删除单元格"命令,打开"删除单元格"对话框,如图 4-35 所示,选择删除方式（"右侧单元格左移"、"下方单元格上移"、"删除整行"或"删除整列"）执行相应的

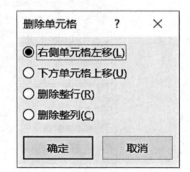

图 4-35 "删除单元格"对话框

删除操作,或通过"表格工具"→"布局"→"行和列"功能区中的"删除"命令执行相应的删除操作。

（5）单元格的行高与列宽

将鼠标移动到需要调整行高或列宽的表格的边框线上,当鼠标变成竖向或横向的双向箭头时,拖动鼠标可以调整表格的行高或列宽,或者通过"表格工具"→"布局"→"单元格大小"功能区中的命令进行相应的设置,如图4-34(b)所示。

提示:如果表格中多行要设置相同的行高,可选择需要设置的行,单击"分布行"命令,即可快速实现选中行的行高一致。设置多列的列宽一致的命令为"分布列"。

（6）单元格中文字的对齐方式

选择单元格中的文本,通过"表格工具"→"布局"→"对齐方式"功能区中的命令,可以设置单元格中文字的对齐方式、文字方向及单元格边距等,如图4-36所示。

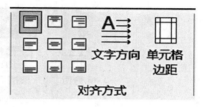

图 4-36　表格"对齐方式"功能区

（7）表格的边框和底纹

选择表格,通过"表格工具"→"设计"→"边框"功能区中的"边框"下拉选项中的"边框和底纹"命令,打开"边框和底纹"对话框,如图4-37所示,可以设置表格的边框线的样式、颜色和宽度,设置单元格的底纹。通过"表格工具"→"设计"→"表格样式"功能区里的样式也可以对表格进行修饰,如图4-34(a)所示。

通过创建和编辑表格,可以制作出符合实际需求的表格。

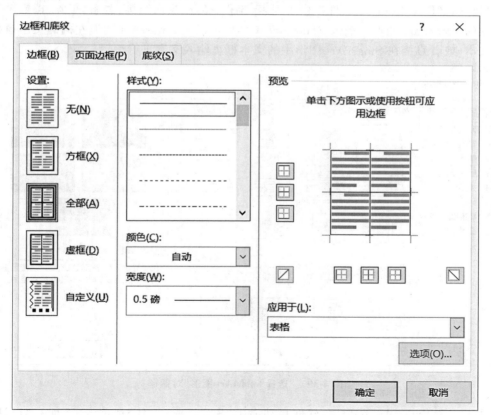

图 4-37　"边框和底纹"对话框

4.2.5　图文混排

用户可以在文档中插入图片或者图形,使文档更加活泼生动。

1. 插入图片

通过"插入"选项卡下的"插图"功能区中的命令,可以在文档中插入图片、形状、SmartArt图形、图表以及屏幕截图等,"插入"选项卡下的"插图"功能区如图4-38所示。

图 4-38　"插入"选项卡下的"插图"功能区

(1)SmartArt 图形

单击"插入"选项卡下的"插图"功能区中的"SmartArt"命令,打开"选择 SmartArt 图形"对话框,如图 4-39 所示,软件提供了列表、流程、循环、层次结构、关系、矩阵、棱锥图等多种类型的 SmartArt 图形。插入 SmartArt 图形后可以在 SmartArt 图形左侧的文本窗格中输入文本,或者直接在 SmartArt 图形中的文本框里输入文本进行编辑。

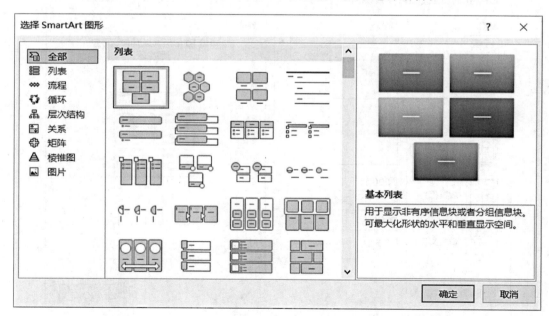

图 4-39　"选择 SmartArt 图形"对话框

插入一个 SmartArt 图形后,软件自动显示"SmartArt 工具"选项卡,下面有"设计"和

"格式"两个选项卡,如图 4-40 所示。利用"设计"选项卡可以对插入的 SmartArt 图形添加或删除形状,进行版式、样式的设置,利用"格式"选项卡可以对插入的 SmartArt 图形的形状、形状样式、艺术字样式等进行设置。

（a）"设计"选项卡

（b）"格式"选项卡

图 4-40　"SmartArt 工具"选项卡

（2）屏幕截图

单击"插入"选项卡下的"插图"功能区中的"屏幕截图"命令,可以插入程序窗口(未最小化到任务栏)的截图或屏幕上的图片,使用"屏幕截图"下的"屏幕剪辑"命令,还可以对屏幕截图的图片进行剪辑操作。

提示:操作系统提供了 PrintScreen 键,可以将整个屏幕复制到剪贴板中,Alt＋PrintScreen组合键可以将活动窗口复制到剪贴板中。

2. 编辑图形、图片

选择文档中插入的图形或者图片,在"图片工具"→"格式"选项卡中可以设置插入图片或者图形的格式,"图片工具"选项卡如图 4-41 所示。

图 4-41　"图片工具"选项卡

（1）改变图片、图形的大小

插入的图片、图形在选定状态下可以通过鼠标拖动边框上的控点调整大小,或者通过"图片工具"→"格式"→"大小"功能区的命令设置图片、图形的尺寸,或对其进行裁剪,改变其大小。

（2）设置文字环绕方式

通过"图片工具"→"格式"→"排列"功能区中的"环绕文字"下拉选项中的命令可以设置插入的对象与文字的环绕关系,单击"环绕文字"下拉选项中的"其他布局选项"命令,打开"布局"对话框,如图 4-42 所示,软件提供了嵌入型、四周型、紧密型、穿越型、上下型、衬于文字下方、浮于文字上方七种环绕方式。

（3）调整图片效果

在"图片工具"→"格式"→"图片样式"功能区可以查看利用软件内置的样式设置图片的效果，同时还可以设置图片边框、图片效果和图片版式；"调整"功能区的"校正""颜色""艺术效果""删除背景"等命令可以让用户自由地调节图片的颜色、亮度、对比度、清晰度、背景以及艺术效果等。

对收集的简报素材进行了版面布局、报头设计、分栏设置、插入表格、图文混排等编辑排版操作后，就完成了简报的制作任务。

图 4-42 "布局"对话框

请扫码观看教学视频：

实践周报的制作

4.3　学生成绩信息的统计

在日常生活中文秘、财务、统计、审计、金融、人事、管理等各个领域都需要对数据进行收集、存储、分析和管理。

场景：每次考试后，考试组织者都需要汇总考试成绩，并对成绩做一系列的统计分析，保存数据。例如，《计算机应用技术》课程的期末考试已完成改卷，任课教师需要录入成绩、计算总分，给出成绩的等级，判断成绩是否合格及给出成绩排名，制作成绩表，效果如图 4-43 所示。

	A	B	C	D	E	F	G	H	I	J
1	《计算机应用技术》期末成绩									
2	学号	姓名	专业	考试科目	笔试分数	机试分数	总分	等级	是否合格	排名
3	20180362104	李丽花	财务管理	计算机应用技术	83	86	84.5	B	合格	11
4	20180362119	王晓娜	财务管理	计算机应用技术	98	89	93.5	A	合格	1
5	20181365311	刘家玉	产品设计	计算机应用技术	73	77	75	C	合格	22
6	20181365314	苏德强	产品设计	计算机应用技术	80	86	83	B	合格	13
7	20181365315	苏建婷	产品设计	计算机应用技术	75	88	81.5	B	合格	16
8	20180366102	余小英	电子商务	计算机应用技术	88	93	90.5	A	合格	5
9	20180366103	秦小伟	电子商务	计算机应用技术	78	84	81	B	合格	17
10	20181362215	李丽丽	动画	计算机应用技术	91	78	84.5	B	合格	11
11	20181362107	陈晓明	动画	计算机应用技术	88	94	91	A	合格	3
12	20181362122	洪小美	动画	计算机应用技术	86	87	86.5	B	合格	10
13	2018146E113	朱宏喆	机械设计	计算机应用技术	66	89	77.5	C	合格	21
14	2018146E114	何美敏	机械设计	计算机应用技术	53	41	47	E	不合格	25
15	20181365325	刘致富	产品设计	计算机应用技术	83	79	81	B	合格	17
16	20181365107	滚素珍	产品设计	计算机应用技术	99	85	92	A	合格	2
17	20181365109	赖永煊	产品设计	计算机应用技术	86	90	88	B	合格	7
18	20181365116	沈极丰	产品设计	计算机应用技术	79	95	87	B	合格	8
19	20181365124	余永英	产品设计	计算机应用技术	78	88	83	B	合格	13
20	20181365202	班亚男	产品设计	计算机应用技术	70	86	78	C	合格	20
21	20181362216	李好	动画	计算机应用技术	66	50	58	E	不合格	24
22	20181362108	何小强	动画	计算机应用技术	75	91	83	B	合格	13
23	20181362123	陈承承	动画	计算机应用技术	62	73	67.5	D	合格	23
24	20181362230	陈宇航	动画	计算机应用技术	80	94	87	B	合格	8
25	2018146E109	王兆瑞	土木工程	计算机应用技术	76	85	80.5	B	合格	19
26	2018146E111	陈辉涌	土木工程	计算机应用技术	92	88	90	A	合格	6
27	2018146E112	吴小强	土木工程	计算机应用技术	92	90	91	A	合格	3

图 4-43　《计算机应用技术》课程期末成绩表

要完成这张成绩表数据的录入、统计，制作成绩表的流程图如图 4-44 所示。

常用的数据录入、分析软件有 Microsoft Office Excel、WPS Office、Microsoft Office Access、SAS、R、SPSS、Tableau Software 等软件，但是在日常办公环境中常常安装的是 Microsoft Office Excel 或者 WPS Office，这两款软件都能完成成绩表的制作。本节以 Microsoft Excel 2016 软件为例实现成绩表制作，涉及的知识点主要有数据的输入及数据有效性设置、单元格格式设置、条件格式与自动套用格式的应用、公式及函数的使用等。

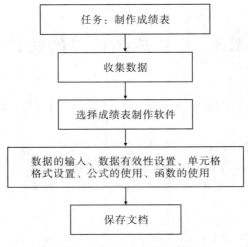

图 4-44 成绩表制作流程图

4.3.1 数据的输入

在新建空白工作簿的 Sheet1 工作表中,单击需要输入数据的单元格,然后输入数据,按Enter 键或方向键确认,可以输入文本、数字、日期等各种类型的数据。

某些特殊的数据,如成绩表中的专业(有限选项)、成绩(限定范围)等可以通过设置数据的有效性来提高数据录入的准确性。某些常用的序列(月份、星期、等差和等比序列等)可以通过填充柄和自定义序列来实现。

(1)输入文本型数据,默认对齐方式为左对齐。如要输入数字字符,可在数字字符前加单引号(例如:'20180362104),这样在单元格的左上方会出现绿色三角显示,数字字符就作为文本型数据输入单元格中。

(2)输入数字型数据,默认对齐方式为右对齐。当输入的数字长度超过单元格的列宽或超过 15 位时,单元格里的数据以科学记数法形式表示,例如,在单元格中输入数字字符"350104000000000000",单元格显示"3.50104E＋17";当科学记数形式仍然超过单元格的列宽时,单元格中会出现"＃＃＃"的符号,增加该列的列宽就可将数据显示出来。需要输入分数时,需先输入数字"0"和一个空格,再输入分数,按 Enter 键即可完成。

(3)输入日期型数据,采用 2021-3-5 或者 2021/3/5 等格式输入均可,若要输入当前系统的日期或时间只需分别按 Ctrl＋;或 Ctrl＋Shift＋;键即可。

(4)数据的有效性设置。设置在单元格中输入数据时可以从单元格右侧的下拉列表中选择项目进行输入或者指定单元格中输入文本的长度、数的范围、时间的范围、禁止输入重复数据等,这些操作都可以通过"数据"选项卡下"数据工具"功能区下的"数据验证"对话框实现。例如"专业"列字段要设置"财务管理""产品设计""电子商务""动画""机械设计""土木工程"6 个下拉选项,选择需要设置的单元格,打开"数据验证"对话框,进行如图 4-45 所示的设置,完成后点击已设置数据有效性的单元格右侧下拉箭头即出现下拉选项,效果如图4-46 所示。选择"笔试分数"列中需要设置数据有效范围的单元格,进行如图 4-47 所示的设置,这些单元格的有效数据就设置为介于最小值 0 与最大值 100 之间,进行图 4-48 所示的出错警告设置。当该单元格输入的数据不符合设定的规范时将弹出"输入超出范围"对话框,如图 4-49 所示,提醒用户重新输入,从而提高录入数据的准确性。

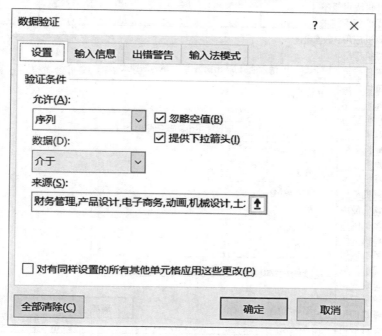

图 4-45　"数据验证"对话框

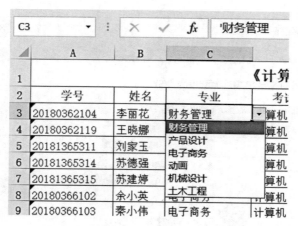

图 4-46　数据有效性设置下拉选项效果

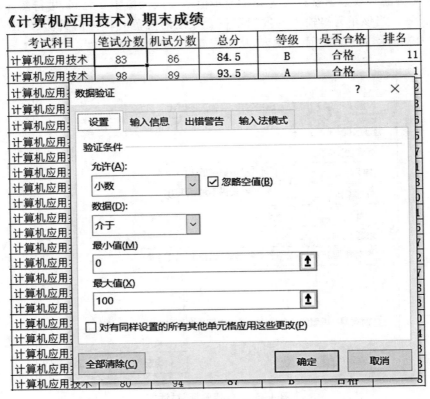

图 4-47　数据有效范围设置

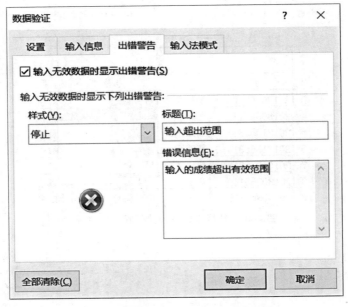

图 4-48　数据输入超出范围出错设置

《计算机应用技术》期末成绩

考试科目	笔试分数	机试分数	总分	等级	是否合格	排名
计算机应用技术	83	86	84.5	B	合格	11
计算机应用技术	102	89	93.5	A	合格	1
计算机应用技术	73					22
计算机应用技术	80					3
计算机应用技术	75					6
计算机应用技术	88					5
计算机应用技术	78					7
计算机应用技术	91					1
计算机应用技术	88					
计算机应用技术	86	87	86.5	B	合格	10

输入超出范围 ×

输入的成绩超出有效范围

重试(R)　　取消　　帮助(H)

图 4-49　输入的数据超出有效范围的出错提示对话框

4.3.2　单元格格式设置

要美化成绩表,可以在"开始"选项卡下打开"设置单元格格式"对话框,如图 4-50 所示。在该对话框中有数字、对齐、字体、边框、填充和保护选项,可以对单元格进行相应的格式设置,美化成绩表。

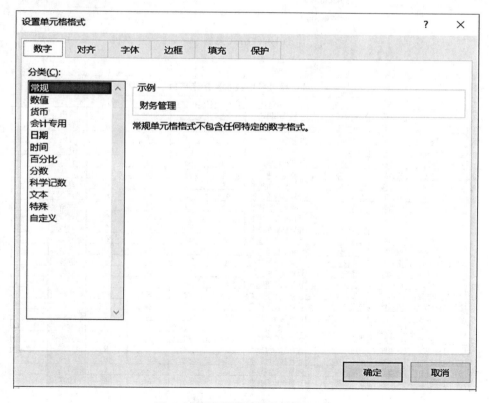

图 4-50　"设置单元格格式"对话框

4.3.3 条件格式与自动套用格式

条件格式通过选择单元格,对其设定条件来改变单元格区域的外观,实现用户快速浏览即可识别一系列数据中存在的差异。例如,在"开始"选项卡下的"样式"功能区的"条件格式"命令中进行如图 4-51(a)的设置,将所有内容为"不合格"的单元格突出显示,完成后成绩表中"不合格"文字格式显示为"浅红填充色深红色文本",明显区分于数据为"合格"单元格,如图 4-51(b)所示。

(a)条件格式案例

	A	B	C	D	E	F	G	H	I	J
1	《计算机应用技术》期末成绩									
2	学号	姓名	专业	考试科目	笔试分数	机试分数	总分	等级	是否合格	排名
3	20180362104	李丽花	财务管理	计算机应用技术	83	86	84.5	B	合格	11
4	20180362119	王晓娜	财务管理	计算机应用技术	98	89	93.5	A	合格	1
5	20181365311	刘家玉	产品设计	计算机应用技术	73	77	75	C	合格	22
6	20181365314	苏德强	产品设计	计算机应用技术	80	86	83	B	合格	13
7	20181365315	苏建婷	产品设计	计算机应用技术	75	88	81.5	B	合格	16
8	20180366102	余小英	电子商务	计算机应用技术	88	93	90.5	A	合格	5
9	20180366103	秦小伟	电子商务	计算机应用技术	78	84	81	B	合格	17
10	20181362216	李丽丽	动画	计算机应用技术	91	78	84.5	B	合格	11
11	20181362107	陈晓明	动画	计算机应用技术	88	94	91	A	合格	3
12	20181362123	洪小美	动画	计算机应用技术	86	87	86.5	B	合格	10
13	2018146E113	朱宏喆	机械设计	计算机应用技术	66	89	77.5	C	合格	21
14	2018146E114	何美敏	机械设计	计算机应用技术	53	41	47	E	不合格	25
15	20181365325	刘致富	产品设计	计算机应用技术	83	79	81	B	合格	17
16	20181365107	滚素珍	产品设计	计算机应用技术	99	85	92	A	合格	2
17	20181365109	赖永煊	产品设计	计算机应用技术	86	90	88	B	合格	7
18	20181365116	沈极丰	产品设计	计算机应用技术	79	95	87	B	合格	8
19	20181365124	余永英	产品设计	计算机应用技术	78	88	83	B	合格	13
20	20181365202	班亚男	产品设计	计算机应用技术	70	86	78	C	合格	20
21	20181362216	李好	动画	计算机应用技术	66	50	58	E	不合格	24
22	20181362107	何小强	动画	计算机应用技术	75	91	83	B	合格	13
23	20181362123	陈承承	动画	计算机应用技术	62	73	67.5	D	合格	23
24	20181362230	陈宇航	动画	计算机应用技术	80	94	87	B	合格	8
25	2018146E109	王兆瑞	土木工程	计算机应用技术	76	85	80.5	B	合格	19
26	2018146E111	陈辉涌	土木工程	计算机应用技术	92	88	90	A	合格	6
27	2018146E112	吴小强	土木工程	计算机应用技术	92	90	91	A	合格	3

(b)条件格式案例显示的结果

图 4-51 条件格式案例

在"开始"选项卡下的"样式"功能区的"自动套用格式"命令中,软件提供了许多预定义的表格格式,从表格的标题到普通的单元格都可以套用表格格式,如图 4-52 所示。若用户对预定义的表格格式不满意,还可以创建并应用自定义的表格格式。应用表格格式之后,用户还可以使用"样式"功能区的下拉选项继续美化表格。

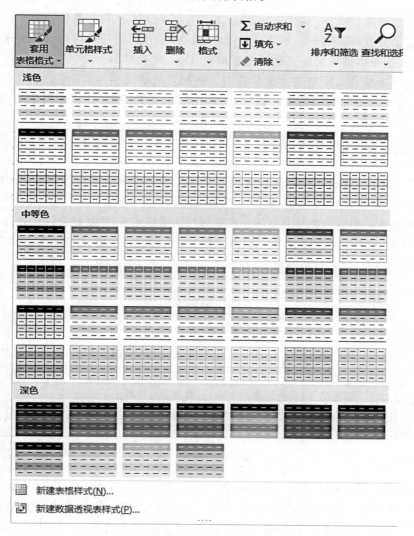

图 4-52　自动套用表格格式选项

4.3.4　公式的使用

公式是对工作表中的数据进行计算和处理的表达式,公式以"="开始,由单元格或区域的引用、常数、函数、运算符和括号组成。例如,计算成绩表中的总分(由笔试分数的 50% 加上机试分数的 50% 构成),可以在 G3 单元格中输入公式:=E3 ∗ 0.5＋F3 ∗ 0.5 进行计算。单元格里的公式可以像单元格里的其他数据一样进行修改、复制、移动等操作,G 列其他单元格的总分可以利用向下拖动 G3 单元格的填充柄复制公式进行计算。

提示：公式中的所有符号均为英文半角符号。

1. 运算符

(1)算术运算符：加(＋)、减(－)、乘(＊)、除(/)、乘幂(^)、百分数(%)。

(2)比较运算符：等于(＝)、不等于(<>)、小于(<)、小于等于(<＝)、大于(>)、大于等于(>＝)。比较运算符的运算结果是逻辑值 True 或者 False。

(3)文本运算符：&，作用是连接字符串。例如：B2 单元格内容为“姓名”，C2 单元格内容为“专业”，在 D2 单元格中输入公式“＝B2&C2”，则在 D2 的单元格中得到的内容为“姓名专业”。

2. 单元格引用

单元格引用是指在公式中使用单元格或者区域的名称来引用存放在该单元格或区域内的数据。对单元格的引用分为相对引用、绝对引用和混合引用。

(1)相对引用。当包含相对引用的公式复制到其他单元格时，复制的公式会自动调整公式中的单元格名称，这样的引用称为相对引用。例如：G3 单元格里的公式：＝E3＊0.5＋F3＊0.5 复制到 G4 单元格时，公式自动调整为：＝E4＊0.5＋F4＊0.5，如图 4-53 所示。

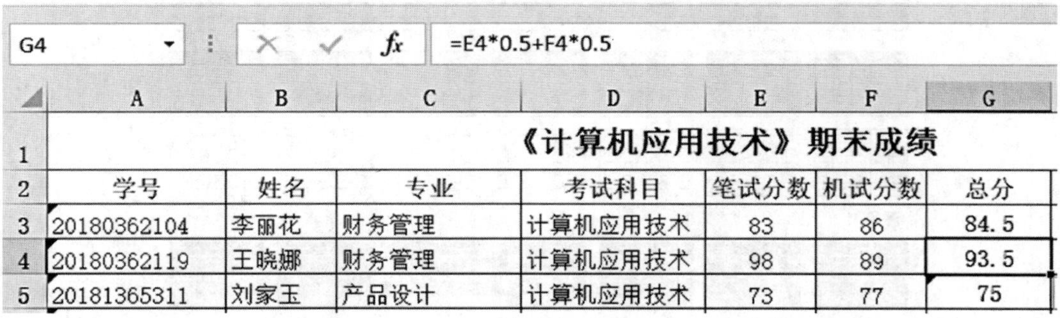
G4 =E4*0.5+F4*0.5

	A	B	C	D	E	F	G
1	《计算机应用技术》期末成绩						
2	学号	姓名	专业	考试科目	笔试分数	机试分数	总分
3	20180362104	李丽花	财务管理	计算机应用技术	83	86	84.5
4	20180362119	王晓娜	财务管理	计算机应用技术	98	89	93.5
5	20181365311	刘家玉	产品设计	计算机应用技术	73	77	75

图 4-53 相对引用

(2)绝对引用。在公式复制时如果希望单元格引用保持不变，可以在单元格的行、列前加“$”符号，这样的引用称为绝对引用。例如：K3 单元格的值为 0.5，G3 单元格里公式：＝E3＊$K$3＋F3＊$K$3，复制到 G4 单元格时，公式自动调整为：＝E4＊$K$3＋F4＊$K$3，其中 $K$3 保持不变，就是使用了绝对引用，如图 4-54 所示。

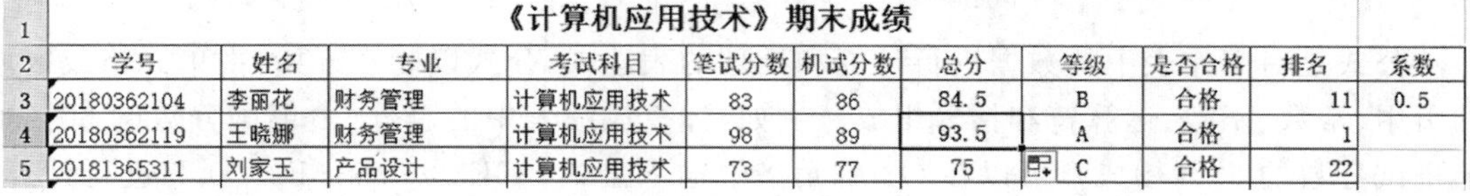
G4 =E4*$K$3+F4*$K$3

	A	B	C	D	E	F	G	H	I	J	K
1	《计算机应用技术》期末成绩										
2	学号	姓名	专业	考试科目	笔试分数	机试分数	总分	等级	是否合格	排名	系数
3	20180362104	李丽花	财务管理	计算机应用技术	83	86	84.5	B	合格	11	0.5
4	20180362119	王晓娜	财务管理	计算机应用技术	98	89	93.5	A	合格	1	
5	20181365311	刘家玉	产品设计	计算机应用技术	73	77	75	C	合格	22	

图 4-54 绝对引用

　　(3)混合引用。在一个单元格引用的地址中,具有绝对列和相对行或者绝对行和相对列,这样的引用称为混合引用,例如: ＄A1、B＄1。如果多行或多列地复制公式,相对引用的行或列会自动调整,而绝对引用的行或列将不作调整,例如,A1＝3,B1＝4,如果 B2 中的公式为＝A＄1,复制公式到 C2 时,公式自动调整为＝B＄1,行号不变,列号自动变更,如图4-55所示。

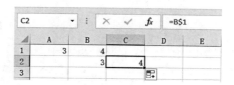

图 4-55　混合引用

4.3.5　函数的使用

　　为了解决复杂运算需求,办公软件提供了许多预置算法,如 SUM、AVERAGE、IF、COUNTIF、SUMIF 等函数。通常,函数由函数名和参数构成:

　　函数名([参数 1],[参数 2],…),其中,函数名用英文字母表示,()不可省略,[]内的参数是可选参数,没有[]的参数是必选参数,有的函数可以没有参数。

　　单击“公式”选项卡下的“插入函数”命令或者单击编辑栏的 f_x 按钮可以打开“插入函数”对话框,如图 4-56 所示。

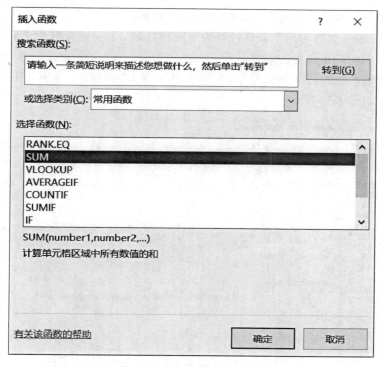

图 4-56　“插入函数”对话框

1. 求和函数 SUM(number1,[number2],…)

功能:将指定的参数 number1、number2……相加求和。

例如,成绩表中的总分可以利用 SUM 函数求出笔试分数与机试分数的和,如图 4-57 所示,再乘以系数 0.5,得到要计算的总分。

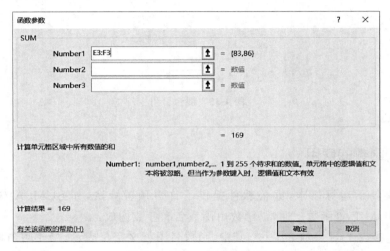

图 4-57　SUM 函数的应用

2. 条件求和函数 SUMIF(range,criteria,[sum_range])

功能:将指定的单元格区域中符合指定条件的值求和。

参数说明:range 参数为用于条件计算的单元格区域,criteria 参数为求和的条件,sum_range 是要求和的实际单元格区域。

例如,求动画专业的同学的总分和,可以在单元格 L3 中输入:＝SUMIF(C3:C27,"动画",G3:G27),如图 4-58 所示。

图 4-58　条件求和函数 SUMIF 的应用

3. 求平均函数 AVERAGE(number1,[number2],…)

功能:将指定的参数 number1、number2……相加求平均值。

4. 条件求平均值函数 AVERAGEIF(range,criteria,[average_range])

功能:将指定的单元格区域中符合指定条件的数据求平均值。

参数说明:range 参数为用于计算平均值的单元格区域,criteria 参数为求平均的条件,average_range 是实际求平均值的实际单元格区域。

例如,求动画专业的同学的平均分,可以在单元格 L5 中输入:＝AVERAGEIF(C3:C27,"动画",G3:G27),如图 4-59 所示。

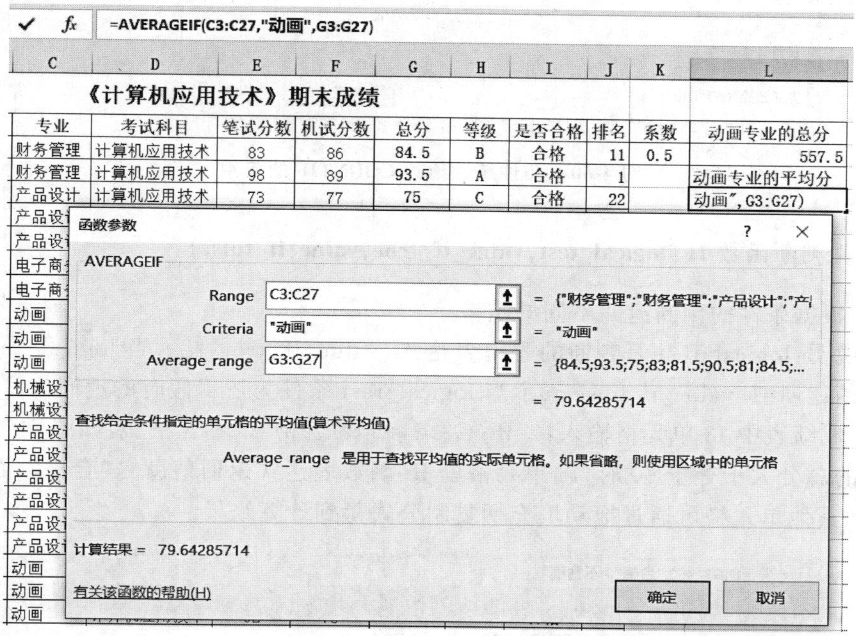

图 4-59　条件求平均函数 AVERAGEIF 的应用

5. 统计函数 COUNT(number1,number2,…)

功能:统计给定数据区域中所包含的数值型数据的单元格个数。

6. 条件统计函数 COUNTIF(range,criteria)

功能:将指定的单元格区域中符合指定条件的值求和。

参数说明:range 参数为需要统计的单元格区域,criteria 参数为条件。

例如,求动画专业的学生数,可以在单元格 L7 中输入:＝COUNTIF(C3:C27,"动画"),如图 4-60 所示。

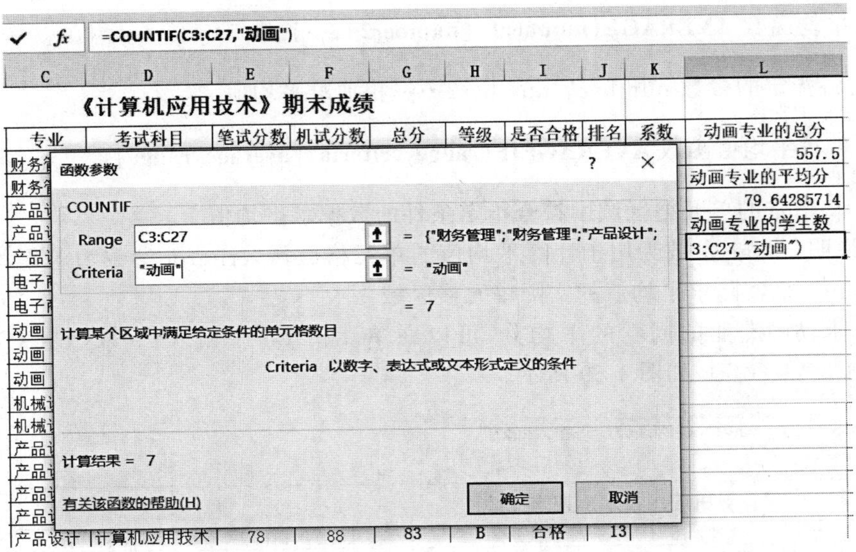

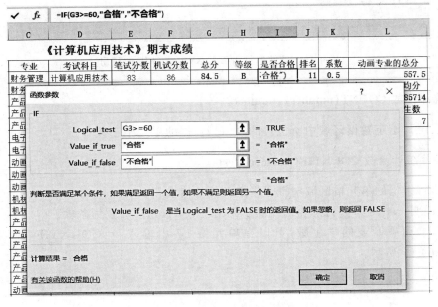

图 4-60　条件统计函数 COUNTIF 的应用

7. 条件判断函数 **IF(logical_test,value_if_true,value_if_false)**

功能：根据条件的判断返回不同的结果。

参数说明：logical_test 是判断的逻辑表达式，value_if_true 表示当 logical_test 条件为逻辑真时的返回值，value_if_false 表示当 logical_test 条件为逻辑假时的返回值。

例如，成绩表中 I3 单元格输入：＝IF(G3＞＝60,"合格","不合格")，如图 4-61 所示，如果该学生的总分大于等于 60 时，I3 单元格里 IF 函数表达式返回值就是"合格"，否则为"不合格"，I 列其他单元格可通过拖动填充柄复制公式得到计算结果。

图 4-61　条件函数 IF 的应用

IF 函数可以嵌套使用。例如,“是否合格”列中要出现优秀(>=85)、合格(>=60)和不合格(<60)三个等级评定,可将 I3 单元格的公式修改为:=IF(G3>=85,"优秀",IF(G3>=60,"合格","不合格")),完成的效果如图 4-62 所示。

I3 fx =IF(G3>=85,"优秀",IF(G3>=60,"合格","不合格"))

	A	B	C	D	E	F	G	H	I	J
1	《计算机应用技术》期末成绩									
2	学号	姓名	专业	考试科目	笔试分数	机试分数	总分	等级	是否合格	排名
3	20180362104	李丽花	财务管理	计算机应用技术	83	86	84.5	B	合格	11
4	20180362119	王晓娜	财务管理	计算机应用技术	98	89	93.5	A	优秀	1
5	20181365311	刘家玉	产品设计	计算机应用技术	73	77	75	C	合格	22
6	20181365314	苏德强	产品设计	计算机应用技术	80	86	83	B	合格	13
7	20181365315	苏建婷	产品设计	计算机应用技术	75	88	81.5	B	合格	16
8	20180366102	余小英	电子商务	计算机应用技术	88	93	90.5	A	优秀	5
9	20180366103	秦小伟	电子商务	计算机应用技术	78	84	81	B	合格	17
10	20181362215	李丽丽	动画	计算机应用技术	91	78	84.5	B	合格	11
11	20181362107	陈晓明	动画	计算机应用技术	88	94	91	A	优秀	3
12	20181362122	洪小美	动画	计算机应用技术	86	87	86.5	B	优秀	10
13	2018146E113	朱宏喆	机械设计	计算机应用技术	66	89	77.5	C	合格	21
14	2018146E114	何美敏	机械设计	计算机应用技术	53	41	47	E	不合格	25

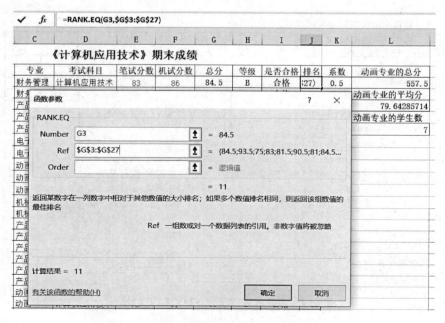

图 4-62 IF 函数的嵌套使用

8. 排位函数 RANK.EQ(number,ref,[order])

功能:返回一个数值在指定数据区域中的排位,如果多个数值排名相同,则返回该组数组的最佳排名。

参数说明:number 为需要排位的数字,ref 为数字列表数组或对数字列表的单元格引用,order 参数为可选项,取值为 0 表示降序排位,非 0 表示升序排位。

例如:成绩表中 J3 单元格输入“=RANK.EQ(G3,$G$3:$G$27)”,可以得到 G3 数据在 G3:G27 区域数据里的排位,如图 4-63 所示。

图 4-63 排位函数 RANK.EQ 的应用

提示：默认情况下，单元格的引用是相对引用，若要更改单元格的引用类型，可在公式编辑栏选择要更改的单元格引用，按功能键F4快速地给选定单元格的行、列的前面添加"＄"符号，在引用类型之间切换。例如，选择公式：＝RANK.EQ（G3,G3:G27）中的G3:G27，按下一次F4键，则公式迅速变成：＝RANK.EQ（G3,＄G＄3:＄G＄27）；按下两次F4键，公式迅速变成：＝RANK（G3,G＄3:G＄27）；按下三次F4键，公式迅速变成：＝RANK.EQ（G3,＄G3:＄G27）；按下四次F4键，公式迅速变成：＝RANK.EQ（G3,G3:G27），如此循环。

RANK函数是早期版本的排位函数，功能同RANK.EQ。

9. 列匹配查找函数 VLOOKUP(lookup_value,table_array,col_index_num,range_lookup)

功能：在数据表的首列查找与指定的数值相匹配的值，并将指定列的匹配值填入当前数据的当前列中。

参数说明：lookup_value是在数据表table_array第一列查找的内容，它可以是数值、单元格引用或文本字符串。table_array是要查找的数据所在的单元格区域。col_index_num为要返回的值在table_array的第几列。range_lookup取值为TRUE或者默认时，返回近似匹配值，即如果找不到精确匹配值，则返回小于lookup_value的最大数值；如果range_lookup取值为FALSE时，返回精确匹配值，如果找不到，则返回错误♯N/A。

注意：range_lookup取值为TRUE或者默认时，table_array中的值必须按升序排列，否则VLOOKUP无法返回正确的结果。

例如：在成绩表中的"等级"列中利用M2:N7区域中的数据填充每个学生的成绩等级。在H3单元格中输入：＝VLOOKUP(G3,＄L＄3:＄M＄8,2)，单击"确定"，在H3单元格中填充"B"等级，H列的其他单元格数据通过拖动H3单元格的填充柄能够得到，如图4-64所示。

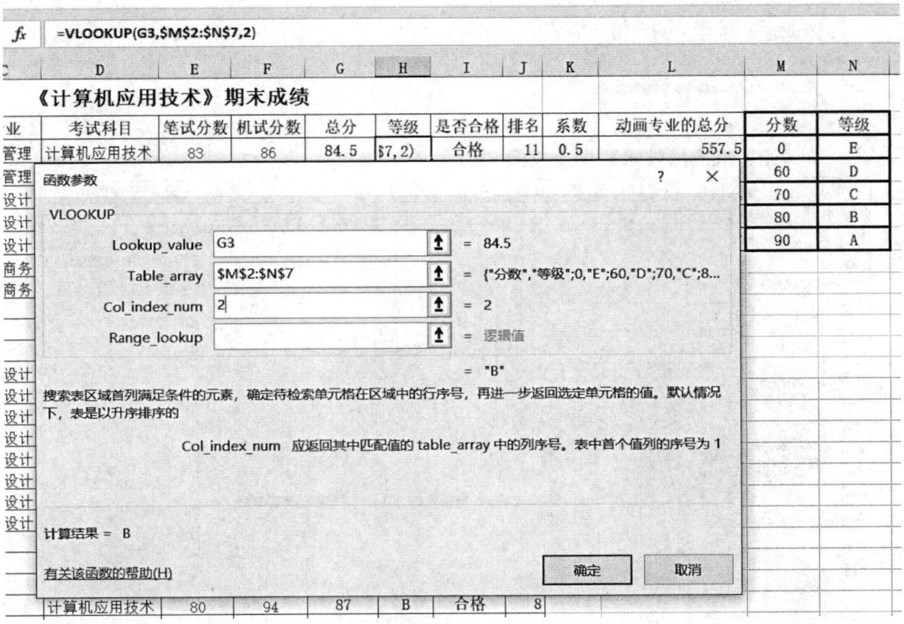

图 4-64 列匹配查找函数 VLOOKUP 的应用

请扫码观看教学视频：

学生成绩信息的统计

4.4　学生运动会成绩信息的分析与管理

　　场景：某高校正在举行校运会，会务组需要对已完成比赛项目的运动员成绩进行统计汇总，统计表如图 4-65 所示。校运动会的运动员来自全校不同的专业，会务组还需要对数据表的数据进行分析与管理。

	项目名称	分组	学号	姓名	学院	成绩	名次	积分
1			第十五届运动会成绩表					
2	项目名称	分组	学号	姓名	学院	成绩	名次	积分
3	100m	学生男子组	20180961127	张亚杰	海外学院	11.89	第一名	8
4	100m	学生男子组	20170961110	廖天宇	海外学院	11.92	第二名	7
5	100m	学生男子组	20170366121	陈志宇	艺术学院	12.043	第三名	6
6	100m	学生男子组	20170761116	李启威	机电学院	12.047	第四名	5
7	100m	学生男子组	20180861114	周恺	数信学院	12.12	第五名	4
8	100m	学生男子组	20190861103	李彪	数信学院	12.17	第六名	3
9	100m	学生男子组	20180861141	钟启德	数信学院	12.26	第七名	2
10	100m	学生男子组	20180861204	谢立鑫	数信学院	12.58	第八名	1
11	100m	学士女子组	20190761134	肖美庆	机电学院	13.8	第一名	8
12	100m	学士女子组	20170561137	章思冠	化工学院	14.4	第二名	7
13	100m	学士女子组	20180161108	刘宇晔	音乐学院	14.6	第三名	6
14	100m	学士女子组	20190761124	李广明	数信学院	14.8	第四名	5
15	100m	学士女子组	20180761202	白瑜欣	机电学院	14.9	第五名	4
16	100m	学士女子组	20190761349	陈璐枫	机电学院	15.0	第六名	3
17	100m	学士女子组	20170761204	余颖	机电学院	15.1	第七名	2
18	100m	学士女子组	20170461118	马心语	文传学院	15.2	第八名	1

图 4-65　学生运动会成绩信息表

　　对学生运动会成绩信息进行分析与管理，流程如图 4-66 所示，本节以 Microsoft Excel 2016 为例来完成，涉及的知识点主要有排序、分类汇总、筛选、数据透视表的制作及数据的可视化表示等。

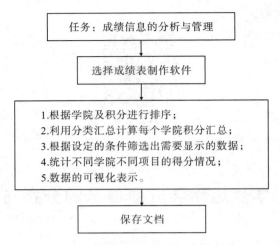

图 4-66　成绩信息的分析与管理流程图

4.4.1　排序

创建数据表时数据是依照录入的先后顺序排列的,随着记录的增加、修改与删除,原来有序的数据也可能变成无序,而且在实际应用中,常常需要查看按某个字段排序的数据。利用"数据"选项卡下的"排序"命令可以实现数据的排序。选择需要排序的数据,打开"排序"对话框,在对话框中设置按主要关键字排序,顺序可以是升序或者降序,当排序主要关键字相同时还可以单击"添加条件"添加次要关键字,按照设定的次要关键字的顺序进行排序,实现多关键字排序。例如,运动会成绩信息按"学院"这一主要关键字升序排列,设置的条件如图4-67 所示;当"学院"字段信息相同时添加次要关键字,按"积分"降序排列,设置的条件如图4-68所示,实现数据按"学院"升序排列,学院相同按"积分"降序排列。

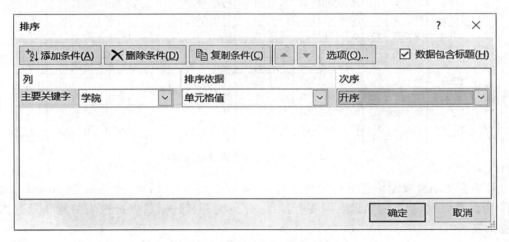

图 4-67　数据的单关键字排序

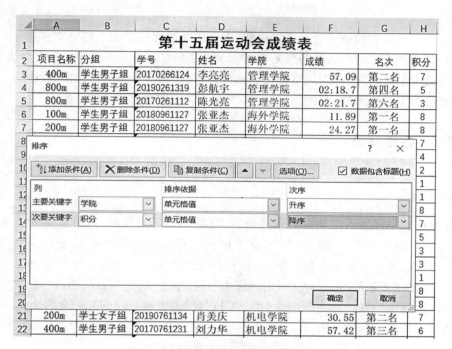

图 4-68 数据的多关键字排序

4.4.2 分类汇总

分类汇总可以将数据按一定字段进行分类,并实现按类求和、求平均值、求最大值、求最小值、计数等运算,同时将计算结果分级显示出来。选择需要分类汇总的数据,在"数据"选项卡下打开"分类汇总"对话框,按照图 4-69 中的设置,可以实现按"学院"字段分类,对"积分"字段求和的操作。

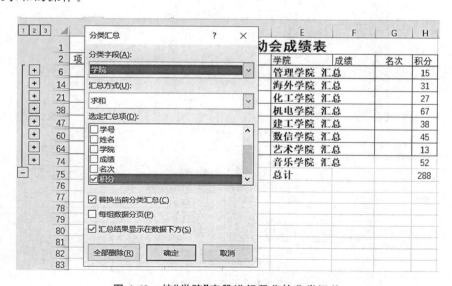

图 4-69 按"学院"字段进行积分的分类汇总

提示：

（1）分类汇总操作前需要进行排序操作，排序的字段即分类汇总的分类字段。

（2）撤销分类汇总可单击分类汇总数据记录单中的任意一个单元格，打开"分类汇总"对话框，在对话框上单击"全部删除"，即可删除分类汇总，恢复未分类汇总前的状态。

（3）在分类汇总结果中，左侧的"123"和"＋"可以实现数据的分级显示。

4.4.3　数据筛选

1. 自动筛选

要在工作表中只显示满足指定条件的行，隐藏不满足条件的行，可以选择表头的字段名，单击"数据"选项卡下的"筛选"命令，在字段名单元格出现下拉箭头，此时设置筛选的条件即可实现数据的自动筛选操作。例如，按住"Ctrl"键不连续选取分类汇总的学院和积分的汇总字段，复制到新的 Sheet 表中，选择表头字段，单击"筛选"命令，单击"积分"字段的下拉箭头，打开"筛选"下的"自动筛选前 10 个"对话框，设置显示积分前 3 名的学院，自动筛选的设置及效果如图 4-70 所示。

（a）自动筛选下拉选项

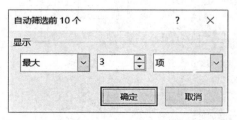

（b）自动筛选出积分前3名的学院

图 4-70　自动筛选案例

提示：可以对多个字段进行筛选，若需要显示全部数据时，只要再次单击"数据"选项卡中的"筛选"命令即可恢复未筛选的状态。

2. 高级筛选

当自动筛选不能满足用户的需求时，可以使用高级筛选。首先建立一个条件区域，用来罗列筛选条件，条件区域的第 1 行是作为筛选条件的字段名，这些字段名与数据列表中的字段名是相同的；第 2、3 行是筛选的条件，在条件区域里同一行的条件之间是"且"的关系，不同行之间是"或"的关系，高级筛选的结果可以在原有区域显示，也可以在指定区域显示。

例如，利用高级筛选列出所有项目中学生男子组中第一名的记录（包含的条件：性别＝"男"并且名次＝"第一名"），在"高级筛选"对话框中的设置如图 4-71 所示。

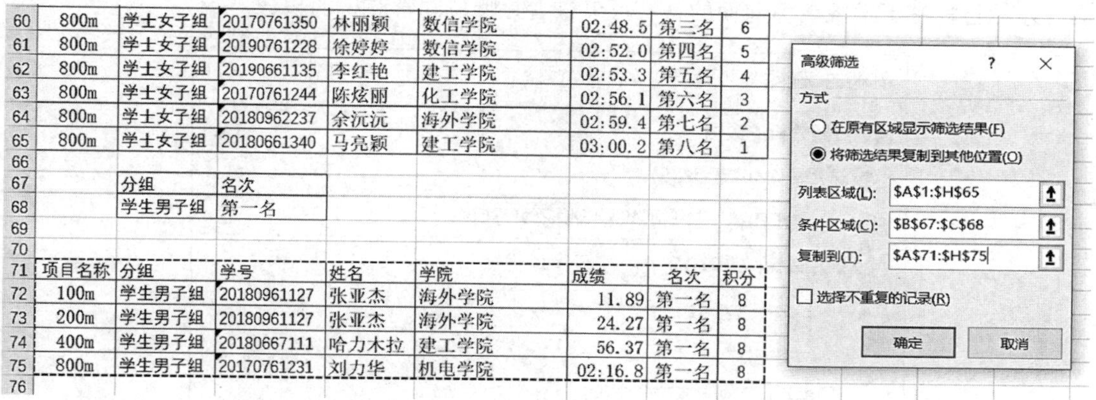

图 4-71　高级筛选案例（1）

提示：用于筛选数据的条件，借助通配符" * "或者"?"可以实现模糊筛选。

例如，筛选出所有记录中学生男子组的第一名或姓"张"的记录，如图 4-72 所示。

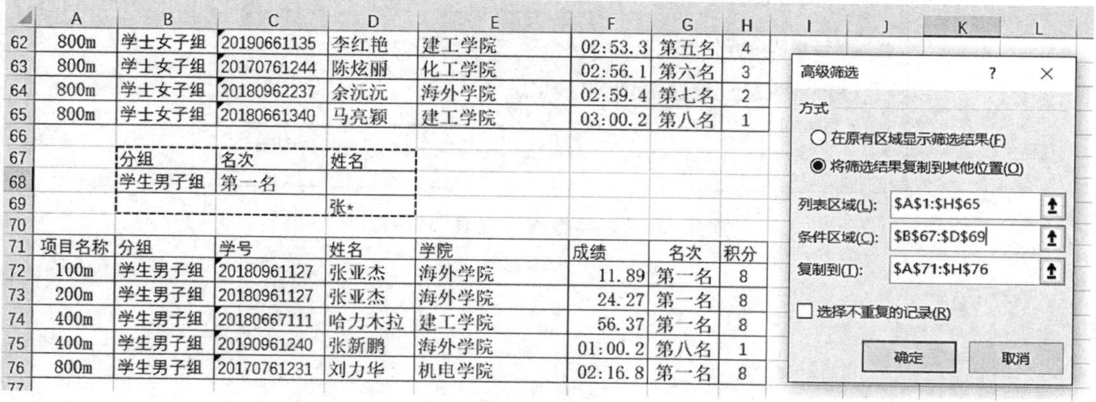

图 4-72　高级筛选案例（2）

4.4.4 数据透视表

数据透视表是一种对大量数据进行快速汇总和建立交叉列表的交互式报表,它通过选择页、行、列中的不同元素,快速分类汇总大量的数据,方便用户快速浏览源数据的不同统计结果,提高工作效率。

选择数据表或区域,在"插入"选项卡下单击"数据透视表"命令,打开"创建数据透视表"对话框,如图 4-73 所示,通过选择页、行、列中的不同元素即可建立数据透视表,放置数据透视表的位置可以是新工作表,也可以是现有工作表。例如,要显示不同学院不同项目所得积分汇总情况,可对数据透视表的字段进行如图 4-74 右侧所示的设置,得到左侧的数据透视表,展开左侧行标签下学院名称前面的"+"可以查看是哪位同学获得的积分。

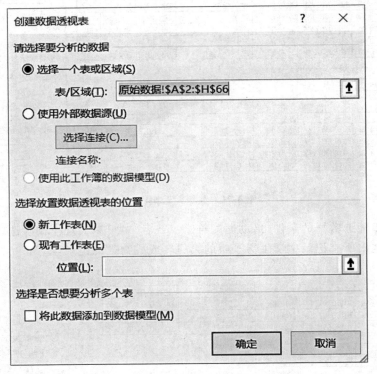

图 4-73 "创建数据透视表"对话框

图 4- 74　数据透视表案例

提示：数据处理分析结果可以复制使用。如将透视表的结果数据复制到别的工作表作为不带公式的数据表，可用选择性粘贴功能，方便对复制后的数据进行编辑。

4.4.5　数据图表

对数据进行分析和对比，采用图形的方式可以更直观、清楚地表达数据差异的情况。在"插入"选项卡下的"图表"功能区中可以选择插入的图表的类型，软件提供了柱形图、条形图、折线图、面积图、饼图、圆环图、树状图、旭日图、直方图、箱型图、XY 散点图、气泡图、瀑布图、股价图、曲面图、雷达图、组合图等多种类型，如图 4-75 所示。选择已插入的图表通过"图表工具"下的"设计"选项卡可以对图表布局、图表样式、数据、类型、位置进行修改，例如，添加图表的坐标轴、坐标轴标题、图表标题、数据标签、网格线、图例等图表元素。"图表工具"的"设计"选项卡如图 4-76(a)所示。"图表工具"下的"格式"选项卡可以对图表的格式进行修改，例如，更改图形的形状样式、修改图形的大小、设置对齐方式等。"图表工具"的"格式"选项卡如图 4-76(b)所示。

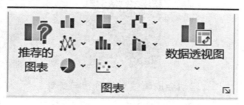

图 4-75　插入图表的选项

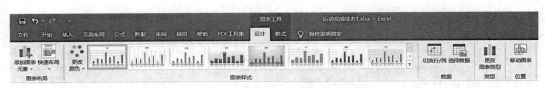

（a）"图表工具"的"设计"选项卡

（b）"图表工具"的"格式"选项卡

图 4-76 "图表工具"选项卡

图 4-77 是采用簇状柱形图表现各二级学院积分汇总数据。

提示：要利用分类汇总的结果建立图表，正确选择数据是关键。可以先选择第一个单元格的数据，之后按下键盘上的 Ctrl 键，不连续地选取需要的数据，选择好数据后，选择图表的类型插入图表，插入图表后还可以对图表进行修改与美化。

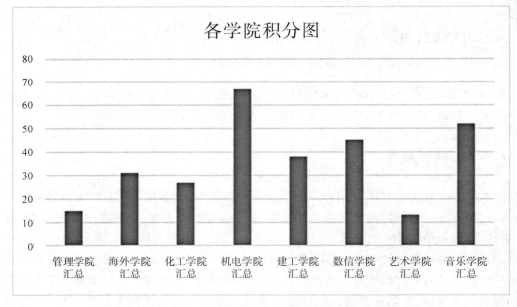

图 4-77 各学院积分簇状柱形图

请扫码观看教学视频：

运动会成绩信息的分析与统计

4.5 求职演示文稿的制作

在商业宣传、会议报告、产品介绍、培训、演讲等活动中常常需要图文并茂地展示成果或者传达信息，要求宣讲者展示具有动态性、交互性和可视性的文本、图片、视频、音频，这些要求借助演示文稿可以方便地实现。

场景：张三同学是某高校大四的学生，需要制作一份求职演示文稿向求职单位展示自己，演示文稿参考效果如图 4-78 所示。

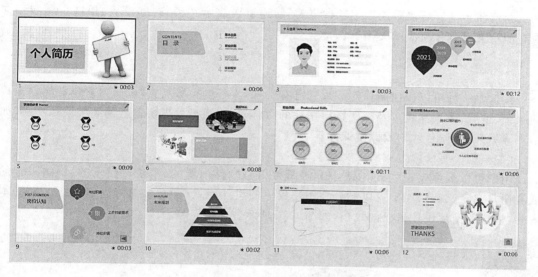

图 4-78 求职个人简历演示文稿参考效果

制作演示文稿的流程如图 4-79 所示，常用的制作演示文稿的软件有 Microsoft Power-Point 软件和 WPS office 系列办公软件，本节以 Microsoft PowerPoint 2016 为例。

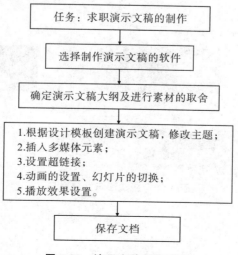

图 4-79 演示文稿制作流程

　　大纲是整个演示文稿的框架,框架搭好了才能对原始材料进行合理的取舍与组织,因此制作演示文稿首先要根据目标和要求制定演示文稿的大纲。一般情况下,讲授的时间决定了演示文稿的长度,一般一张幻灯片的讲授时间在 1～3 分钟比较合适。对于每一张幻灯片,应该避免文字过多,内容尽量精炼,做到图文并茂,可以用表格、图片描述的就不用文字表述。

　　制作求职演示文稿涉及的知识点主要有创建演示文稿、修改主题、插入多媒体元素、设置超链接、动画的设置和幻灯片切换、播放效果的设置等。

4.5.1　设计模板与主题

　　新建演示文稿可以采用以下几种方式:新建空白演示文稿,根据模板、根据主题和根据现有演示文稿创建新演示文稿等。

1. 模板

　　模板是一种可以快速制作幻灯片的已有文件,文件的扩展名为"potx",它包含演示文稿的版式、主题、背景样式以及一些特定用途的内容,利用模板可以快速创建某类演示文稿,如销售演示文稿、业务计划或课堂课件等。

　　(1)根据已有模板生成演示文稿

　　用户可以根据模板生成演示文稿,模板可以是软件内置的、本地硬盘上的、网络下载的或者用户自定义的。用户可以充分利用模板里的设计元素(颜色、字体、背景、效果)和样本内容,快速便捷地讲述自己的故事,如图 4-80 所示。

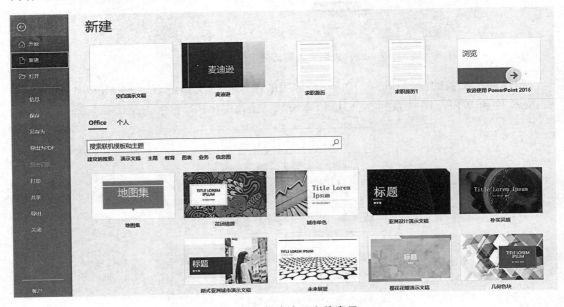

图 4-80　新建演示文稿窗口

（2）保存用户自定义模板

用户自己设计的、色彩搭配协调、显示效果好、希望能够重复使用的演示文稿，可以保存为模板文件（potx 文件），如图 4-81 所示。创建新的演示文稿时可以调用用户保存的自定义模板。

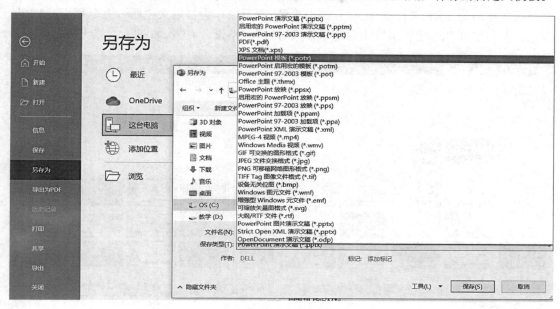

图 4-81　保存模板窗口

2. 主题

主题是一组预定义的幻灯片颜色、字体和视觉效果的组合，利用主题可以实现统一专业的风格，简化演示文稿的美化过程。例如将图形、表格、形状等元素添加到幻灯片时，幻灯片软件将应用与其他幻灯片元素兼容的主题颜色，使整个幻灯片色彩、视觉风格一致，易于阅读。

（1）使用内部主题

软件提供了大量的内置主题供用户使用，图 4-82 是同一张幻灯片应用两个不同主题的效果。如果软件内置的主题不合适，可在母版视图或幻灯片的背景格式中进行调整，通过调整或添加背景图、Logo、图片，设置标题和文字的字体、字号、颜色等到达最佳的效果。

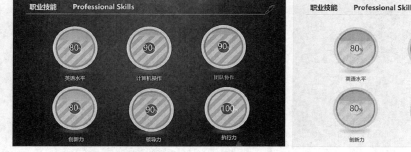

图 4-82　同一张幻灯片不同主题的设置效果

　　(2)使用外部主题

　　当内部主题不能满足用户的要求时,还可以利用"设计"选项卡下的"主题"功能区中的"浏览主题"命令打开适合的外部主题,并加以应用,如图 4-83 所示。如果希望长期使用某个幻灯片作品的主题,可以通过"保存当前主题"选项保存为自定义主题。主题可通过"主题颜色""主题字体""主题效果""主题背景样式"选项调整设计效果,如图 4-84 所示。

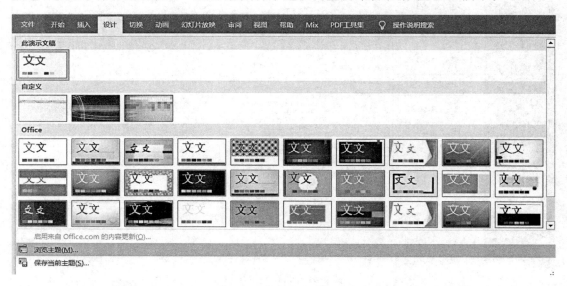

图 4-83　浏览打开外部主题

（a）主题颜色选项　　　　　　　　　　　　　　　（b）主题字体选项

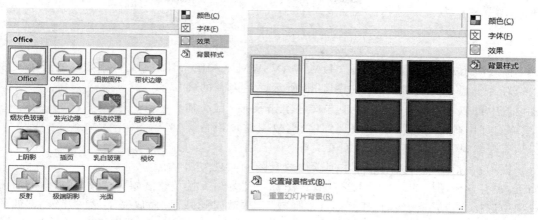

（c）主题效果选项　　　　　　　　　（d）主题背景样式选项

图 4-84　主题修改选项

3. 母版

若要使所有的幻灯片包含相同的字体和图像（如徽标、Logo），可以使用母版。幻灯片母版设置了特殊的占位符（带有虚线或阴影边缘的框），在这些框中可以放置标题文本、表格和图片等，用户可以在母版中对这些对象的大小和位置、背景、配色方案进行相应的设置，母版中的设置将应用到所有幻灯片中。在"视图"选项卡上单击"幻灯片母版"命令，可以打开"幻灯片母版"视图进行相应设置，如图 4-85 所示。

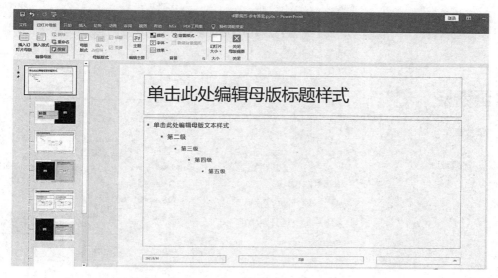

图 4-85　幻灯片母版窗口

4.5.2　插入多媒体元素

制作演示文稿时可以插入音频、视频等多媒体元素，使得演示文稿更加突出主题，吸引观众,增强感染力。

1. 声音

插入演示文稿的音频可以是 CDA、WAV、WMA、MID、MP3 等文件。插入的音频文件在幻灯片上显示为音频图标,如图 4-86 所示。在声音的播放设置中可以设置该声音的播放方式是单击播放、自动播放、跨幻灯片播放还是循环播放直到停止,放映时该声音图标是否隐藏,播放完毕后是否返回开头等。

图 4-86 音频图标

提示:在指定的几页幻灯片中连续播放音频的实现方法如下:在有音频图标的幻灯片上选择音频图标,在"音频工具"→"播放"→"开始"命令的右侧选项中选择"自动"播放,勾选"跨幻灯片播放"、"放映时隐藏"、"播放完毕返回开头"、"循环播放,直到停止"4 个复选框,如图 4-87(a)所示。单击"动画"→"动画窗格"→"效果选项"命令,打开"播放音频"对话框,在该对话框中的"停止播放"栏中,输入在"3"张幻灯片后停止播放,如图4-87(b)所示,即可实现播放到插入声音的幻灯片时,声音开始播放,播放了 3 张幻灯片后声音停止。注意:插入音乐停止的页码数是从插入音乐的那张开始算起,插入那张算第 1 张,不是 PPT 中的幻灯片在总幻灯片中的页数。

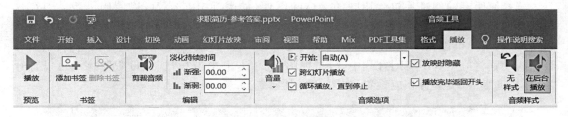

(a)音频的播放设置

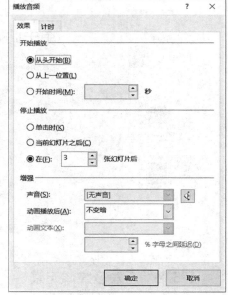

(b)"播放音频"对话框

图 4-87 在指定的几张幻灯片中连续播放音频案例

2. 视频

在演示文稿中插入视频,可以使演示文稿内容更加丰富。在幻灯片中插入视频文件后,效果如图 4-88 所示,选中该视频可以设置视频的音量、播放进度。可以在"视频工具"→"格式"→"视频形状"中设置播放的外观效果,图 4-89 是选择椭圆形状的视频外观效果。无须专业的视频编辑软件,在幻灯片中选择视频,单击"视频工具"→"播放"→"剪裁视频"命令,打开"剪裁视频"对话框,如图 4-90 所示,利用软件自带的视频剪辑功能可以完成视频的剪裁。

图 4-88　幻灯片插入视频案例

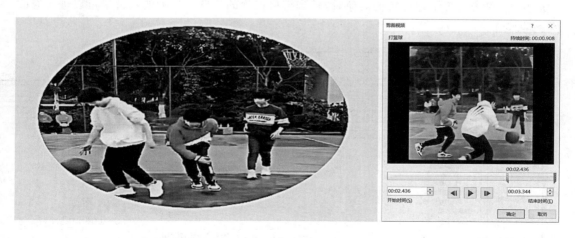

图 4-89　椭圆视频形状的效果　　　　**图 4-90　"剪裁视频"对话框**

提示：可以设置插入视频的封面，使演示文稿静态界面更加美观。单击"视频工具"→
"格式"→"海报框架"→"文件中的图像"命令，打开的"插入图片"对话框，在对话框中选择某张图片作为视频的封面。如果需要恢复以前的封面，选择"重置设计"即可清除封面。

当视频较长时，在演示中需要快速跳转到某个精彩片段，可以通过单击"视频工具"→"播放"→"添加书签"命令快速实现，添加书签将在指定的位置出现黄色的书签圆点，图 4-91 是视频添加了书签的效果。单击黄色小圆点，"删除书签"命令可以实现删除书签。

图 4-91　添加了书签的视频

4.5.3　超链接

1. 超链接

用户在幻灯片放映时希望增加演示文稿的交互效果，可以通过插入超链接或动作按钮从某张幻灯片跳转到其他幻灯片、文件、外部程序或网页。

选择需要创建超链接的对象，单击"插入"选项卡下的"链接"命令，打开"插入超链接"对话框，可以选择链接到"现有文件或网页""本文档中的位置""新建文档"或者"电子邮件地址"。图 4-92 所示是第二张幻灯片的"岗位认知"链接到本文档中的第九张幻灯片。当幻灯片放映时，单击设置了超链接的对象，即转到链接设置的位置。设置的超链接可以进行修改及删除操作。

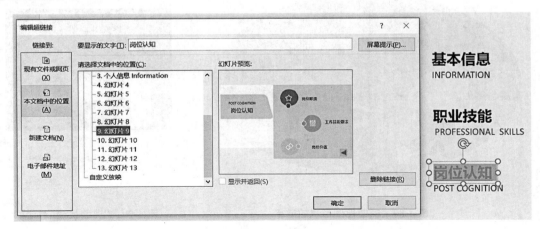

图 4-92　"插入超链接"对话框

2．设置动作

在需要建立动作的幻灯片中插入或选择幻灯片上作为动作启动的图形、图片等对象，在
"操作设置"对话框中进行超链接设置。例如，插入"形状"选项卡下的动作按钮中的"主页"
形状，设置超链接到第一张幻灯片，播放状态下在该张幻灯片上单击"主页"动作按钮，即可
实现幻灯片跳转到第一张幻灯片，如图 4-93 所示。

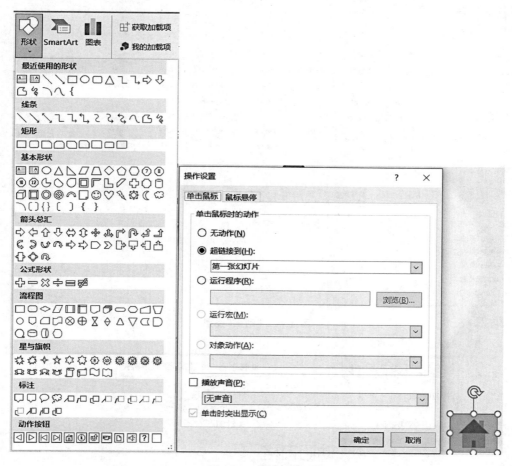

图 4-93　设置动作

4.5.4　动画及幻灯片切换

1．动画

动画可以增强演示文稿的动感与美感，"动画"选项卡中可以设置动画进入、强调、退出
等的效果，还可以设置按照一定的路线运动的动画效果，动画类型如图 4-94 所示。对于添
加的动画可以设置效果选项，还可以在"动画窗格"中调整多个动画出现的顺序、动画开始的
方式、持续时间及延迟等，如图 4-95 所示。

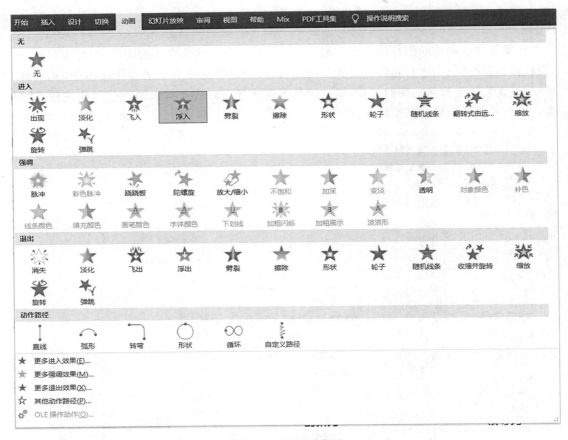

图 4-94 "动画"类型

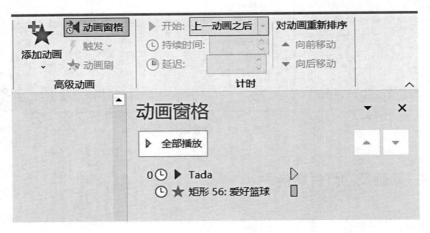

图 4-95 "动画窗格"选项卡

提示:滚动字幕的制作。例如,选择"爱好篮球"文本框,设置进入动画效果为"飞入",效果选项选择"自底部",在"动画窗格"中单击该动画效果的下拉列表,打开"效果选项"对话框,进行如图4-96的相应设置,即可实现一个从底部到指定位置的滚动字幕动画。

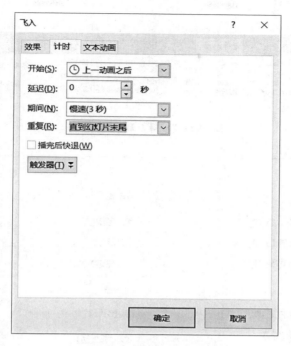

图 4-96　"效果选项"对话框

2. 幻灯片的切换

幻灯片的切换效果指演示文稿放映时幻灯片进入和离开播放画面时的整体效果,使用幻灯片的切换可以使幻灯片播放时幻灯片之间的过渡衔接更加自然流畅。图 4-97 是幻灯片"切换"选项卡,在"切换"选项卡中可以设置幻灯片的切换属性。

图 4-97　幻灯片"切换"选项卡

提示:设置动画及幻灯片的切换效果要根据演示文稿整体的风格和内容进行锦上添花的设计,切忌添加过多的动画和令人眼花缭乱的切换方式喧宾夺主,分散观众的注意力。

4.5.5　演示文稿的放映及输出

一个演示文稿创建编辑完成后,可以根据演讲的用途、播放的环境及观众的需求,选择不同的放映和输出方式。

1. 放映方式

放映方式可以选择从头开始、从当前幻灯片开始、联机演示、自定义放映等方式,如图 4-98 所示。可以利用"设置放映方式"对话框进行相应的放映设置,满足用户不同的需求,

137

如图 4-99 所示。

图 4-98　"幻灯片放映"选项卡

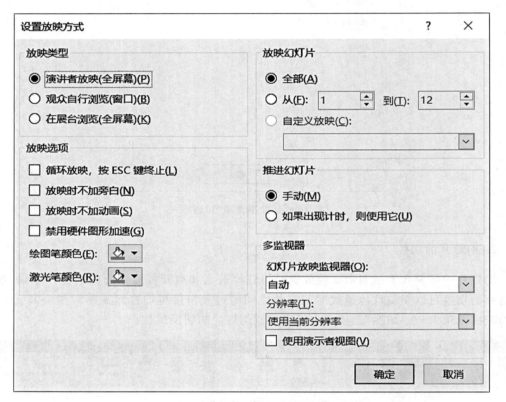

图 4-99　"设置放映方式"对话框

　　提示：排列计时功能。在演示文稿演示前可以先进行一次模拟讲演，一边播放幻灯片一边根据实际需要进行讲解，软件将每张幻灯片上所用的时间都记录下来，放映到最后一张时，屏幕上会出现确认消息框，如图 4-100 所示，询问是否接受排练时间，选择"是"，幻灯片的放映时间就设置好了，用户可以按照设置的时间进行自动放映。

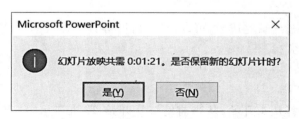

图 4-100　排练计时时间确认消息框图

2. 演示文稿的输出

演示文稿制作完成后,可以保存为 PPTX 文件,还可以创建 PDF/XPS 文档、创建视频、将演示文稿打包成 CD、创建讲义等多种方式输出,如图 4-101 所示。

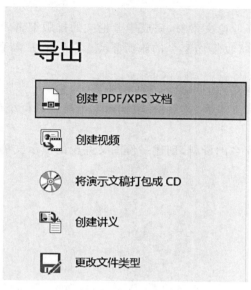

图 4-101　"导出"选项卡

请扫码观看教学视频:

求职演示文稿的制作

4.6　本章小结

本章通过 5 个案例的实际应用,介绍了文档的编辑与排版处理,电子表格数据的录入、计算、分析、统计及数据可视化,创建和美化图文并茂的演示文稿等相关知识。办公自动化软件使信息处理变得容易,熟练掌握办公软件的实务技术,能够提升使用计算机解决问题的能力,有助于同学们灵活有效地处理学习与工作中遇到的问题,提高工作效率。

4.7 习题

作业 1：根据提供的毕业论文素材，完成毕业论文的排版编辑。

作业 2：调研你的家乡，收集你家乡的旅游景点、名胜古迹、特色美食、风土人情等相关信息，制作一份简报。

作业 3：帮助辅导员建立你们班级的学生信息表。

作业 4：建立个人消费支出表，按月份、季度对支出类别进行统计与分析，并对统计的数据进行可视化表示。

作业 5：调研收集你家乡的资料，创建一份图文并茂的演示文稿向你的同学展示介绍。

第5章　人工智能基础

本章学习目标
- 了解人工智能的基本概念和发展历程；
- 了解人工智能的研究内容；
- 通过案例了解人工智能几个典型应用场景；
- 了解人工智能的发展前景。

5.1　人工智能概念

人类智能是人类所具有的以知识为基础的智力和行为能力，表现为有目的的行为、合理的思维，以及有效地适应环境的综合性能力。智能的要素包括适应环境，适应偶然性事件，能分辨模糊的或矛盾的信息，在孤立的情况中找出相似性，产生新概念和新思想等。

人工智能（artificial intelligence，AI）是相对于人的自然智能而言的，从广义上解释就是"人造智能"。作为计算机科学的一个分支，人工智能是研究、开发用计算机模拟、延伸和扩展人类智能的理论、方法、技术及应用系统的一门新的技术科学。由于人工智能是在机器上实现的，所以又称机器智能。

1956年Dartmouth学会上第一次提出人工智能这个概念。自此以后，在众多的研究者们发展理论的过程中，人工智能的概念逐渐扩散开来。精确定义人工智能是件困难的事情，目前尚未形成公认、统一的定义，不同领域的研究者从不同的角度给出了不同的描述。N.J. Nilsson认为，人工智能是关于知识的科学，即怎样表示知识、怎样获取知识和怎样使用知识，并致力于让机器变得智能的科学。P. Winston认为，人工智能就是研究如何使计算机去做过去只有人才能做的富有智能的工作。M. Minsky认为，人工智能是让机器做本需要人的智能才能做到的事情的一门科学。A. Feigenhaum认为，人工智能是一个知识信息处理系统。我国《人工智能标准化白皮书（2018年）》中也给出了人工智能的定义："人工智能是利用数字计算机或者由数字计算机控制的机器，模拟、延伸和扩展人类的智能，感知环境、获取知识并使用知识获得最佳结果的理论、方法、技术和应用系统。"

这些说法反映了人工智能学科的基本思想和基本内容，即研究如何制造出人造的智能机器或智能系统，去完成以往只有人的智力才能胜任的工作。

5.2 人工智能的发展历程

　　人工智能60余年的发展道路,经历过经费枯竭的两个寒冬,也经历过两个大发展的春天。从2006年开始,人工智能进入了加速发展的新阶段,并行计算能力、大数据和先进算法使当前人工智能加速发展。人工智能的发展主要分为3个阶段,如图5-1所示。

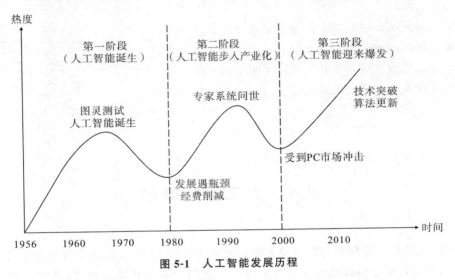

图 5-1　人工智能发展历程

5.2.1 人工智能初级阶段

　　1956年到20世纪80年代初期为人工智能发展的第一阶段,即初级阶段。在这个时期,图灵测试、神经元模型的提出和SNARC神经网络计算机的发明,为人工智能的诞生奠定了良好的基础。在20世纪50年代至70年代之间,塞缪尔(A.M.Samuel)研制的跳棋程序击败了塞缪尔本人,机器定理的证明、深度学习模型以及AlphaGo增强学习的雏形在这个阶段被发明了出来。但由于发展遇到瓶颈,投入经费被削减,人工智能的发展陷入低迷。

5.2.2 人工智能发展阶段

　　20世纪80年代初期至21世纪初期为人工智能发展的第二阶段。在20世纪80年代初期,人工智能被引入市场,并显示出使用价值,首个成功的商用专家系统R1每年为DEC公司大约节省4000万美元费用。20世纪90年代初期,苹果、IBM推出的台式机开始进入普通百姓家庭,为计算机工业的发展奠定了发展基础和方向。特别是在1997年,美国IBM公司研制的代号为"深蓝"的计算机击败了保持棋王宝座12年之久的卡斯帕罗夫。后来因受到PC市场冲击,人工智能发展再次陷入低迷。

5.2.3　人工智能从量变到质变阶段

21世纪初期至今,人工智能实现了规模化应用,摩尔定律和云计算带来的强大计算能力、互联网广泛应用带来的海量数据积累,人工智能在图像识别技术、语音识别和语义识别技术方面取得突破,算法不断更新,在许多领域成功应用,人工智能迎来爆发性发展机遇。例如,手机语音助手将语音转化成文字,扫脸进行打卡,OCR 技术提取图片文字等。同时,人工智能领域出现了 3 个大脑,分别为谷歌大脑、百度大脑和 IBM 大脑。

1. 谷歌大脑

被誉为"谷歌大脑"的项目是谷歌无人自动驾驶汽车,该汽车完成了 70 万英里(1 英里＝1.6 千米)的高速公路无人驾驶巡航里程。该项目诞生于谷歌公司大量购买人工智能公司、机器公司、智能眼镜公司、智能家居公司等公司的技术,通过收购技术为"谷歌大脑"提供源源不断的数据。

"谷歌大脑"这个神经网络能够让更多的用户拥有良好的使用体验。随着时间的推移,谷歌其他的产品(图像搜索、谷歌眼镜等)都得以迅速发展。人工智能在商业中的应用非常广泛。神经网络不需要借助人工训练就可以自我学习、思考和完善。

2. 百度大脑

2016 年百度创始人李彦宏提出推进"百度大脑"项目。该项目主要是使用计算机技术模拟人脑,融合"深度学习"算法、数据建模和大规模 GPU 并行计算等技术。如今,"百度大脑"的智商已经有了超前的发展,在一些能力上甚至超越了人类。

3. IBM 大脑

IBM 公司一直致力于研发出能够像人一样思考问题、拥有人一样的智力的人工智能计算机,并在 2011 年发布了首款能够模拟人类大脑的芯片 SyNAPSE。2011—2014 年,IBM 公司对芯片 SyNAPSE 进行深度研究,升级 SyNAPSE 芯片。此芯片能够认知计算机方面的相关信息,拥有 100 万个"神经元"内核、2.56 亿个"突触"内核、4096 个"神经突触"内核,且耗电率极低,功率仅为 70 毫瓦。

5.3　人工智能的研究领域

人工智能是一门自然科学、社会科学和技术科学交叉的边缘学科,它涉及的研究和应用领域主要包括问题求解与博弈、专家系统、自动定理证明、机器学习和知识获取、自然语言处理、计算机视觉、智能机器人、自动程序设计和数据挖掘等,下面简单介绍一些常见的研究方向。

5.3.1 问题求解与博弈

人工智能最早的应用就是求解难题和下棋程序。博弈问题包括下棋、打牌、游戏和战争等竞争性智能活动。问题求解和博弈研究的核心就是搜索技术,通过搜索方法寻找一个满足问题各种约束条件的操作序列。此类问题一般都有巨大的搜索空间,使得无法在有效时间内找到最优解。

5.3.2 专家系统

专家系统是一类具有专门知识的智能计算机系统。该系统对人类专家求解问题过程进行建模,对专家知识进行合理表示,并运用推理技术来模拟人类专家求解问题的过程,达到专家解决问题的水平。目前专家系统已在医疗、地质、金融、交通、教育等领域广泛应用,它能够在一定程度上辅助、模拟或代替人类专家解决某一领域的问题,其水平可以达到甚至超过人类专家的水平。

5.3.3 自动定理证明

自动定理证明是人工智能最早研究并取得成功的领域之一。它研究如何让计算机模拟人类证明定理的方法,自动实现符号演算的过程。1956 年,Newell Shaw 和 Simon 研制的"逻辑理论机"程序能够完成定理的证明,被认为是计算机对人类高级思维活动进行研究的第一个重大成果,是人工智能的开端。

5.3.4 机器学习

机器学习是让机器从大量样本数据中自动学习其规则,并根据学习到的规则预测未知数据的过程。类似人脑思考,机器经过大量样本的训练,获得一定的经验(模型),从而产生能够预测新事物的能力。这种预测能力,本质上是输入到输出的映射。

深度学习是机器学习研究中的一个新领域,它通过建立模拟人脑进行分析学习的神经网络,模仿人脑的机制识别图像、声音、文本等数据。

5.3.5 自然语言处理

自然语言处理是人工智能领域的重要研究课题之一。它研究如何使计算机能够理解、生成、检索自然语言(包括语音和文本),从而实现人机之间的自然语言通信。在自然语言的处理中,使用机器翻译是最典型、最具代表性的任务。目前,基于人工智能技术的多语种数据库和专家系统的自然语言接口、各种机器翻译系统、全义信息检索系统、自动文摘系统等已经在市场上出现。

5.3.6 计算机视觉

计算机视觉主要研究如何用计算机模拟人的视觉功能。它用摄像头等各种成像系统代替人的视觉器官获取图像,由计算机代替大脑完成处理和解释。目前,计算机视觉在过程控制、导航、自动检测等方面得到广泛应用。

5.3.7 智能机器人

智能机器人是具有感知能力、思维能力和行为能力的新一代机器人,是人工智能的一个重要而又活跃的研究领域。机器人学是在电子学、人工智能、控制论、系统工程、精密机械、信息传感、仿生学以及心理学等多种学科技术的基础上形成的综合性技术。几乎人工智能的所有技术都可以在智能机器人开发中得到应用。目前研制出的机器人有工业机器人、水下机器人、航天机器人等。

5.4 人工智能应用案例

5.4.1 图像识别

图像识别是人工智能的一个重要领域。图像识别技术产生的目的就是让计算机代替人类去处理大量的物理信息,解决人类无法识别或者识别率特别低的信息。人工智能的图像识别技术就是模拟人类的图像识别过程,其识别过程可分为以下几步:获取信息、预处理、特征抽取和选择、分类器设计和分类决策。

获取信息:获取研究对象的基本信息并通过某种方法将其转变为机器能够认识的信息。通常是通过传感器,将光或声音等信息转化为电信息。

预处理:指图像处理中的去噪、平滑、变换等的操作,从而加强图像的重要特征。

特征抽取和选择:特征抽取指获取用于识别某类图像所具有的特征。在特征抽取中所得到的特征也许对此次识别并不都是有用的,于是需要进行特征选择来提取有用的特征。

分类器设计:指通过训练而得到识别不同类别的规则,通过此识别规则可以得到类别特征,以提高图像识别率。

分类决策:是指在特征空间中对被识别对象进行分类,从而确定所研究的对象属于哪一类。

随着计算机技术的迅速发展和科技的不断进步,研究者发现图像识别技术在一些图像识别方面已经超越人类的图像识别能力。图像识别技术在公共安全、生物、工业、农业、交通、医疗等很多领域都有应用。例如交通方面的车牌识别系统,公共安全方面的人脸识别技术、指纹识别技术,农业方面的种子识别技术、食品品质检测技术,以及医学方面的心电图识别技术等。图像是人类获取和交换信息的主要来源,因此与图像相关的图像识别技术必定也是未来的研究重点。图像识别技术在不断地优化,其算法也在不断地改进。未来图像识别技术将会更加强大,会更加智能地出现在我们的生活中,为人类社会的更多领域带来重大发展。

【案例 5-1】车牌识别

车牌识别技术被广泛应用于公路和桥梁收费站、城市交通监控系统、停车场、小区入口等车牌认证实际交通系统中,对提高交通系统的车辆监控和管理的自动化程度起到重要作用。因此,对于拍到的车辆图像或录像,要能够准确及时地返回车牌号码。

车牌自动识别系统是一个以微处理器为核心,基于图像处理、模式识别等技术的高度智能的电子系统,这个系统主要由摄像头、视频采集接口、辅助照明装置、计算机和识别软件组成。

一般车牌自动识别系统工作流程是:车辆检测、车辆图像采集、图像预处理、车牌图像定位、车牌字符分割和字符识别,工作流程如图 5-2 所示。

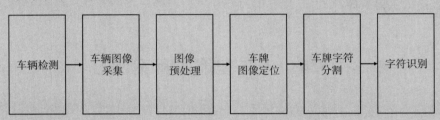

图 5-2 车牌检测工作流程图

1. 车辆检测

通过外部设备或视频检测到车辆到达时触发采集设备抓拍。

2. 图像采集

一般由光源、镜头、数字摄像机和图像采集卡构成。数字摄像机拍摄目标物体,图像采集卡将拍到的汽车图像传输给图像处理部分。当自然光较暗或夜间影响识别效果时,自动开启辅助照明装置提供摄像光源。

3. 图像预处理

由于图像采集设备所采集到的图像可能受恶劣的天气、变化的光照以及摄像机拍摄角度等的影响,拍摄到的车牌图像存在污迹、光照不均、亮度太低、对比度太小、倾斜等情况,因此需采取滤噪、光照不均校正和对比度增强等图像增强措施进行图像预处理,来增强图像中的目标信息,减少或者消除非目标信息,以有利于下一步的图像处理。

4. 车牌图像定位

车牌定位是车牌识别系统中的关键之一,要在复杂的图片背景下克服干扰准确定位出含有车牌字符区域。

5. 字符分割

在车牌识别系统中,字符分割的任务就是将车牌中的字符一个个分割出来,得到各个字符的点阵数据。

6. 字符识别

采用模式识别技术,从点阵数据中提取字符特征数据,与模板库进行匹配,给出识别结果。识别结果和图像存入数据库中,留待以后车牌查询和交通流量统计。

5.4.2　自然语言处理

自然语言处理是计算机科学与人工智能领域的一个重要的研究方向,它研究人与计算机之间用自然语言进行有效通信的理论和方法,包括词法分析、句法分析、语音识别、机器翻译、自动问答、文本摘要等。近年来,随着自然语言处理技术的迅速发展,出现了一批基于自然语言处理技术的应用系统。例如,IBM 的 Watson 在电视智力问答节目中战胜人类冠军,苹果公司的 Siri 个人助理被大众广为测试,谷歌、微软、百度等公司纷纷发布个人智能助理,科大讯飞牵头研发高考机器人等,自然语言处理渗透到了互联网生活的各个方面。

自然语言处理包括自然语言理解和自然语言生成两个方面。自然语言理解系统把自然语言转化为计算机程序更易于处理和理解的形式。自然语言生成系统则把与自然语言有关的计算机数据转化为人类用的自然语言。按照应用领域不同,下面介绍自然语言处理的几个主要研究方向。

1. 自然语言处理的主要研究方向

(1)文字识别。文字识别(optical character recognition,OCR)借助计算机系统自动识别印刷体或者手写体文字,把它们转换为可供计算机处理的电子文本。对于文字的识别,主要研究字符的图像识别,而对于高性能的文字识别系统,往往需要同时研究语言理解技术。

(2)语音识别。语音识别也称为自动语音识别(automatic speech recognition,ASR),目标是识别人类语音中的词汇内容。语音识别技术的应用有语音拨号、语音导航、室内设备控制、语音文档检索等。

(3)机器翻译。机器翻译(machine translation)是借助计算机程序把文字从一种自然语言自动翻译成另一种自然语言。

(4)自动文摘。自动文摘(automatic summarization 或 automatic abstracting)是应用计算机对指定的文章做摘要的过程,即把原文档的主要内容和含义自动归纳、提炼并形成摘要或缩写。

(5)句法分析。句法分析(syntax parsing)又称自然语言文法分析(parsing in natural language)。它运用自然语言的句法和其他相关知识来确定组成输入句各成分的功能,以建立一种数据结构并用于获取输入句意义。

（6）文本分类。文本分类（text categorization/document classification）又称为文档分类，是在给定的分类系统和分类标准下，根据文本内容利用计算机自动判别文本类别，实现文本自动归类的过程，包括学习和分类两个过程。

（7）信息检索。信息检索（information retrieval）又称情报检索，是利用计算机系统从海量文档中查找用户需要的相关文档的查询方法和查询过程。

（8）信息获取。信息获取（information extraction）主要是指利用计算机从大量的结构化或半结构化的文本中自动抽取特定的一类信息，并使其形成结构化数据，填入数据库供用户查询使用的过程。

（9）信息过滤。信息过滤（information filtering）是指应用计算机系统自动识别和过滤那些满足特定条件的文档信息。一般指根据某些特定要求，对网络有害信息自动识别，过滤和删除互联网某些敏感信息的过程，主要用于信息安全和防护等。

（10）自然语言生成。自然语言生成（natural language generation）是指将句法或语义信息的内部表示，转换为自然语言符号组成的符号串的过程，是一种从深层结构到表层结构的转换技术，是自然语言理解的逆过程。

（11）中文自动分词。中文自动分词（China word segmentation）是指使用计算机自动对中文文本进行词语的切分。中文自动分词是中文自然语言处理中一个最基本的环节。

（12）语音合成。语音合成（speech synthesis）又称为文语转换（text-to-speech conversion），是将书面文本自动转换成对应的语音表征。

（13）问答系统。问答系统（question answering system）是借助计算机系统对人提出问题的理解，通过自动推理等方法，在相关知识资源中自动求解答案，并对问题做出相应的回答。问答技术与语音技术、多模态输入输出技术、人机交互技术相结合，构成人机对话系统。

此外，自然语言处理的研究方向还有语言教学、词性标注、自动校对及讲话者识别、辨识、验证等。

2.自然语言理解的五个层次

许多语言学家将自然语言理解分为五个层次：语音分析、词法分析、句法分析、语义分析和语用分析。

（1）语音分析。语音分析就是根据音位规则，从语音流中区分出一个个独立的音素，再根据音位形态规则找出一个个音节及其对应的词素或词。

（2）词法分析。词法分析的主要目的是找出词汇的各个词素，从中获得语言学信息。

（3）句法分析。句法分析是对句子和短语的结构进行分析，找出词、短语等的相互关系及各自在句子中的作用等，并以一种层次结构加以表达。层次结构可以是反映从属关系、直接成分关系，也可以是语法功能关系。

（4）语义分析。语义分析就是通过分析找出词义、结构意义及其结合意义，从而确定语言所表达的真正含义或概念。

（5）语用分析。语用就是研究语言所存在的外界环境对语言使用所产生的影响。它描述语言的环境知识、语言与语言使用者在某个给定语言环境中的关系。学者们提出了多钟语言环境的计算模型，描述讲话者和他的通信目的，听话者和他对说话者信息的重组方式。构建这些模型的难点在于如何把自然语言处理的不同方面以及各种不确定的生理、心理、社会及文化等背景因素集中到一个完整连贯的模型中。

【案例 5-2】问答系统

考虑这样一个场景：当你想买汽车时，你可能想要上网查找一些文章，只要输入"买什么汽车好"和一些你关注问题的关键字，就可以搜到很多相关文章，这个过程是如何实现的呢？

问答系统要通过搜索 Web 上文档集合找到最匹配用户查询的答案。由于这些文件数量相当大，所以必须找到最相关的文件并按相关性进行排列，将文件分解成最相关段落，从中找到正确答案。因此，问答系统可以归结为以下三个步骤：

(1)处理用户提问，识别其中的关键字，用关键字进行查询，找到一些相关文档。接着将查询扩展到包括关键字的同义词，这样，系统可以找到尽可能多的相关文档。

(2)检索这些相关文档，找到最相关文档，将这些文件分为易处理大小的段落，并按相关性排序。

(3)搜索这些段落，提取答案。通常在句子中与问题关键字相关的答案短语有清晰的模式，可根据这些模式找到答案。

5.4.3　机器人技术

大数据、云计算、移动互联网等新一代信息技术同机器人技术相互融合，制造机器人的软硬件技术日趋成熟，成本不断降低，性能不断提升，军用无人机、自动驾驶汽车、家政服务机器人已经成为现实，有的人工智能机器人已具有相当程度的自主思维和学习能力。

有人认为，机器人是"制造业皇冠顶端的明珠"，其研发、制造、应用是衡量一个国家科技创新和高端制造业水平的重要标志。

1. 机器人的定义

关于机器人的定义，联合国标准化组织采纳了美国机器人协会的定义："一种可编程和多功能的操作机，或是为了执行不同的任务而具有可用计算机改变和可编程动作的专门系统。"中国科学家的定义是："机器人是一种自动化的机器，所不同的是这种机器具备一些与人或生物相似的智能能力，如感知能力、规划能力、动作能力和协同能力，是一种具有高度灵活性的自动化机器。"

1950 年，科幻小说家艾萨克·阿西莫夫(Isaac Asimov)的小说《我是机器人》问世，为防止机器人伤害人类，在书中提出机器人三原则：

(1)机器人必须不危害人类，也不允许它眼看人将受害而袖手旁观；

(2)机器人必须绝对服从人类，除非这种服从有害于人；

(3)机器人必须保护自身不受伤害，除非为了保护人类或人类命令它做出牺牲。

几十年来，这 3 条原则也成为机器人研发人员开发机器人的准则。

机器人是一个综合性课题，它的研究内容包括机器视觉、听觉、触觉机器感知技术，机器人的机械手和步行机构等运动机械，以及机器人的语言和智能控制软件等。机器人学是集科学、技术与工程于一体的学科,它体现了现代意义上最高程度的自动化,有着极其广泛的研究和应用领域,如机器人体系结构、机构、控制、智能、传感、机器人装配、恶劣环境下的机器人以及机器人语言等。比较重要的研究领域有传感器与感知系统,驱动、建模与控制,自动规划与调度,计算机系统以及应用研究等。

2. 机器人的分类

机器人的分类方法有很多,可以按机械手的几何结构、按机器人的控制方式、按机器人的智能程度、按机器人移动性、按机器人的应用领域、按机器人的功能水平等分类。下面介绍 3 种分类。

(1)按机械手的几何结构

机器人机械手的机械配置形式多种多样,最常见的结构形式是用其坐标特性来描述,这些坐标结构包括笛卡儿坐标结构、柱面坐标结构、极坐标结构、球面坐标结构和关节球面坐标结构等。

(2)按机器人的控制方式

按控制方式,机器人分为非伺服机器人和伺服机器人。非伺服机器人(non-servo robots)工作能力比较有限,它们往往涉及那些叫作"终点"、"抓放"或"开关"式机器人,尤其是"有限顺序"机器人。伺服控制机器人(servo-controlled robots)比非伺服机器人有更强的工作能力,因而价格较贵,而且在某些情况下不如简单的机器人可靠。伺服控制机器人又可以分为点位伺服控制机器人和连续路径(轨迹)伺服控制。

(3)按机器人的应用领域

按机器人的应用领域,可分为工业机器人和服务机器人。工业机器人是面向工业领域的,如分拣机器人、装配机器人、焊接机器人、切割机器人和喷涂机器人等;服务机器人有服务于个人或家庭的家庭作业机器人、娱乐机器人、残障辅助机器人,以及像专业清洁机器人、医用机器人、水下机器人、建筑机器人和军用机器人等提供专业服务的机器人。

工业机器人由操作机(机械本体)、控制器、伺服驱动系统和检测传感装置构成,是一种仿人操作、自动控制、可重复编程、能在三维空间完成各种作业的机电一体化自动化生产设备,特别适合于多品种、变批量的柔性生产。它对稳定、提高产品质量,提高生产效率,改善劳动条件及产品的快速更新换代起着十分重要的作用。服务机器人可以协助人类完成一些事务性工作或取代人类完成一些危险或难以进行的劳作、任务等。

3. 机器人系统结构

一个机器人系统一般由执行机构、检测装置和控制器等部件组成。它们之间以感知、决策和执行这三个环节相互作用完成作业。一个简化的机器人系统的基本结构如图 5-3 所示。

(1)执行机构,就是机器人的本体,包括机器人的基座、臂部、腕部、手部(夹持器)和行走部(移动部件)等,向外

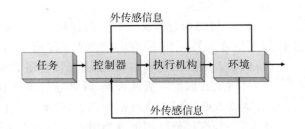

图 5-3　简化的机器人系统结构

界环境执行指令动作,并通过外传感器将信息反馈给控制器。

(2)检测装置。实时检测机器人的运动及工作情况,将信息反馈给控制器,控制器根据反馈信息对执行机构进行调整,以保证机器人能按预设目标完成任务。检测装置分为两类:一是用于检测机器人内部状况的内部信息传感器;二是用于获取机器人的作业对象及外界环境相关信息的外部信息传感器,并将信息反馈给控制器,构成一个大的反馈回路,类似人类的"感觉",使机器人的动作能够适应外界环境的变化,更加精确、智能地完成任务。

(3)控制器,是机器人的"脑子",可以由一台或多台微型计算机完成,负责系统的管理、通信、运动学和动力学计算等,向执行机构发送执行指令。

(4)环境即指机器人所处的周围环境。

(5)任务是指环境的两种状态(初始状态和目标状态)间的差别。

【案例 5-3】"大狗"机器人

1992 年 Mare Raibert 等人创办了波士顿动力公司,开发了第一个能自我平衡的跳跃机器人,随后美国国防部投资几千万美元研究机器人。2005 年,波士顿动力公司研制了四条腿的"大狗"机器人;2012 年,"大狗"机器人研究取得进展,它可行进 20 英里;2015 年,美军开始测试"大狗"机器人与士兵协同作战的性能。

"大狗"机器人外形上和真正的大狗相似,如图 5-4 所示,它长 1 m,高 70 cm,重 75 kg,四条腿完全模仿动物的四肢设计。它的行进速度可达 7 km/h,能够行走于 35°的斜坡,可携带物资重量超过 150 kg。

"大狗"机器人内部安装一台计算机和大量传感器,可根据环境变化调整行进姿态,按照预先设定的路线行走,同时,传感器也能使操作人员实时监控它的状况,进行远程控制。

图 5-4　"大狗"机器人

5.4.4　工业 4.0

随着人工智能技术的发展,人工智能和工业的结合也受到了各国政府的高度重视,德国政府在《德国 2020 高技术战略》中提出了"工业 4.0"的项目。工业 4.0 聚焦于制造业的智能化水平,以建立智能工厂为目标。人工智能技术在机械手臂、机器视觉和大数据技术上的突破,为现代工业的制造、安检和销售等各方面带来创新,在不久的将来一定能实现建立智能工厂的目标。

1. 什么是工业 4.0

工业 4.0 的主旨是在现代通信技术和网络技术的帮助下,将制造业向智能化转型。工业 4.0 战略的两个重要组成部分就是智能工厂和智能制造。智能工厂是研究将传统工厂向智能化转型的问题,重点在于建设智能化的生产系统,智能化更新生产设施,优化生产资源。智能生产是研究如何运用新技术实现生产效率的最大化。

工业 4.0 就是智能制造,是信息技术与制造技术的深度融合。它是基于新一代信息技术,贯穿设计、生产、管理、服务等各个环节,具有信息深度自感知、智慧优化自决策、精准控制自执行等功能的先进制造过程、系统与模式的总称。它具有以智能工厂为载体,以关键制造环节智能化为核心,以移动互联网和物联网为支撑等特征,达到缩短产品研制周期、提高生产效率、提升产品质量、降低运营成本、降低资源能源消耗。工业 4.0 具备以下四个智能化:

(1)生产智能化。智能信息网络使智能工厂的生产通信变得更加流畅,从而提高生产效率。

(2)设备智能化。工厂的智能生产设备能够自动判别生产环境,对生产过程进行调节。

(3)能源管理智能化。工厂中的电力系统、楼宇控制系统、电力微机综合保护系统等都能实现智能化管理,做到能源的最优分配。

(4)供应链管理智能化。智能制造提供一个完全整合的系统,统筹安排整个供应链的管理体系。

2. 机械手臂与工业制造

机械手臂就是一类机器人,已应用在许多大型产品的工业制造中(如汽车制造)。但在小型加工行业,需要机械手臂能够进行细致的操作,随着工业生产自动化需求的不断增大,机械手臂也将朝着小型化和智能化发展。

(1)小型化

传统的大型机械手臂尺寸比生产工人大得多,部署时还要为机械手臂保留一定的安全空间,使得工厂引入机械手臂后不能使用原来的生产线,必须投入更多成本去重新设计生产线。为了实现生产线的密集部署,机械手臂的外观尺寸和活动半径都要缩小。这样工厂就不需要修改现有生产线,可直接用机械手臂代替生产工人进行流水作业。

(2)智能化

在一些精细化工业加工生产中,人类可根据触感和视觉等灵活调整加工程序,机械手臂要达到这种能力,就需要运用人工智能技术,通过对工人操作流程的深度学习,人工智能机械手臂对加工的应对方案储备充分的知识。当智能传感设备收集到材料的特性时,智能程序将指导机械手臂进行定点的精细化操作。

【案例 5-4】Dobot 机械手

越疆科技公司研发的 Dobot(图 5-5)就是一个集小型化和智能化于一体的机械手臂。Dobot 只有台灯大小,最大定位精度只有 0.2 mm,是典型的桌面级设备,符合小型工业对机械手臂的要求。它既能实现传统机械手臂的夹持、吸取等动作,又能实现精细复杂的操作,甚至能够用于雕刻、绘画等。

图 5-5　Dobot 机械手

Dobot 已经和众多厂商进行广泛合作:Dobot 曾和美国最大的扬声器厂家之一 BOSE 合作测试扬声器设备的反复按键质量,也曾参与华为手机、平板电脑等的显示屏盲点测试,还和周大福珠宝合作完成了金饰自动称重的工作等。

3. 机器视觉与工业安检

机器视觉就是机器人的眼睛,在工业生产中具有非常重要的作用。和人眼相比,机器视觉具有许多优点,如速度快、精度高、检测结果客观性强等,还可以探测到如红外线、超声波等人类观察不到的信号,而且无须休息,尤其在环境较为恶劣的工业生产中具有显著的优势。

机器视觉可以利用人工智能的机器学习技术,让机器视觉可以充分感知各种条件下的不安全环境和安全环境之间的差别,加强对工厂环境的检测,提高工厂环境的安全性。

(1)精准识别工厂员工

利用机器视觉对进入工厂的人员进行全方位监控,就能实现高精度的面部识别,杜绝闲杂人等混入工厂中。

(2)消防安全

利用机器视觉对红外线、温度等数据进行检测,可实现对火灾等隐患提前预警,减少事故的发生。

(3)电气安全

利用机器视觉可以检测全厂的电路情况,防止电路出现过载、短路等现象。

4. 深度学习与工业产品销售

德国工业 4.0 明确指出,由于各种智能设备的进入和信息化进程的推进,工业将产生各种各样的数据。这些数据就是工业 4.0 的核心,是其区别于传统工业生产体系的最根本的特征。人工智能技术的深度学习,能精准分析工业大数据,深度挖掘消费者的需求,促进生产部门不断改进产品,也能将供应链、物流仓储和生产制造三个方面的数据进行结合分析,为营销人员提供更好的决策参考。与单纯的大数据分析营销相比,人工智能背后的大数据营销更加注重“智能”。随着人工智能营销技术的更新迭代,工业企业的营销能力也会得到极大的提升。

5. 智能工厂

随着工业 4.0 的提出,“智能工厂”的概念也得到了人们的广泛认可。人工智能等新兴技术的出现为各大企业推进智能工厂建设提供了良好的技术支撑,建设真正的智能工厂可从下列五个策略出发,制定有效措施。

(1)结合核心价值链与信息化落地

在迈向工业 4.0 的过程中,企业要关注的关键因素是质量,要打造健全的价值链质量平台,实现平台信息化。企业信息化涉及的主要领域有四个部分,包括企业资源规划(ERP)、供应链管理(SCM)、客户关系管理(CRM)和产品生命周期管理(PLM)。因此,打造全面信息化的智能工厂,需要将 ERP、SCM、CRM、PLM 等信息化系统的管理体系做到固化落地,消除信息孤岛。

通过企业信息化,智能工厂能够实现产品智能化、生产方式智能化、物流智能化、设备智能化和管理智能化五个目标。

(2)建立清晰的智能工厂标准

智能工厂的核心在于结合价值链质量平台,实现信息化落地。智能工厂涵盖的领域非

常多,衡量一家工厂是否真的"智能"需要建立一定的标准。一般来说,智能工厂有以下 5 大衡量标准:

①是否实现"车间物联网";

②是否利用大数据分析;

③是否实现生产现场无人化;

④是否实现生产过程透明化;

⑤是否实现生产文档无纸化。

(3)建设智造单元

智能工厂本身是一个非常复杂的系统,需要从整体上考虑。而落实到具体的生产线时,就需要从构建智造单元做起。智造单元从工业生产中的基本生产车间出发,将一组功能近似的设备进行整合,再通过软件的连接形成多功能模块集成,最后和企业的管理系统连接在一起,形成一体化。

(4)加强人机配合

在推进智能工厂的建设时,加强人机配合以追求人机协同发展的策略十分重要。在工业 4.0 的背景下,工业产品的市场需求朝着个性化的方向发展。智能工厂的人机配合形式充分利用机器人去完成重复性的工作,将人力解放出来进行创造性的工作,以满足消费者的个性化需求。

(5)培养科技意识

企业在建设智能工厂时,要积极尝试新兴的人工智能技术,培养科技意识。

①智能语音 ＋ERP(企业资源规划)应用。通过人工智能的智能语音唤起 ERP 应用,可以大大简化诸如功能调用、信息录入等操作。ERP 延伸到与工厂设备连接时,还能够利用语音唤起工厂设备的运行,提高生产效率。

②图像智能扫描识别。利用人工智能的图像智能扫描识别功能,可以快速生成单据和凭证,避免手工录入,减少人工的工作负担和录入差错的可能性。

③AR 技术。利用增强现实(augmented reality,AR)技术,维修人员可以通过扫描相应的二维码,将虚拟模型和实物模型重合在一起,同时经过人工智能软件的分析给出相应的维修建议,从而提高维修效率。

总之,建设智能工厂不是一朝一夕的事情,但是已经有实际案例在不断探索。所以在实现建设智能工厂的目标上,企业必须牢牢把握住这五大策略,建设真正意义的智能工厂。

【案例 5-5】德国西门子安贝格智能工厂

在德国西门子的安贝格工厂(Electronic Works Amberg,EWA)中,只有 1/4 的工作需要人工完成,3/4 的工作都由机器和计算机自主处理。自建成以来,安贝格工厂的生产面积没有扩大,生产人员的数量也没有太大变化,但是产能却提高了 8 倍。安贝格工厂平均每秒就生产一个产品,产品的合格率高达 99.9985%,无论生产速度,还是生产质量,全球没有一家同类工厂可与之匹敌。

(1)全面数字化。安贝格工厂的核心特点是实现了全面数字化,其生产过程是"机器控制机器的生产",而这正是工业 4.0 所希望达到的目标。

安贝格工厂生产的产品是 SIMATIC 可编程逻辑控制器(PLC)及相关产品,这些产品本身就具有类似 CPU 的控制功能。利用全方位数字化,产品和生产设备之间实现了互联互通,保证了生产过程的自动化。

在安贝格工厂的生产线上,产品可以通过产品代码自行控制、调节自身的制造过程。通过通信设备,产品可以告诉生产设备自身的生产标准是什么、下一步要进行的工序是什么。利用产品和生产设备的通信,所有生产流程实现计算机控制并不断进行算法优化。

除了生产线的自动化,安贝格工厂的原料配送也实现了自动化和信息化。当生产线上需要某种物料时,系统会告知工作人员。工作人员通过扫描物料样品的二维码,将信息传输到自动化仓库,物料就会被传送带自动传输到生产线上。在从物料配送到产品生产的整个流程中,工人所需要做的只占整个工作量的一小部分。在全面数字化的影响下,安贝格工厂的生产路径不断优化,生产效率不断提高。

(2)员工不可或缺。尽管工厂的生产流程已经实现高度的数字化和自动化,但员工在安贝格工厂中依旧是不可或缺的。除了日常巡查车间,检查自己所负责生产环节的进度,员工最重要的工作是不断为工厂提出配送生产过程中需要改进的意见。

在对安贝格工厂的生产力具有促进作用的各个因素中,员工提出改进意见的因素占40%,这显然不可小觑。为了鼓励员工不断提出改进意见,安贝格工厂对提出了改进意见的员工发放相应的奖金。安贝格工厂曾发放了共220万欧元的奖金给提出意见并获得采纳的员工。

(3)大数据转变为精准数据。智能工厂的关键就是将工厂生产过程中不断产生的大数据经过挖掘、分析和管理,让数据变得更符合智能工厂的生产需要,员工也能更好地使用这些数据。安贝格工厂每天处理的数据量巨大,利用人工智能的智能分析手段和分类推送给员工的方式,安贝格工厂将大数据转变为了精准数据,让数据变得更有用。

5.5　人工智能的发展

5.5.1　发展前景

随着计算机技术的快速发展和广泛应用,人工智能作为一个整体的研究才刚刚开始,离其预定的目标还很遥远。在人工智能技术不断进步和基础设施建设不断完善的推动下,人工智能应用场景越来越丰富,国内外互联网巨头都在积极加大人工智能产业的投资布局,未来人工工智能在某些方面将会有大的突破。

(1)自动推理是人工智能最经典的研究分支,其基本理论是人工智能其他分支的共同基础。一直以来,自动推理都是人工智能研究的最热门内容之一,其中知识系统的动态演化特征及可行性推理的研究是最新的热点,很有可能取得大的突破。

(2)机器学习的研究取得长足的发展。机器学习是实现人工智能的一种重要方法,深度学习(deep learning)是机器学习(machine learning)的关键技术之一。深度学习在云计算、大数据和芯片等的支持下,成功应用在很多商业场景,并在机器视觉、自然语言处理、机器翻译、路径规划等领域取得了令人瞩目的成绩。计算机视觉是目前深度学习最热的研究领域,而应用最为广泛的是人脸识别、图像检索、智能控制、生物统计(指纹、虹膜、人脸匹配)、智能驾驶等。

(3)自然语言处理是人工智能技术应用于实际领域的典型范例。经过人工智能研究人员的艰苦努力,这一领域已获得了大量令人瞩目的理论与应用成果。许多产品已经进入了众多领域。智能信息检索技术在 Internet 技术的影响下,近年来迅猛发展,已经成为人工智能的一个独立研究分支。由于信息获取与精化技术已成为当代计算机科学与技术研究中迫切需要研究的课题,将人工智能技术应用于这一领域的研究是人工智能走向应用的契机与突破口。从近年的人工智能发展来看,这方面的研究已取得了可喜的进展。

随着人工智能理论和技术的日益成熟,已经有很多人工智能的研究成果进入人们的日常生活。近年来,中国在政策、资本的双重推动下,加快人工智能商业化应用进程。目前,人工智能技术已在金融、医疗、安防、教育、交通、制造、零售等多个领域实现技术落地,且应用场景也愈来愈丰富,如表 5-1 所示。未来,人工智能技术的发展将会给人们的生活、工作和教育等带来更大的影响。

表 5-1　人工智能应用场景

医疗	疾病预测、健康管理、医疗影像
金融	智能投顾、身份认证、风险评估
教育	辅助教学、智能作业批改
安防	人脸布控、智能卡口、公安监控
制造	工业机器人、智能运维、智能供应链
交通	自动驾驶、制动调度、交通控制
零售	无人商店、智能结账、智能配货
农业	智慧养殖、AI 分析卫星图指导种田
智能可穿戴设备	智能手表、智能手环
智能家居	家庭机器人、智能管理

5.5.2　人工智能的利与弊

人工智能的出现是智慧的产物,为人类创造了许多财富。未来将会有更多的人工智能产品走进人们的工作、生活和学习环境中,带来许多便利,但同时,人们也逐渐意识到人工智能也将产生一些负面影响。在诸多负面影响中,以下三个方面需要引起重点关注。

(1)保护隐私数据。人工智能技术在落地应用的过程中,必然会访问到大量的用户个人隐私数据,在企事业单位智能化管理过程中会接触到大量的内部机密信息,在生产环境下会接触到大量的企业核心数据。如何兼顾隐私保护,确保数据安全、可靠,是一项亟须关注的伦理课题。

（2）会有不少新的就业岗位被创造出来,同时,现代生活中出现了很多物联网智能化应用场景,商城、地铁、银行等人智能化场景随处可见。其中机器人扮演了重要角色,像银行机器人客服、安保机器人、仓库机器人等,人工智能技术的发展必然会代替很多传统岗位,导致一部分职场人的失业,这也是一个应该引起重视的问题。从积极的一面来看,人工智能技术会推动职场人的岗位升级,会给大量掌握新技术的年轻人带来更多的就业机会,但是从另一方面来看,有很多职场人并不具备岗位升级的能力,如何解决这部分职场人的就业,也是需要重点关注的问题。

（3）防范犯罪。人工智能技术是一种信息技术,能够极快地传递。我们必须保持高度警惕,防止人工智能技术落入不负责任的人的手中,被他们用于进行反对人类和危害社会的犯罪。对此,人类有足够的智慧和信心,能够研制出防范、检测和侦破各种智能犯罪活动的智能手段。

5.5.3　设定伦理要求

当前,以互联网、大数据、人工智能为代表的新一代信息技术日新月异,给各国经济社会发展、国家管理、社会治理、人民生活带来重大而深远的影响。现代信息技术的深入发展和广泛应用,深刻改变着人类的生存方式和社会交往方式,影响着人们的思维方式、价值观念和道德行为。

面对信息技术的迅猛发展,有效应对信息技术带来的伦理挑战,需要深入研究思考并树立正确的道德观、价值观和法治观,主要遵循以下道德原则:

1. 以人为本原则

把新一代信息技术作为满足人民基本需求、维护人民根本利益、促进人民长远发展的重要手段;保证公众参与和个人权利行使,鼓励公众提出质疑或有价值的反馈,共同促进信息技术产品性能与质量的提高。

2. 安全可靠原则

对于科学技术发展,应当进行严谨审慎的权衡与取舍,新一代信息技术必须是安全、可靠、可控的,要确保民族、国家、企业和各类组织的信息安全、用户的隐私安全以及与此相关的政治、经济、文化安全。

5.6　本章小结

本章介绍了人工智能的概念、发展历史以及主要研究内容等,并以案例方式分析了人工智能在图像处理、自然语言理解和机器人方面的应用场景及基本方法,最后介绍人工智能发展前景及可能带来的不利影响。

5.7 习题

一、选择题

1. 人工智能是在( )年的 Dartmouth 会议上第一次提出的。
   A. 1946   B. 1956   C. 1976   D. 2006

2. 下列( )不是人工智能的研究领域。
   A. 问题求解和博弈   B. 深度学习
   C. 物联网和 5G   D. 机器学习和数据挖掘

3. 下列( )部件充当机器人的"脑子"。
   A. 执行机构   B. 检测装置   C. 控制器   D. 传感器

4. "问答系统"与人工智能( )方面的应用无关。
   A. 自然语言理解   B. 图像处理   C. 语音处理   D. 机器人

二、填空题

1. 图像识别过程可分为以下几步:获取信息、_____、_____、_____和分类决策。

2. 一个机器人系统,一般由_____、_____和_____等部件组成。

3. 人工智能领域出现了三个大脑,它们分别为_____、_____和_____。

4. 按机器人的应用领域,可分为_____和_____。

三、简答题

1. 自然语言理解有哪些应用场景,并举一个例子分析其过程。

2. 简述工业 4.0 及其与机器人的关系。

3. 谈谈你对人工智能的发展前景及其利弊的看法。

第6章　数据挖掘与机器学习

本章学习目标
- 理解数据挖掘的概念和主要应用;
- 结合案例,从问题导向的角度理解数据挖掘的主要方法;
- 了解机器学习的概念;
- 结合案例,理解深度学习的概念和应用;
- 了解数据挖掘的历史和未来发展方向;
- 了解机器学习的历史和未来发展方向;
- 了解数据挖掘与机器学习的联系与区别。

对于数据挖掘与机器学习,有些人还感觉陌生,但是当今时代已有许多它们的应用场景。比如,以下问题就来自这类应用场景:大型超市里,货物的摆放往往是有讲究的;网购时常常看到商家推荐的物品不是平白无故出现的,这些引导购物的行为背后的策略是什么?在预测体育比赛谁获胜时,是否有章可循让自己更有把握?另外,围棋智能程序 AlphaGo 完胜顶尖棋手如李世石和柯洁,其神奇战绩的背后是什么技术?

本章将介绍数据挖掘和机器学习方面的知识,也会揭开以上问题的答案。将来在我们处理数据、完成事务时,数据挖掘或者机器学习的方法和手段还很可能成为得力助手。

6.1　数据挖掘概述

我们已经生活在大数据时代,每天数以 TB 乃至 PB 的庞大数据频繁产生。于是,从庞大的数据中发现信息乃至更高层的知识,成为越来越突出的需求。数据挖掘(data mining),就是为解决这类需求而产生的重要技术。

6.1.1　数据挖掘的基本概念

参照美籍华人韩家炜主编的《数据挖掘:概念与技术》这一经典教材,数据挖掘这个名词可以有如下理解:数据挖掘是指从大量的数据中通过各种方法或手段,搜索隐藏于其中的信息或知识的过程。

一般来说,数据挖掘的对象是大量的数据。因特网每天传输以 PB 为单位的数据;医疗保健业在医疗记录、病人监护或医学图像等方面产生庞大的数据;金融领域比如证券、银行等产生海量的交易记录……这些数据都迫切需要功能强大和通用的方法或工具,从中发现有价值的信息,把这些信息进一步提升为可以被学习和使用的知识。这种需求推动了数据挖掘的产生与发展,数据挖掘也越来越在相关领域做出难以估量的贡献。

图 6-1   在数据中挖掘

挖掘,这个词让人联想到采矿中的挖掘,如果这么理解的话,应该把数据挖掘解读成"在数据中挖掘"(类似图 6-1 描绘的)。而许多人认为与数据挖掘相近的一个术语——知识发现(knowledge discovery in database,KDD)更加反映了该技术的目标:在大量数据中谋求发现需要的知识。

可以挖掘的数据主要有数据库数据、数据仓库和事务数据这几种。

本书第 3 章介绍了数据库相关的知识,存储在数据库中的数据就是常常用来进行挖掘的数据。推广而言,对于类似数据库中的数据表的数据,比如 Excel 中的数据清单,也是可以进行数据挖掘的。

数据仓库是一个从多个数据源收集的信息存储库,为便于管理,数据仓库中的数据围绕主题(如顾客、商品等)进行组织,并且通常进行了汇总。

一般来说,事务数据的每条记录代表一个事务。比如,顾客的一次购物情况,一项火车订票数据,或上网者对网页的一次点击……事务数据可能有一些与之相关联的附加表,包含关于事务的其他信息,如商品描述、关于销售人员或部门等信息。

除以上 3 种典型数据外,数据挖掘的对象还有序列数据(如股票交易数据、基因序列数据等)、数据流(如视频监控数据)、空间数据(如地图数据)、多媒体数据、因特网上的超文本或巨大的分布式数据等。

6.1.2　数据挖掘的主要方法

如果有兴趣实践一下数据挖掘,这里推荐的入门级数据挖掘工具软件——新西兰怀卡托大学(The University of Waikato)开发的 Weka,它是一款免费的软件,可在其官方网站下载。

相对专业一些的数据挖掘,可以考虑使用 Python 语言结合 R 语言的编程实现。其他数据挖掘的软件或应用工具可参考网上搜索结果,这里就不更多列举了。

数据挖掘从问题导向的角度来说,主要的方法有关联规则分析、数据分类、聚类分析等几种,下面将展开介绍(其他方法大家感兴趣的话可以借助专业书籍或者因特网了解)。

1. 关联规则分析

关联规则分析(association rules analysis)是数据挖掘中的一个很重要的课题,顾名思义,它是从数据背后发现事件之间可能存在的关联或者联系。频繁出现的相似数据往往可以被集中成频繁项集,借助频繁项集,我们可以进行挖掘,发现事件之间的关联。

图 6-2 展现了关联规则分析的实例。图中提出的"买了洗涤剂和橙汁的人还会买玻璃去污剂吗？""苹果香蕉一起买？"等是典型的关联规则分析的问题。

图 6-2 购物篮分析的实例

购物篮分析作为关联规则分析的经典的例子，被认为是关联规则分析的起源，或者说，是激发这一方法的经典案例。在购物篮分析中，频繁出现的购物篮的状况，比如苹果香蕉一起买、洗涤剂和玻璃去污剂同时购等足以引起超市经营管理者的重视，而这些频繁发生的事件的集合就对应着我们前面提到的频繁项集。

顾客在超市或者网上商城购物选择商品往往不止 1 件，同时买多件商品很可能存在内在的关联性，利用关联规则的方法从频繁项集中分析清楚这类情况，就可以更加科学地摆放洗涤剂、橙汁、苹果等商品。

参考本章后面将要讲述的"引导大型超市或网上商城购物"的案例，大家对这一方法会有大致的了解。在案例中，我们将会了解关联规则分析最重要的算法——Apriori 算法。

2. 数据分类

数据挖掘中所讲的数据分类（classification）指的是依据已有的类别的关键特征，把尚未确定其所属类别的数据，参照这些关键特征划分到不同类别的过程。该方法在数据挖掘中也经常被简称为分类。

决策树（decision tree）是一种典型的，也特别直观的数据分类方法，如图 6-3 展示的一个决策过程。该图直观反映了某大学生毕业时面对自己可以选择的一些工作职位时考虑的问题。

该大学生最在意的是自己对这些工作兴趣有多大。另外，收入情况和上班路途时间（通勤时间）也是重要因素。图 6-3 如果改用文字表达则字数不少，也显得凌乱，而用决策树描述就显得思路清晰，容易看懂。

当然，不同观念的人，在接受某个职位考虑的要素可能是不同的。这时候，可以把图中

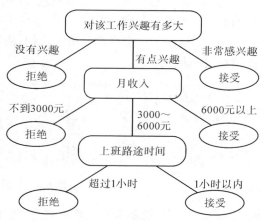

图 6-3 某大学生求职的决策树

的树的分枝节点(即 3 个圆角矩形框)中的文字换成他们最在意的几个方面,再适当修正或补充,就可以用来作为选择职位的决策树了。

把这样的一个决断机制画成上面的决策树,好处就在于直观而且思路很清晰。也许有人觉得这个问题看上去不是分类问题,但是细想一下,可以把提供给求职者的所有工作归成愿意接受的工作和拒绝接受的工作两个类别,不就把该问题转化成了分类问题了吗?

通过这个实例,我们会发现对现实中许多分析或预测问题,可以把它们转化成数据分类问题,然后借助决策树这样的数据分类方法解决问题。

结合后面要讲到的预测体育比赛(比如 NBA)获胜球队的案例,大家可以对于决策树的方法有一个更具体、深入的认识,也借此可以对数据分类的方法或思路有所了解。

除了决策树这一典型的分类方法,数据分类常用的还有 K 近邻方法。

K 近邻方法(K-nearest neighbor,KNN)的思路非常简单直观:如果一个数据样本在特征空间中的 K 个最相似(即特征空间中最邻近)的样本中的大多数属于某一个类别,则该样本也属于这个类别,K 通常取 $1 \sim 20$ 之间的某个整数。该方法在确定数据样本归属哪个类别时,只依据最邻近的一个或者几个样本的类别来决定待分样本所属的类别。这里邻近的衡量标准通常是数据样本之间的欧氏距离,欧氏距离越小的越邻近。

一个比较典型的 K 近邻方法的应用是手写识别。例如,图 6-4 显示的手写数字 3,用图像化处理后,再与已经存储的常见的手写阿拉伯数字的图像集比对,其实就是计算它与哪些手写数字图像最相似。比如每个阿拉伯数字各存了 5 个手写图像,K 就可以取 5。如果这个图像的 5 个最相似的手写数字图像都是数字 3,就把它归到 3 的数字图像类,也即判定它是 3。

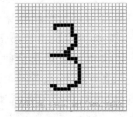

图 6-4 手写数字 3 图像化处理后的效果

除此之外,典型的分类方法还有支持向量机(SVM)、朴素贝叶斯以及派生的贝叶斯信念网络,这些方法理解起来相对困难一些,我们在此就不做展开介绍了。

3. 聚类分析

聚类分析(cluster analysis)是一个把原始数据集依据彼此的相似程度划分成若干子集(也称为簇)的过程。这里的相似程度,往往是依据原始数据样本或原始数据点之间的距离,比如最常用的欧氏距离,来进行衡量的。

图 6-5 展示了一个聚类分析的示例,依靠常用的层次聚类方法,把原始的众多数据点逐渐聚集成子集或簇。

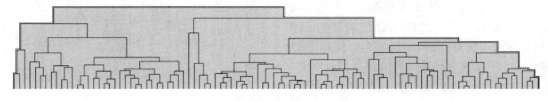

图 6-5 数据被聚类(层次聚类)

在图 6-5 中,线条来自原始数据点,每个数据点相当于一个数据样本。在最开始时,这样的原始数据点都看作一个简单的簇。接着,根据各个簇的相似程度,把几个最接近的簇合并成一个更大的簇,并且基于这一原则继续合并,直到所有的数据点最终合并到一个簇。这个是原始数据点逐步聚集到一起的详细过程,而究竟合并成多少个簇合适?可以给定一个簇内相似程度的标准,然后依据这个标准"切线",就可以得到聚类的符合标准的结果。这在斯洛文尼亚的卢布雅未克大学推出的数据挖掘产品 Orange 中是比较容易实现的,有兴趣的读者可下载该软件来练习、实践。

以上的层次聚类是自底向上的方法,专业的称呼是凝聚的层次聚类。另外一种层次聚类方法是所谓分裂的层次聚类方法,采用的是自顶向下的策略。它开始时把所有的数据点归为一个簇,然后,逐渐把大的簇划分成一些小的簇,并持续划分,直到每个簇都只有一个数据点,或者簇内的数据点的相似程度达到指定的标准。

比层次聚类更加经典的一个聚类方法是 K 均值聚类方法。参考我们后面举的案例,即依据体检数据的相似程度来对受体检的人进行划分,大家对于 K 均值聚类方法将会有一个总体的了解。

此外,还有基于密度的方法和基于网格的方法。比如,图 6-6 展示了需要进行基于密度的方法聚类的实例——上出租车地点的聚类。

图 6-6　上出租车地点的聚类

图中的线条对应于城市里的道路。每个小点是一个上车地点。可以看到,上车地点比较密集处往往位于十字路口,呈现的形状接近十字或者"L"形。而普通的聚类如 K 均值聚类,往往得到圆形或者球状的簇,这就需要一些专门的方法去挖掘,得到数据点密集形成的任意形状的簇。方法的具体实现相对复杂,就不进一步深入了。

再来看看聚类与前面讲过的分类的区别。同样是划分数据集,也都有类这个关键的字眼,数据挖掘中的聚类和分类的区别在哪里?

答案是:分类中的类是原先已有的类别,比如生物的界门纲目科属种,是明确的类别;再比如,超市里商品大门类,如食品、衣服、电器等的划分,也是总体确定的。而聚类的类别原先是不确定的,甚至于究竟要划分成多少个类别,往往也不确定。类别数目和划分后类别的情况,是在聚类过程中确定的。

6.1.3 数据预处理概述

现实中获取的数据很多是不正确或不完整的有缺陷的数据。导致数据缺陷的原因很多，比如采集数据的电子设备出现了故障；手工输入数据时疏忽；用户出于隐私考虑或恶作剧地提交不实数据，等等。对于这样的有缺陷的数据直接进行挖掘会造成结果很不可靠。另外，有时候直接用原始数据进行数据挖掘可能会导致进展缓慢乃至停滞。为了解决这类问题，数据预处理应运而生。

数据预处理主要有数据清理、数据集成、数据变换、数据规约四个方面的处理方法或手段。

1. 数据清理

数据清理主要是为了解决数据不正确或不完整的问题，通过一定的方法填补缺失的数据，也包括用一些数学的方法或经验去纠正有偏差的数据等。这是数据预处理最主要的方面。

处理缺失值的主要手段有忽略有缺失值的那个数据样本、人工依据经验填写缺失值、用同一个常量比如"未知"或0代替缺失值、使用均值或者众数代替缺失值等。

纠正有偏差的数据的方法往往需要复杂的数学知识而比较难懂，在此不做展开介绍。

2. 数据集成

数据集成用于合并多个来源的数据，存放在一个统一的数据位置，比如数据仓库中。图6-7展示了教学环节相关数据的集成。比如，某高校把图中的学生个人信息存放在学生管理处，教师个人信息存放在人事处，计算机成绩、英语成绩等各课程成绩存放在对应的教学系部，课程信息存放在教务处，而在信息中心建立教学相关数据汇总的数据仓库，这时候就会用到数据集成的方法进行合并处理。

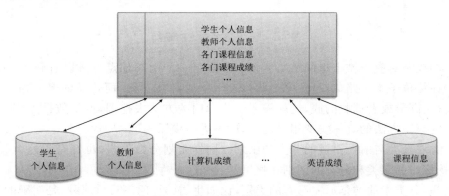

图 6-7　教学数据的数据集成

图中的箭头都是双向箭头，原因是这些数据的改变是需要互相同步的。例如，在信息中心修改课程信息，或者在教务处修改课程信息，之后都要通过数据传输等机制让两边数据最终一致。

3. 数据变换

数据变换指的是在数据挖掘前，将数据统一转换成易于挖掘或者分析处理的形式。

比如,把连续变化的数据如体检数据中的身高数值,转换成离散化的区间,比如大致分成高、中、矮三个区间;或者把连续变化的气象数据如气温,分成炎热、温暖、适中、凉爽、寒冷五个区间,等等。

这在决策树中是常常会用到的处理方法,因为决策树的分枝属性通常只取少量的几个值,不太可能直接使用所有的身高取值或者气温取值。

4. 数据规约

数据规约也可以翻译成数据精简,是把原始的可能非常庞大的数据精简成小得多的数据,但仍接近于保持原始数据的完整性。这意味着,数据归约后的数据集,在进行数据挖掘时更高效,而结果与直接用原始的庞大数据进行挖掘得到的结果基本一致。

数据规约策略主要有维规约、数量规约和数据压缩三种。维规约处理的方向是减少所处理的数据对象的属性,从数据点的角度看,就是降低了其维度。数量规约用较小的数据替代原来庞大的数据,然后再进行数据挖掘。数据压缩则是使用变换,以得到"压缩"了的数据。可以使用的数据压缩技术有无损的或有损但近似原数据的压缩技术。广义上说,维规约和数量规约也可以算作某种形式的数据"压缩"。

对此进一步分析,要实现数量规约,也就是用较小的数据替代原来庞大的数据,往往需要建立在优秀的统计方法基础上。比如,通过精良的抽样技术的设计,抽取的小得多的数据可以与庞大的原始数据有基本一致的统计特性,如相同的均值、方差、数据分布等。否则,数据量的缩小可能意味着重要信息的丢失,处理结果会与使用原始数据的结果相去甚远。这样的精简就不是精简,而是严重失真了。

其实,在数据挖掘中,比较核心的技术除了计算机技术,就是统计技术。在数据挖掘的很多算法或方法中,常常会用到统计学方面的方法和手段。

6.2　机器学习概述

参照百度百科的解释,机器学习(machine learning)是一门多领域交叉学科,涉及概率论、统计学、计算机算法等多门学科。它专门研究计算机怎样模拟或实现人类的学习行为,以获取新的知识或技能,重新组织已有的知识结构使之不断改善自身的性能。

6.2.1　机器学习简介

从字面理解,机器学习可能让人联想到机器人学习人类言行举止的科幻场景,比如图 6-8 示意的。

然而,更确切的解释应该是,机器学习是让计算机这样的智能设备具备人的一些学习能力,进而摸索和运用各种知识。

可以这么说,人类的学习是根据自己知识和经验

图 6-8　科幻场景的机器人学习和思考

的积累,在对事物形成认识、判断和总结规律等基础之上,培养可以解决相对普遍的问题的能力。这种能力,人类是超越我们目前所知的所有生物的,因此我们人类才成为地球上的主导生物。

人类的脑容量和寿命毕竟有限,即便聪明如爱因斯坦,他创立相对论这一学说之前也需要耗费数十年去学习和研究,而他本人寿命不到八十岁,不可能突破年龄、健康和精力这些生物学方面的客观限制。而作为机器学习核心的人工智能程序,在这方面就少有局限,其学习的速度、使用这种智能的稳定性和寿命比人类强了一大截。

让计算机这样的智能设备掌握人类般的学习能力,也殊非易事,目前还需要专业人士研究出高效的计算机算法,再编制完善的程序,才能让它们逐渐接近人类的学习能力。这其实是一个相当庞大的课题,也是目前人工智能的核心研究领域之一。

机器学习按照学习方式可以分为有监督学习、无监督学习、强化学习3种:

(1)监督学习指的是机器学习过程中需要提供指导信号的学习方式。

(2)无监督学习则指机器学习过程中不用提供指导信号的学习方式。

(3)强化学习指的是机器学习过程以奖励或惩罚作为环境反馈,训练机器循序渐进的学习方式。

说起机器学习,比较著名的实例是棋界的人机大战,特别是围棋智能程序AlphaGo战胜顶尖高手李世石和柯洁的事件。

不过,最早引起世界轰动的人机大战发生在20世纪末的国际象棋领域。

1996年2月10日至17日,在美国费城举行了一项别开生面的国际象棋比赛,参赛者包括"深蓝"(Deep Blue)计算机和当时的世界棋王卡斯帕罗夫。"深蓝"是美国IBM公司生产的一台超级国际象棋计算机,它重约1270 kg,有32个大脑(微处理器),每秒钟可以计算2亿步。"深蓝"输入了100多年来两百多万局优秀棋手的对局。

1996年2月17日,比赛最后一天,世界棋王卡斯帕罗夫对垒"深蓝"计算机。在这场人机对弈的6局比赛中,棋王卡斯帕罗夫以4:2战胜计算机"深蓝"(图6-9)。人胜计算机,首次国际象棋人机大战落下帷幕。

♔ **Deep Blue vs. Kasparov chess**

Deep Blue
IBM chess computer

Garry Kasparov
World Chess Champion

图6-9 "深蓝"计算机对阵国际象棋棋王卡斯帕罗夫

"深蓝"这样包含早期人工智能程序的计算机,弱点是不能像人一样总结经验,随机应变能力还是赶不上以国际象棋为职业的世界棋王卡斯帕罗夫。但即便如此,计算机程序还是赢了棋王卡斯帕罗夫两局,差一点和人打成平手。

这次人机比赛是为了纪念首台计算机ENIAC诞生50周年而举办的。但棋王卡斯帕罗夫并没有一直维持人在下国际象棋方面的优势。1997年5月11日,他以总比分2.5:3.5(1胜2负3平)输给了IBM公司改进的计算机智能程序"更深的蓝"(Deeper Blue)。这一下,计算机智能轰动了世界,成为当时传媒报道的热点。

机器学习的能力,在下棋(广义上说是一种博弈)方面取得了突破,成为公众瞩目的计算机研究与应用的重要领域。

6.2.2 机器学习的热点——深度学习简介

1. 深度学习的概念和实例

深度学习(deep learning)是机器学习领域中一个新的研究方向,它被引入机器学习使其更接近于最初的目标——人工智能,即机器具备人的智能水平。

深度学习是学习样本数据的内在规律和表示层次,这些学习过程中获得的信息,对诸如文字、图像和声音等数据的解释有很大的帮助。它的最终目标是让机器能够像人一样具有分析、学习的能力,能够识别文字、声音、图形、图像、动画、视频等各种类型数据。深度学习是一个复杂的机器学习算法,它在语音和图像识别方面取得的成就,远远超过深度学习出现之前的相关技术。

深度学习在网络搜索引擎、机器翻译、自然语言处理以及其他相关领域都取得了很多成果。深度学习使机器能够模仿人类的视听和思考等活动,使得人工智能取得了一些突破性进步。

前面提到了"深蓝"以及"更深的蓝"下国际象棋的故事,尤其是"更深的蓝"还战胜了当时国际象棋的世界第一人卡斯帕罗夫。不过,无论"深蓝"还是"更深的蓝"下国际象棋,都是机器学习的实例,还不能算作深度学习的应用。

虽然计算机在国际象棋上取得了突破,但是,一般人认为,围棋比起国际象棋要复杂许多,计算机在围棋领域是不可能战胜世界上顶尖围棋高手的,这主要是依据这样一个认识:围棋在一些关键棋步上很需要人类独有的直觉,这个是机器无法具备的。国际象棋每一步可以做出的选择平均约为 20 种,而围棋平均约有 200 种选择——棋局可能的变化情况总数超过了宇宙中的原子总数! 即便动用全世界的计算机,需要运转一百万年,才能摆完围棋所有的变化。

出人意料的是,由于深度学习的研究和应用,围棋这一貌似计算机无法彻底突破的领域也在 2016 年被计算机的人工智能程序攻下了。

2016 年 3 月,阿尔法围棋(AlphaGo)与围棋世界冠军、职业九段棋手李世石进行围棋人机大战,以 4∶1 的总比分获胜;2016 年末 2017 年初,该程序在中国棋类网站上以"大师"(Master)为注册账号与中日韩数十位围棋高手进行快棋对决,连续 60 局无一败绩;2017 年5 月,在中国乌镇围棋峰会上,它与当时排名世界第一的围棋世界冠军柯洁对战,以 3∶0 的总比分获胜。现在围棋界公认阿尔法围棋的棋力已经超过人类职业围棋顶尖水平,在权威的围棋选手排名网站 GoRatings 公布的世界职业围棋排名中,其等级分曾超过当时排名人类第一的棋手柯洁。

在 6.3.4 节中,我们将对这一轰动一时的实例作更加详细的介绍和解释。

深度学习当然远不止在棋类比赛中大放光彩。谷歌将深度学习应用于语音识别和图像识别,Netflix(网飞公司)和亚马逊公司则利用深度学习来了解客户的行为习惯等。在智能手机等领域,越来越多被使用的智能识别技术诸如人脸识别、语音识别等往往都有深度学习技术在背后支持。

2. 深度学习中深度的含义

深度学习中所谓深度指的并非学习时理解的深度提升了,而是指其使用的神经网络结构中所使用的层次比起以往传统的人工神经网络更复杂。人工神经网络是一种运算模型,由大量的节点(或称"神经元")相互连接构成。每个节点代表一种特定的输出函数,称为激励函数。每两个节点间的连接都代表一个对于通过该连接信号的加权值,称之为权重,这相当于人工神经网络的记忆。网络的输出则依网络的连接方式、权重值和激励函数的不同而不同。而网络自身通常都是对自然界某种算法或者函数的逼近,也可能是对一种逻辑策略的表达。

传统的人工神经网络往往只有一到两层的数值变换过程,而深度学习常常使用的卷积神经网络可能用到几十乃至上百层。通常把深度学习划分成输入层、隐藏层和输出层3个部分。隐藏层可以根据需要包含很多层次,因此深度学习实际上就是借助包含隐藏层的层次较为复杂的人工神经网络进行的机器学习。

深度学习所用的最典型的人工神经网络是卷积神经网络,下一部分我们将进一步介绍并给出示意图。

3. 卷积神经网络

卷积神经网络是一种多层的人工神经网络,每层由多个二维平面组成,每个平面包含多个独立"神经元"。卷积神经网络在处理图像、视频方面,有着得天独厚的优势。它通过其网络构造和对应的计算机算法,将数据量庞大的模式识别比如人脸识别等问题成功降低维度,最终可以大大提高识别水准。图 6-10 就是这样利用卷积神经网络识别人与猫合影里人脸和猫脸的示意图。

图 6-10 中,每一个小的圆形对应着一个"神经元",某一列的"神经元"形成了人工神经网络的一个层。可以看到,经过若干层神经网络的数值变换处理,人脸和猫脸被分别识别了出来。

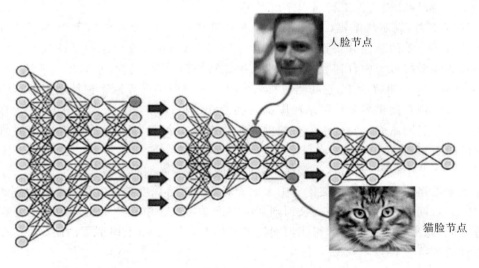

图 6-10 卷积神经网络识别人脸和猫脸

智能手机上被用户熟知的"美图秀秀"背后其实也有卷积神经网络的技术。美图影像实验室的负责人介绍,他们运用了 Google 发布的深度学习开源框架 TensorFlow,这一可以运用卷积神经网络的工具大大提升了"美图秀秀"的美颜能力和效果。

6.2.3 机器学习与数据挖掘的联系与区别

一般认为,机器学习历史更久,而严格意义的数据挖掘的发展历史相对短一些,对此可以参考 6.4 节内容。基于这样的看法,数据挖掘作为相对新兴的科技,使用了很多早先机器学习中的成熟的计算机算法,比如决策树技术、K 均值算法等。在许多的领域,机器学习和数据挖掘没有本质区别,是从不同角度看待相关数据处理而得到的不同称呼:机器学习是从让计算机这样的智能设备具备与人相似的学习能力的角度看待问题,数据挖掘则是从基于数据提取信息及知识的角度看待问题。

当然,机器学习与数据挖掘还是有区别的。总体来说,机器学习更偏重理论上的方法,数据挖掘更注重应用和实现。另外,传统的机器学习并不把数据量庞大的所谓海量数据作为主要的处理对象,很多机器学习技术当初设计时只考虑了现在归为中小规模的数据;而数据挖掘特别是当今的数据挖掘技术,一般都必须考虑处理海量数据的问题,这时候计算机算法可能需要因为海量数据与内存储器的匹配问题进行改进,因而往往会采用分布式处理,这些也是计算机研究与应用中比较前沿的问题,可以结合第 7 章涉及大数据的内容来进一步了解、认识。

总而言之,数据挖掘与机器学习都是人工智能研究的核心内容,两者有着密切的联系,数据挖掘的目的是获取知识,而机器学习则是数据挖掘需要应用的重要技术方法。

6.3 数据挖掘与机器学习的典型案例

6.3.1 运用关联规则引导大型超市或网上商城购物

大型超市里,货物的摆放往往是有讲究的,如图 6-11 所示;网购时常常看到商家推荐的物品,其实不是平白无故出现的。这些引导购物的行为背后的策略是什么?

前面简单介绍了关联规则分析的基本知识。关于关联规则分析,有一个著名的传说:

在美国沃尔玛连锁店,曾经有一个有趣的现象:尿布和啤酒赫然摆在一起出售。这个奇怪的举措却使尿布和啤酒的

图 6-11 大型超市货物摆放图景

销量双双增加了。沃尔玛拥有世界上最大的数据仓库系统,为了能够准确了解顾客在其门店的购买习惯,沃尔玛对其顾客的购物行为进行购物篮分析,想知道顾客经常一起购买的商品有哪些。沃尔玛数据仓库里集中了其各门店的详细原始交易数据。在这些原始交易数据的基础上,沃尔玛利用数据挖掘方法对这些数据进行研究和分析。一个意外的发现是:跟尿布一起购买最多的商品竟是啤酒。

经过大量实际调查和分析,揭示了一个隐藏在"尿布与啤酒"背后的美国人的一种行为模式:在美国,一些年轻的父亲下班后经常要到超市去买婴儿尿布,而他们中有不少人同时也为自己买一些啤酒。产生这一现象的原因是:美国的太太们常叮嘱她们的丈夫下班后为小孩买尿布,而丈夫们在买尿布后又随手带回了他们喜欢的啤酒。

这个传说的真实性还存在争议,但是关联规则最初提出的动机确实是针对购物篮分析(market basket analysis)问题提出的。超市连锁店经理如果想更多去了解顾客的购物习惯,特别是想知道顾客可能会在一次购物时同时购买哪些商品,以便超市更好地进行货物的布局和摆放,那么,他可以让相关技术人员对商店的商品零售数量进行购物篮分析。该过程通过发现顾客放入购物篮中的不同商品之间的关联,分析顾客的购物习惯。这种关联的发现可以帮助零售商了解哪些商品频繁地被顾客同时购买,从而帮助他们开发更好的营销策略。

类似的营销策略也可以应用于网上商城的购物推荐和引导。在网上购物时,顾客在浏览商品或下单后,常会看到网上商城以图 6-12 这样"猜你喜欢"等为名推荐的其他商品。

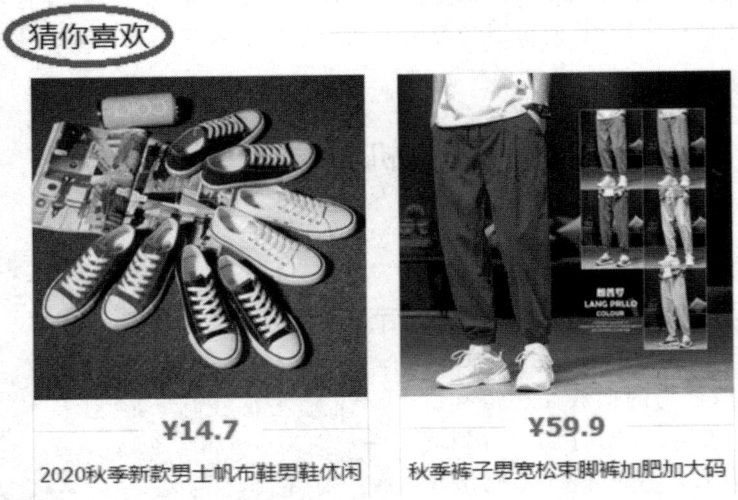

图 6-12　网购常会看到图中"猜你喜欢"之类的推荐

商品销售从线下更多地转往线上后,向已经购买过某商品的顾客推销另一种商品,为电子商务带来很高的效益。人们在网购时,常常会看到这类的推荐或推送,其背后往往有数据挖掘技术在支持。

这一举动背后的思路是:人们之前经常同时购买的几件商品,以后也可能再同时购买;或者,许多人同时购买的商品,类似消费习惯的人很有可能也愿意同时购买。

关联规则分析代表性的方法是 Apriori 算法。该方法首先找出频繁项集,即在数据集中出现的频率达到一定标准的项集。这里的项集的意思是几项事件同时发生的集合,比如记录顾客同时购买了若干件商品的数据集合。这样的频率标准或频率下限也称为支持度(support)。再根据事件之间内在关联所对应的置信度(confidence,因为涉及条件概率这里不进一步展开说明),推导出可能性比较大的关联事件,形如事件集 A→事件集 B,也就是说事件集 A 发生的话,事件集 B 也有很大可能会发生。这样就可以作为大型超市、网上商城等进行购物引导时的基本策略。推广开来,在各种业务处理时,如果需要分析事件之间的关联性,这一方法是好帮手。

大致的流程如图 6-13 所示。

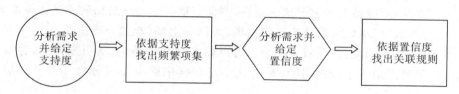

图 6-13 Apriori 算法大致的流程

6.3.2 利用决策树预测体育比赛获胜球队

前面 6.1.2 给出图示的决策树,是一种经典的数据分类方法,比起其他数据分类方法,决策树直观易懂,因此它成为特别常用的数据分类方法或手段。

喜欢观看体育比赛的人,有时候希望能较为准确地预测比赛结果。比如,能否对 NBA 或者欧洲冠军联赛的某些焦点场次的结果有一个较为合理、可靠的预判?虽然很多对体育赛事预测的研究表明,准确率因体育赛事而异,准确率最高在 70%~80%,也就是说,没有万无一失的预测,但是假如能够对比赛结果预测个八九不离十,也是相当值得称道的事情。

那么,怎么运用数据挖掘技术来提高预测的准确率呢?其实,预测比赛结果本质上也算是分类,就是我们搜集、掌握对阵双方球队的资讯,根据其中某个球队关键性的一些信息,把它归类到胜者类别或者败者类别去。这样,我们就可以运用决策树这一经典的分类方法,对某场比赛的结果来进行预测了。

要介绍决策树,首先要说说计算机中常常用到的树形结构,比如 Windows 管理资源时就使用了树形目录结构。决策树使用的树形结构形如倒立的树,从根节点开始进行分枝,分枝产生的节点称为子节点,子节点还可以根据需要继续进行分枝……这样形成的树形结构大致如图 6-14 所示。其中,A 节点是根节点,B、C、D 节点是 A 节点的子节点,而 E、F、G 节点是 B 节点的子节点,反过来可以说,B 节点是 E、F、G 节点的父节点。

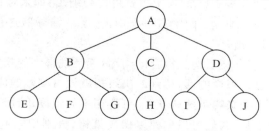

图 6-14 树形结构示意图

决策树主要就是要建立这类的树形结构用于把数据样本判定给已知的类别，比如我们探讨的在比赛前把某个球队预测（判定）为获胜球队或者失败球队。在分枝时，依据的是所谓分枝属性，即运用事物的具有特征意义的某方面信息来对于数据集进行划分。

对于我们探讨的预测体育比赛获胜者的问题，可以根据对比赛的数据分析和长期的经验，大致总结出球队的一些关键属性（特征信息），如是否主场、主力球员上场情况、过往双方战绩等属性来作为生成决策树过程中备选的分枝属性。

是否主场这一属性很容易得到两种属性值（即是与否，其实极端情况下在第三方场地比赛的情况也可以单独归成一种属性值，但因为在 NBA 这类比赛中较为罕见不必这么细化）；对于主力（核心）球员上场情况这一属性，赛前获取了主力球员伤病或受罚等情况后，取值可以大致分为数种，比如可以分为全部上场、大部分上场（超过一半上场）、较少主力上场（少于一半上场）三种情况；过往双方战绩也可以归为基本持平、主队明显占优、客队明显占优等几种（这里可以定一个标准，比如最近几十场交锋中胜率在三分之二以上就是明显占优）。

此外，还可以再加上一些有特征意义的信息作为备选分枝属性，比如反映球队近期状态的最近十场比赛胜率，反映主教练水平的主教练带队胜率，等等。

当然，分析和总结分枝属性只是准备工作之一，要想得到好的针对这一问题的决策树，需要依托好的数据集，特别是数据样本应该足够多——这就需要先期通过网络等渠道搜集大量以往的比赛数据。因此，前面的基础工作也并不算少。

作为非专业工作人员的普通球迷，可以借助因特网搜索一些公开资料来生成决策树。比如，NBA 的过往的比赛数据可以到以下网站寻找：http://www.basketball-reference.com/，在 Robert Layton 编写的《Python 数据挖掘入门与实践》一书中，作者基于该网站2013—2014 赛季的比赛数据，建立了决策树并得到了百分之六十左右的准确率，算是比较优秀的预测结果。

直接下载到所需的完整比赛数据的文件，恐怕是困难的，特别是包含我们结合经验确定的一些属性，诸如前面提到的是否主场、主力球员上场情况、过往双方战绩等属性的数据文件是找不到的。这时可以在某个数据文件里自己手工输入通过各种渠道获取并且按标准给定了相应属性值的比赛数据，例如把它们保存在 Excel 或者 WPS Office 的文件里，再借助前面 6.1.2 提到的 Weka 软件并选择一个算法来创建想要的决策树。

其实决策树技术最核心的部分是算法，比如 C4.5、CART 等算法。这些需要专业知识去理解，这里就不展开讲述了。

假设得到的决策树如图 6-15 所示（框中有省略号表示后续还有决策树分枝，限于书本篇幅，后续的分枝可能很复杂无法完整呈现），一棵决策树就可以由此归纳出"如果……那么……"这样的规则。比如，图 6-15 的决策树就可以归纳出：如果是主场而且过往战绩主队明显占优，那么主队会获胜（等价于图中右下框内的"客队输球"）这样的规则。还有其他规则，也可以依据该决策树得出。

然而，单个决策树可能存在所谓过拟合的问题，就是说得到的规则只适用于生成决策树时所用到的那些数据集合。那样的话，得到的决策树就没有实际的应用和推广意义，我们就不能使用该决策树去预测未来哪个球队获胜，可能还不如投硬币预测结果呢！

为了弥补这方面的不足，我们可以创建多棵决策树，分别用它们进行预测，再根据少数

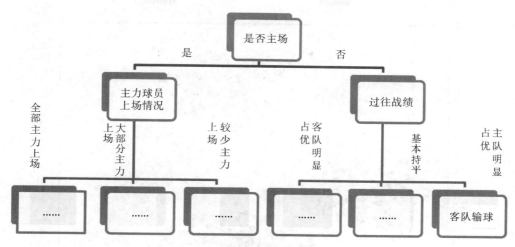

图 6-15　预测获胜球队的决策树的示例图

服从多数的原则,从多个预测结果中选择最终预测结果。这种方法是决策树方法的拓展,称为随机森林。前面提到的预测 NBA 比赛结果文献的作者,运用随机森林方法得到的准确率达到了百分之六十四——接近三分之二,算是相当不错了。

通过上面预测比赛获胜球队的实例,我们对于决策树这一经典的数据分类方法有了一个大致的了解。构造或者说生成决策树主要的工作在两方面:

(1)数据集(也称为训练样本集)的搜集和整理;

(2)分枝属性的选择和确定。

一旦决策树已经生成,除了后续可能需要优化的处理比如剪枝(把分类效果估计不达标的分枝去掉),就可以作为分类工具或者称为分类器来使用了。也就是说,借助符合标准的决策树或者拓展的随机森林这样的分类工具,我们就可以做预测体育比赛获胜球队这样的事情。其实决策树应用范围相当广泛,在经营决策、金融分析、医药研究等领域,决策树都大有用武之地。

6.3.3　用聚类来划分体检数据

前面说过,聚类也是划分数据集,是一个把原始数据集依据彼此的相似程度划分成若干子集(也称为簇 cluster)的过程。与数据分类不同的是,聚类的类别原先是不确定的,甚至究竟要划分成多少个类别也不确定,类别数目和划分后类别的情况是在聚类过程中确定的。

比如,对于体检数据的划分,很多时候是并不知道应该划分成多少个类更恰当,更不用说每个类具体是什么情况。但划分还是有目的和意义的,当聚类结束,原始数据集被划分了若干个类(类这个词在聚类分析时更确切的提法是簇或子集)。

为了更易于理解,我们使用数据挖掘的聚类分析技术中最常用也是最经典的 K 均值(K-means)方法作为这一实例的分析方法。

先看看图 6-16 展示的 K 均值方法在二维平面进行聚类后的效果。

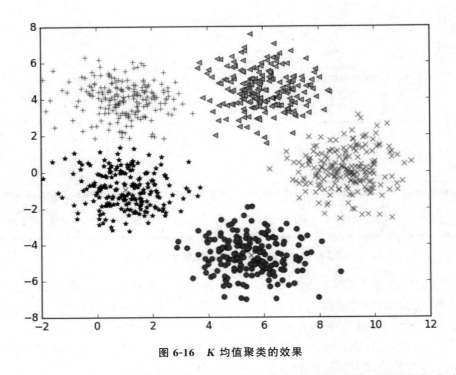

图 6-16　*K* 均值聚类的效果

接下来约略介绍一下 *K* 均值方法的主要思路。该方法开始时使用原始数据集中随机选取的几个数据点作为核心点,然后依照下面的流程(图 6-17)逐渐地把其他数据聚集成簇或子集。注意开始时核心点选择是比较随意的,不用担心其随意性影响聚类的效果,因为随着聚类的进行,效果是会逐渐改善的:核心点会伴随运算处理的推进持续进行调整直到符合指定的要求。

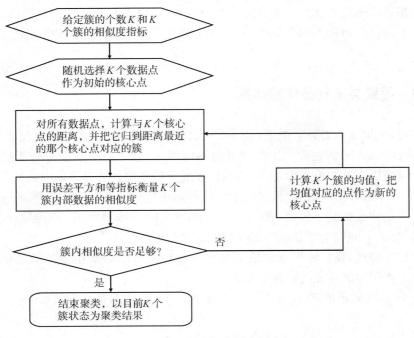

图 6-17　*K* 均值聚类的一般流程

图中看到的"相似度"具体的含义是什么呢？在聚类分析中,这个相似度(就是我们前面多次提到的相似程度)指的就是两个以上数据点之间的近似程度,一般是用距离来衡量的,比如最常用的欧氏距离。

那么,图中"簇内相似度是否足够",指的就是在同一个簇里,各个数据点彼此的距离总和足够小。对于整个聚类过程来说,需要各个簇内部都足够相似,而不是其中一个簇相似度足够就行。一般会定义一个标准,或者是各个簇的内部数据点距离总和(也称为误差平方和)低于一个指定值就可以;或者是经过本轮聚类处理,各个簇的内部数据点距离总和变化幅度低于某个指定的值(意味着聚类的效果已经不错,再继续进行意义甚小)。达到既定标准,聚类就可以宣告结束。

这个程序流程图包含着编写程序时常用的循环结构,也就是当没有达到一个既定目标时,相似的处理会反复进行。我们的既定目标就是:各个簇内的数据点都足够相似,这样它们归在一个簇或子集里才更合理。

接下来看看 K 均值聚类怎么用在我们探讨的体检数据的聚类这一问题上面。

首先是确定 K 的值,也即确定簇的数目。也就是说,预先确定把原始的数据点聚集成多少个簇(子集)比较恰当。这里需要对于本次采集的体检数据的大致了解,结合经验,而且针对不同的需求,聚集成的簇的数目也没有绝对的标准,可能是 3～5 个,也可能是 10 个左右。但无论如何,在聚类前,簇的数目是需要确定下来再开始聚类。

随机选择的初始数据点可以很随意,比如 K 预定为 5,则可以随意地选择 5 个人的体检数据作为 5 个簇的初始核心点。其他人的体检数据归到哪个簇(子集),就是计算此人的体检数据与前面选定的 5 个人的体检数据其中哪个总体最相似。这里就要开始进行计算了。

处理中应该考虑的一个问题是,如果用的是心电图,或者是其他图像数据诸如脑电图、胸片、CT 图像等,则要进行前面 6.1.3 介绍过的数据预处理,把它们先转换成类别属性,比如心电图有 A1、A2、A3 等若干种,胸片有 B1、B2、B3、B4 等若干种,CT 图像种类有 C1、C2、C3 等,再计算它们的相似度。在进行这类图片的划分时往往需要一些医学方面的知识。

另外一个问题是数据的标准化问题。举个例子,如果体重用公斤作为单位,体温用摄氏度作为单位,身高用米作为单位,显然变化范围最大的是体重,那么计算包含这三个体检指标的数据之间相似度的时候,不做标准化处理的话,相似度就会取决于体重是否接近,这恐怕不符合一般的聚类要求。更合理的聚类方法是,预先把体重、体温、身高等数值属性统一转换成标准化的数据,比如运用数学方法都把它们映射为 0 到 1 之间的某个数值,再计算数据点的相似度,这样就不容易因为原始数据取值单位、变化范围等因素影响而造成计算相似度时受某一个或几个属性的影响过大。

经过这样的处理后,计算其他人与初始选定的 5 个人体检数据的相似度,也就是分别计算 5 对体检数据的差异程度,比较常用的就是算它们属性值的差异的平方和,即欧氏距离。与谁的欧氏距离最小,那么就把这个人的体检数据归到谁的簇里。

当除初始选定的 5 个人外的所有人的体检数据都已经归到相应的簇中后,这一轮的聚类就告一段落,接下来就是计算每个簇内部数据的相似度。所谓误差平方和,其实也就是分别计算每个簇内部的数据点与核心数据点的欧氏距离后,把各个簇的所有欧式距离累加起来。当这个总和低于一个指定值,或者它与上一轮聚类得到的误差平方和之间差异低于某个指定值时,就可以结束聚类了。

如若不然,则我们需要调整每个簇的核心点,就是把本轮聚类后,各个簇的内部数据点所有属性的均值算出来。比如某个簇经过标准化处理后的体重均值是 0.6,身高均值是0.4,体温均值是 0.5,我们就把体重 0.6、身高 0.4、体温 0.5 构成的数据点作为这个簇新的核心数据点。

前面说到的心电图之类的图像数据,在数据预处理后一般转换成了标称属性,也就是人为给出一个类别标号,比如 A1、A2、A3 等。这时候,为计算欧氏距离,可将它们不同取值的差异统一定义为 1。但是计算这样属性是图像的均值又该怎么办? 可以取这个簇中类别出现最多的那个类别作为均值,比如说心电图是 A3 的体检数据在某个簇出现最多,那么 A3就是该簇的心电图属性的均值。其实,这个出现最多的数据的规范称呼是众数,参见 3.1.2的内容。

计算完新的核心数据点后,就以每个簇的新的核心数据点为基准,重新计算每个体检数据与新的核心数据点的欧氏距离,再像前面做过的,与谁的欧氏距离最小,那么就把这个人的体检数据归到谁的簇里。参照图 6-17 所示的流程,如此反复进行,直到达成既定目标:每个簇内的体检数据已经足够相似。

得到聚类结果后,可以通过分析簇(子集)内数据的共性得到这些子集对应着哪种体质或者哪种病人,这可以作为健康指导、疾病预防或者临床诊治的重要参考。

6.3.4 从围棋智能程序 AlphaGo 来了解深度学习

1. 阿尔法围棋概述

阿尔法围棋(AlphaGo),有时也被戏称为阿尔法狗,是一款围棋人工智能程序。Go 就是外国人对于围棋的一种称呼,因此,AlphaGo 暗含的意思就是想成为顶尖的围棋智能程序,结果,它做到了。

阿尔法围棋主要工作原理是"深度学习"。前面简要介绍过,"深度学习"实际上就是借助包含隐藏层的层次较为复杂的人工神经网络进行的机器学习。一层神经网络会把大量矩阵数字作为输入,通过非线性激活方法取权重,再产生另一个数据集合作为输出。这就像生物神经大脑的工作机理一样,通过合适的矩阵数量,多层组织链接一起,形成复杂的神经网络——我们可以把它当作"大脑"——进行精准复杂的处理,就像人们识别各种图像和景观一样。

阿尔法围棋用到了很多新技术,如深度学习、蒙特卡洛树搜索法等,这使其实力有了实质性飞跃。阿尔法围棋的开发团队成员索尔·格雷佩尔介绍,阿尔法围棋系统主要由三个部分组成:

(1)策略网络(policy network),给定当前局面,预测并采样下一步的走棋。他们使用高级别比赛棋局进行训练以模仿高手的招数。

(2)价值网络(value network),衡量当前局面的形势,估计是白胜概率大还是黑胜概率大。

(3)蒙特卡洛树搜索(Monte Carlo tree search),分析棋局各种可能的变化,并尝试推演未来棋局的走向,从而形成一个完整的系统。

2. 阿尔法围棋早期版本的两个大脑

阿尔法围棋早期版本通过两个不同的复杂人工神经网络——"大脑"合作来改进下棋。这个所谓"大脑"是多层神经网络,跟那些谷歌图片搜索引擎识别图片在结构上是相似的。它们从多层启发式二维过滤器开始,去处理围棋棋盘的定位,就像图片分类器通过网络处理图片一样。经过过滤,13 个完全连接的神经网络层对它们看到的局面进行判断。这些层能够做分类和逻辑推理。

(1)第一个"大脑":落子选择器

阿尔法围棋的第一个"大脑"是"监督学习的策略网络",它观察棋盘布局,力图找到最佳的下一步。事实上,它预测每一个合乎规则的下一步的最高胜率,对比后由机器选择理想的下一步,这可以理解成"落子选择器"。

(2)第二个"大脑":棋局评估器

阿尔法围棋的第二个"大脑"称为棋局评估器,有别于第一个"大脑"(即落子选择器),不是去猜测具体下一步,而是在给定棋子位置情况下,预测每一个棋手赢棋的概率。这个"棋局评估器"其实就是阿尔法围棋的开发团队成员索尔·格雷佩尔提到的"价值网络",通过整体局面判断来辅助落子选择器。这个判断仅仅是大概的,但对于提高阅读棋局速度很有帮助。通过分析、归类潜在的未来局面的好与坏,阿尔法围棋能够决定是否去深入阅读棋局。

这些网络通过反复训练来检查结果,再去校对、调整参数,促使下次下棋时执行得更好。这个处理器有大量的随机性元素,所以人们是不可能精确知道网络是如何"思考"的,但更多的训练后能让它提升到更好水平。

3. 阿尔法围棋的操作过程

阿尔法围棋为了应对围棋的复杂性,结合了监督学习和强化学习的优势。回顾前面说过的:监督学习指的是机器学习过程中需要提供指导信号的学习方式;强化学习指的是机器学习过程以奖励或惩罚作为环境反馈,训练机器循序渐进的学习方式。

阿尔法围棋通过训练形成一个策略网络,将棋盘上的局势作为输入信息,并对所有可行的落子位置生成一个概率分布。然后,训练出一个价值网络,对自我对弈进行预测,以 -1(对手的绝对胜利)到 1(阿尔法围棋的绝对胜利)的标准,预测所有可行落子位置的结果。这两个网络自身都十分强大,而阿尔法围棋将这两种网络整合进基于概率的蒙特卡罗树搜索中,实现了它真正的优势。新版的阿尔法围棋产生大量自我对弈棋局,为下一代版本提供了训练数据,此过程循环往复。

在获取棋局信息后,阿尔法围棋会根据策略网络探索哪个位置同时具备高潜在价值和高可能性,进而决定最佳落子位置。在分配的搜索时间结束时,模拟过程中被系统最频繁考察的位置将成为阿尔法围棋的最终选择。在经过先期的全盘探索和过程中对最佳落子的不断揣摩后,阿尔法围棋的搜索算法就能在其计算能力之上加入近似人类的直觉判断。

4. 阿尔法围棋新版本 AlphaGoZero:使用一个"大脑"

阿尔法围棋此前的版本结合了众多人类围棋高手的棋谱,利用强化学习进行了自我训练。新版的阿尔法围棋称为 AlphaGoZero,其能力则在这个基础上有了质的提升。最大的区别是,它不再需要人类数据。也就是说,它一开始就没有接触过人类棋谱。研发团队只是让它自由随意地在棋盘上下棋,然后进行自我博弈。

据阿尔法围棋的研发团队负责人大卫·席尔瓦介绍,AlphaGoZero 使用新的强化学习方法,让自己变成了老师。系统一开始甚至并不知道什么是围棋,只是从单一神经网络开始,通过神经网络强大的搜索算法,进行了自我对弈。随着自我博弈的增加,神经网络逐渐调整,提升预测下一步的能力,最终赢得比赛。更为厉害的是,随着训练的深入,阿尔法围棋团队发现,AlphaGoZero 还独立发现了游戏规则,并走出了新策略,为围棋这项古老游戏带来了新的见解。

AlphaGoZero 仅用了单个复杂神经网络(可以看作一个"大脑")。在此前的版本中,阿尔法围棋用到了"策略网络"来选择下一步棋的走法,并使用"价值网络"来预测每一步棋的获益者。在新的版本中,这两个神经网络合二为一,从而让它能得到更高效的训练和评估。

AlphaGoZero 并不使用快速、随机的走子方法。在此前的版本中,AlphaGo 用的是快速走子方法,来预测哪个玩家会从当前的局面中赢得比赛;而新版本依靠的是其高质量的神经网络来评估下棋的局势。

5. 阿尔法围棋的发展回顾

2016 年 1 月 27 日,国际顶尖期刊《自然》封面文章报道,谷歌公司旗下的研究团队开发的名为"阿尔法围棋"的人工智能机器人,在没有任何让子的情况下,以 5∶0 完胜欧洲围棋冠军、职业二段选手樊麾(华裔)。在围棋人工智能领域,实现了一次史无前例的突破。计算机程序能在不需要对手让子的情况下,在完整的围棋竞技中击败专业选手,这是第一次。

当时有不少人质疑樊麾离开亚洲赛场这一主要的职业棋手聚集的竞技场,水平估计已经只有业余水准,而不是认同阿尔法围棋的围棋实力。

2016 年 3 月 9—15 日,阿尔法围棋程序挑战曾经获得过 18 个围棋世界冠军的李世石的围棋人机大战五番棋在韩国首尔举行,如图 6-18。比赛采用中国围棋规则,最终阿尔法围棋以 4∶1 的总比分取得了压倒性胜利。这一轰动一时的事件,影响力早已突破了围棋界或者体育界,成为举世瞩目的重大国际新闻。阿尔法围棋的实力终于被刮目相看,它让人们对于人工智能的能力感到了惊讶和些许害怕。

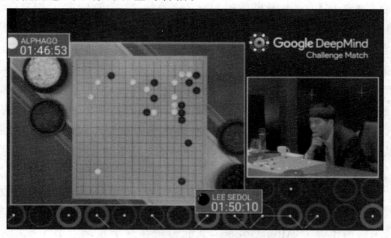

图 6-18　李世石与阿尔法围棋人机大战现场

2016 年 12 月 29 日晚起到 2017 年 1 月 4 日晚,阿尔法围棋在弈城围棋网和野狐围棋网以"Master"为注册名,依次对战数十位人类顶尖围棋高手,取得 60 胜 0 负的辉煌战绩。

2017 年 1 月,谷歌 DeepMind 公司首席执行官哈萨比斯在德国慕尼黑数字、生活、设计创新大会上宣布推出真正 2.0 版本的阿尔法围棋。其特点是摈弃了人类棋谱,只靠深度学习的方式成长起来挑战围棋的极限。

2017 年 5 月 23—27 日,在中国乌镇围棋峰会上,阿尔法围棋以 3:0 的总比分完胜排名世界第一,曾经宣称阿尔法围棋赢不了自己的围棋世界冠军柯洁。在这次围棋峰会期间,阿尔法围棋还战胜了由中国的陈耀烨、唐韦星、周睿羊、时越、芈昱廷五位围棋世界冠军组成的围棋团队。

经过短短 3 天的自我训练,最新版本的 AlphaGoZero 就强势打败了此前战胜李世石的旧版 AlphaGo,战绩是 100:0。经过 40 天的自我训练,AlphaGo Zero 又打败了 AlphaGo Master 版本,Master 版本曾击败过世界顶尖的围棋选手,包括曾经世界排名第一的柯洁。

6. 阿尔法围棋的设计团队

阿尔法围棋设计团队的主要成员如下:

戴密斯·哈萨比斯,人工智能企业家,DeepMind 公司创始人,人称"阿尔法围棋之父"。他 4 岁开始下国际象棋,8 岁自学编程,13 岁获得国际象棋大师称号,17 岁进入剑桥大学攻读计算机科学专业。在大学里,他开始学习围棋。2005 年进入伦敦大学学院攻读神经科学博士。2011 年创办 DeepMind 公司,以发展人工智能为公司的主要目标。

大卫·席尔瓦,剑桥大学计算机科学学士、硕士,加拿大阿尔伯塔大学计算机科学博士,伦敦大学学院讲师,阿尔法围棋主要设计者之一。

除上述人员之外,阿尔法围棋设计团队核心人员还有黄士杰(华裔,在与李世石和柯洁对弈时代表阿尔法围棋在棋盘上落子的就是他)、索尔·格雷佩尔、施恩·莱格和穆斯塔法·苏莱曼等人。

7. 阿尔法围棋的发展方向

尽管阿尔法围棋能否代表智能计算发展方向还有争议,但比较一致的观点是,它象征着计算机技术已进入人工智能的新信息技术时代,其特征就是大数据、大计算、大决策,三位一体。它的智慧正在接近人类。

谷歌 DeepMind 首席执行官戴密斯·哈萨比斯宣布"要将阿尔法围棋和医疗、机器人等进行结合"。因为它是人工智能,会自己学习,只要给它资料就可以移植。

据韩国媒体报道,为实现该计划,哈萨比斯 2016 年初在英国为初创公司"巴比伦"投资了 2500 万美元。"巴比伦"正在开发医生或患者说出症状后,在互联网上搜索医疗信息,寻找诊断和处方的人工智能 App。如果阿尔法围棋和"巴比伦"结合,诊断的准确度将得到划时代性的提高。

在柯洁与阿尔法围棋的围棋人机大战三番棋结束后,阿尔法围棋团队宣布阿尔法围棋将不再参加围棋比赛。阿尔法围棋将进一步探索医疗领域,利用人工智能技术攻克医学中存在的种种难题。现有医疗资源状况下,人工智能的深度学习已经展现出了潜力,可以为医生提供辅助工具。

实际上,对付人类棋手从来不是阿尔法围棋的目的,开发公司只是通过围棋来试探它的功力,而研发这一人工智能的最终目的是推动社会变革,改变人类命运。据悉,他们正积极与英国医疗机构和电力能源部门合作,以此提高看病效率和能源效率。

从阿尔法围棋的卓越战绩来看,人工智能算是取得了历史性的突破和伟大的成就,而这一切也让有识之士感到了人工智能潜在的对人类的威胁。"阿尔法围棋之父"戴密斯·哈萨比斯也意识到了这一点,他告诉采访人员,他提议建立跨产业的工作小组召集人工智能领域主要研发团队的负责人,以确保有道德而且负责任地使用人工智能。

这样,阿尔法围棋的历史性的突破,就不是局限在下棋或者博弈领域,带来的将会是医疗等领域的提升和进展,是全人类的福音。只要运用得合理合法,会"学习"的机器将是人类的好帮手,而不是潜在的敌人。

6.4 机器学习与数据挖掘的发展与未来

前面介绍了数据挖掘与机器学习的基础知识,也围绕一些案例概要介绍了它们的典型应用。接下来,从数据挖掘与机器学习的历史发展来对数据挖掘与机器学习做进一步的了解。同时,大致展望一下数据挖掘与机器学习的未来前景。

6.4.1 数据挖掘与机器学习的发展回顾

1. 机器学习的历史

机器学习从 20 世纪 50 年代被研究、探讨以来,不同时期的研究途径和目标并不相同,可以把它的发展划分为 4 个阶段。

第一阶段是 20 世纪 50 年代中叶到 60 年代中叶,这个时期主要研究"有无知识的学习"。这类方法主要是研究系统的执行能力。这个时期,主要通过对机器的环境及其相应性能参数的改变来检测系统所反馈的数据,就好比给系统一个程序,通过改变它们的自由空间作用,系统将会受到程序的影响而改变自身的组织,最后这个系统将会选择一个最优的环境生存。但这种机器学习的方法还远远不能满足人类的需要。

第二阶段从 20 世纪 60 年代中叶到 70 年代中叶,这个时期主要研究将各个领域的知识植入系统。本阶段的目的是通过机器模拟人类学习的过程,同时还采用了图结构及其逻辑结构方面的知识进行系统描述。在这一研究阶段,主要用各种符号来表示机器语言,研究人员在进行实验时意识到学习是一个长期的过程,从这种系统环境中无法学到更加深入的知识,因此研究人员将各专家学者的知识加入系统里,经过实践证明这种方法取得了一定的成效。

第三阶段从 20 世纪 70 年代中叶到 80 年代中叶,称为复兴时期。在此期间,人们从学习单个概念扩展到学习多个概念,探索不同的学习策略和学习方法,且在本阶段已开始把学习系统与各种应用结合起来,并取得很大的成功。同时,专家系统在知识获取方面的需求也极大地刺激了机器学习的研究和发展。在出现第一个专家学习系统之后,示例归纳学习系统成为研究的主流,自动知识获取成为机器学习应用的研究目标。1980 年,在美国的卡内基梅隆大学(CMU)召开了第一届机器学习国际研讨会,标志着机器学习研究已在全世界兴起。此后,机器学习开始得到大量应用。1984 年,Simon 等 20 多位人工智能专家共同撰文编写的 *Machine Learning* 文集第二卷出版,国际性杂志 *Machine Learning* 创刊,更加显示出机器学习突飞猛进的发展趋势。图 6-19 是此时期的宣传图。

第四阶段从 20 世纪 80 年代中叶开始到现在,是机器学习的最新阶段。这个时期的机器学习具有如下特点:

(1)机器学习已成为新的学科,它综合应用了心理学、生物学、神经生理学、数学、自动化和计算机科学等,形成了机器学习理论基础。

(2)融合了各种学习方法,且形式多样的集成学习系统研究正在兴起。

(3)机器学习与人工智能各种基础问题的统一性观点正在形成。

(4)各种学习方法的应用范围不断扩大,部分应用研究成果已转化为产品。

(5)与机器学习有关的学术活动空前活跃。

图 6-19　早期的机器学习宣传图

2. 数据挖掘的历史

数据挖掘的历史相对机器学习来说要更短一些。

20 世纪 70 年代,数据库管理系统逐渐发展到关系型数据库阶段。用户通过查询语言、用户界面、查询处理优化和事务管理等技术,可以方便、灵活地访问数据。联机事务处理(OLTP)的有效方法对于关系型数据库的发展做出了重要贡献。

高级数据分析起源于 20 世纪 80 年代后期。随着数据仓库——多个数据源在单个站点以统一模式组织和存储——的出现和发展,以及联机事务处理的发展,数据挖掘和知识发现的技术与应用蓬勃兴起。数据仓库技术包括我们介绍过的数据清理、数据集成等数据预处理技术,比较重要的还有联机分析处理。联机分析处理具有汇总、合并和聚集以及从不同角度观察信息的能力。

大量数据乃至海量数据不仅仅积存在传统的数据库系统中。20 世纪 90 年代以来,万维网(WWW)和基于 Web 的数据库(例如 XML 数据库)开始出现,并在信息产业中扮演极其重要的角色。通过数据挖掘技术来有效分析这类庞大数据的需求越来越迫切,也很具挑战意义。

数据挖掘在分类、聚类、关联与相关性分析、离群点分析、趋势和偏差分析等方面拓展和深入,其应用的数据类型也越来越广泛,从简单数据到时间序列数据、空间数据、多媒体数据、网络传输数据特别是 Web 数据等诸多形式。现在对于快速增长的海量数据的分析处理,数据挖掘可谓是必需的技术或者工具。

6.4.2 数据挖掘与机器学习的未来前景

1. 数据挖掘研究与应用的热点

就目前来看,数据挖掘的热点包括网站的数据挖掘、生物信息或基因的数据挖掘及文本的数据挖掘等。

(1)网站的数据挖掘(Web site data mining)

随着 Web 技术的发展,各类电子商务网站风起云涌。想要让电子商务网站有效益,就必须吸引客户,增加能带来效益的客户忠诚度。电子商务业务的竞争比传统的业务竞争更加激烈,原因有很多,其中一个因素是客户从一个电子商务网站转换到竞争对手那边,只需点击几下鼠标。网站的内容和层次、用词、标题、奖励方案、服务等任何一个地方都有可能成为吸引客户的因素,也可能成为失去客户的因素。而电子商务网站每天都可能发生上百万次的在线交易,生成大量的记录文件(Log_files)和登记表,如何对这些数据进行分析和挖掘,充分了解客户的喜好、购买模式,甚至是客户一时的冲动,设计出满足于不同客户群体需要的个性化网站,进而增加其竞争力,几乎变得势在必行。若想在竞争中生存进而获胜,就要比竞争对手更了解客户。

在对网站进行数据挖掘时,所需要的数据主要来自两个方面:一方面是客户的背景信息,此部分信息主要来自客户的登记表;而另外一部分数据主要来自浏览者的点击流(clickstream),此部分数据主要用于考察客户的行为表现。但有的时候,客户对自己的背景信息十分珍重,不肯把这部分信息填写在登记表上,这就会给数据分析和挖掘带来不便。在这种情况下,就不得不从浏览者的表现数据中来推测客户的背景信息,进而再加以利用。

就分析和建立模型的技术和算法而言,网站的数据挖掘和原来的数据挖掘差别并不是特别大,很多方法和分析思想都可以运用。所不同的是网站的数据格式有很大一部分来自点击流,和传统的数据库格式有区别。因而,对电子商务网站进行数据挖掘所做的主要工作是数据准备。目前,有很多厂商正在致力于开发专门用于网站挖掘的软件。

(2)生物信息或基因的数据挖掘

生物信息或基因数据挖掘则完全属于另外一个领域,在商业上也许没有立竿见影的价值,但对于人类却受益匪浅。例如,基因的组合千变万化,得某种病的人的基因和正常人的基因到底差别多大?能否找出其中不同的地方,进而对其不同之处加以改变,使之成为正常基因?这些课题往往需要数据挖掘技术的支持。

和通常的数据挖掘相比,生物信息或基因的数据挖掘无论在数据的复杂程度、数据量,还有分析和建立模型的算法而言,都要复杂得多。从分析算法上讲,更需要一些新的、好的算法。现在很多厂商正在致力于这方面的研究。但就技术和软件而言,还远没有达到成熟的地步。

(3)文本的数据挖掘(textual mining)

人们很关心的另外一个话题是文本数据挖掘。举个例子,在客户服务中心,把同客户的谈话转化为文本数据,再对这些数据进行挖掘,进而了解客户对服务的满意程度和客户的需求以及客户之间的相互关系等。再如,对于病历文本的发掘和整理也需要数据挖掘的方法和手段作为助手。文本数据挖掘并不是一件容易的事情,尤其是在分析方法方面,还有很多需要研究的专题。目前市场上有一些类似的软件,但大部分方法只是把文本移来移去,或简单地计算一下某些词汇的出现频率,并没有真正的分析功能。

随着计算机计算能力的发展和业务复杂性的提高,数据的类型会越来越多,越来越复杂,数据挖掘将发挥出越来越大的作用。

2.数据挖掘技术未来可能的主要发展方向

当前,数据挖掘研究正方兴未艾,预计在未来还会形成更大的高潮,研究焦点可能会集中到以下几个方面:

(1)形式化描述的语言,即研究专门用于知识发现的数据挖掘查询语言 DMQL,像结构化查询语言 SQL 一样走向形式化和标准化。

(2)可视化的数据挖掘过程,寻求数据挖掘过程中的可视化方法,使知识发现的过程易于被用户理解和操纵,可使数据挖掘过程成为用户业务流程的一部分,也便于在知识发现的过程中进行人机交互,包括数据用户化呈现与交互操纵两部分。

(3)Web 网络中数据挖掘的应用,特别是在因特网上建立数据挖掘服务器,与数据库服务器配合,实现数据挖掘,从而建立强大的数据挖掘引擎与数据挖掘服务市场。

(4)融合各种异构数据的挖掘技术,加强对各种非结构化数据的开采,如对文本数据、图形数据、视频图像数据、声音数据乃至综合多媒体数据的开采(data mining for audio&video)。

(5)处理的数据将会涉及更多的数据类型,这些数据类型或者比较复杂,或者结构比较独特。为了处理这些复杂的数据,就需要一些新的和更好的分析和建立模型的方法,同时还会涉及为处理这些复杂或独特数据所需的工具和软件。

3. 机器学习的未来前景

机器学习虽然取得了长足的进步,也解决了很多实际问题,但是客观地讲,机器学习领域仍然存在着巨大的挑战。

首先,主流的机器学习技术是黑箱技术(技术细节未公开),这让我们无法预知暗藏的危机。为解决这个问题,我们需要让机器学习具有可解释性、可干预性。其次,目前主流的机器学习的计算成本很高,亟待研究轻量级的机器学习算法。另外,在物理、化学、生物等传统科学中,人们常常用一些简单而美的方程来描述表象背后的深刻规律。那么在机器学习领域,我们是否也能追求到简单而美的规律呢?以下我们将对机器学习未来的研究热点进行展望。

(1)可解释的机器学习

以深度学习为代表的各种机器学习技术方兴未艾,取得了举世瞩目的成功。机器和人类在很多复杂认知任务上的表现已在伯仲之间。然而,在解释模型为什么奏效以及如何运作方面,目前学术界的研究还处于非常初级的阶段。

大部分机器学习技术,尤其是基于统计的机器学习技术,高度依赖基于研究数据相关性所获得的概率化预测和分析。相反,理性的人类决策更依赖于清楚可信的因果关系,这些因果关系由真实清楚的事实缘由和逻辑正确的规则推理得出。从利用数据相关性来解决问题,过渡到利用数据间的因果逻辑来解释和解决问题,是可解释性机器学习需要完成的核心任务之一。

机器学习模型基于历史数据进行分析和决策。但由于常识的缺失,机器在面对历史上未发生过或罕见的事件时,有很大可能性会犯人类几乎不可能犯的低级错误。统计意义上的准确率并不能有效地刻画决策的风险,甚至在某些情况下,看似正确的概率性选择背后的原因与事实背道而驰。在以可控性为首要考量目标的领域,比如医疗、核工业和航天等,理解数据决策背后所依赖的事实基础是应用机器学习的前提。对于这些领域,可解释性意味着可信和可靠。

可解释性机器学习还是将机器学习技术与我们人类社会做深度集成的必经之路。对可解释性机器学习的需求不仅仅是对技术进步的渴求,同时包含对各种非技术因素的考量,甚至包含法律法规。欧盟在 2018 年生效的 GDPR(General Data Protection Regulation)条例中明确要求,当采用机器做出针对某个体的决定时,比如自动拒绝一个在线贷款申请,该决定必须符合一定要求的可解释性。

解释给谁听,这个问题相对清楚:简而言之,解释给人听。根据受众的不同,这里所说的解释,包含只有机器学习专家可以理解的解释,也包含普通大众都可以理解的解释。

那么由谁来解释呢?理想情况下,由机器解释:机器一边解答问题,一边给出答案背后的逻辑推理过程。但是,受限于很多机器学习技术的工作原理,机器自答自释并不总是行得通的。很多机器学习算法是"数据进来,模型出去",绝大部分时候,模型最终得出的结论与输入数据之间的因果关联变得无迹可寻,模型也变成了一个神奇的"黑箱子",让人感觉神秘莫测。

在机器自答自释尚无有效方案的阶段,支持人工审查和回溯解答过程的方案可以提供一定程度的可解释性。此时,机器学习系统中各个子模块作用机理的可解释性就变得尤为重要。对于一个大型的机器学习系统,整体的可解释性高度依赖于各个组成部分的可解释性。从目前的机器学习到可解释性机器学习的演化将是一个涉及方方面面的系统工程,需要对目前的机器学习从理论到算法,再到系统实现进行全面的改造和升级。

不同的应用场景对机器学习可解释性的要求不同。某些时候,"曲高和寡"的专业解释就已足够,尤其当其解释只用作技术安全性审查时;另外一些场合,比如面向普罗大众的应用,诸如商场、火车站等处的未来机器人场景,当可解释性是人机交互的一部分时,通俗易懂的解答就变得非常必要。任何技术都只在一定范围和一定程度上起作用,对于机器学习的可解释性同样如此。可解释机器学习,开始于实用性的需求,而将存在于永无止境的改进中。

(2)轻量机器学习和边缘计算

边缘计算(edge computing)指的是在网络边缘节点处理、分析数据。边缘节点指的是在数据产生源头和云计算中心之间具有计算资源和网络资源的节点,比如手机就是人与云计算中心之间的边缘节点,而网关则是智能家居和云计算中心之间的边缘节点。

在理想环境下,边缘计算指的是在数据产生源附近分析、处理数据,降低数据的流转,进而减少网络流量和响应时间。随着物联网的兴起以及人工智能在移动处理场景下的广泛应用,机器学习与边缘计算的结合就显得尤为重要。

(3)量子机器学习

量子机器学习(quantum machine learning)是量子计算和机器学习的交叉学科。量子计算机利用量子相干和量子纠缠等效应来处理信息,这和经典计算机有着本质的差别。目前量子算法已经在若干问题上超过了最好的经典算法,我们称之为量子加速。

当量子计算遇到机器学习,可以是个互利互惠、相辅相成的过程:一方面,我们可以利用量子计算的优势来提高经典的机器学习算法的性能,如在量子计算机上高效实现经典计算机上的机器学习算法。另一方面,我们也可以利用经典计算机上的机器学习算法来分析和改进量子计算系统。图 6-20 展现了未来量子计算与机器学习值得期待的融合。

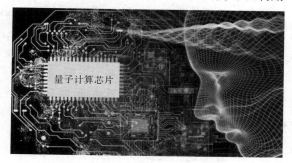

图 6-20　量子机器学习让人遐想

（4）自动定律学习

大自然处处都是纷繁复杂的现象和系统。纵览现实世界复杂现象背后的本质,我们却能得到一个出乎意料的结论:貌似复杂的自然现象往往可以由简单而优美的数学规律所刻画。

基于这种观察,科学工作者们开展了大量尝试并取得了累累硕果。例如,Schmidt 和 Lipson 在 2009 年发表在《科学》杂志的论文中探讨了这样一个课题:对于给定的实验数据,我们基于某种不变性可以生成大量的等式或方程。Schmidt 和 Lipson 在论文中给出了他们的观点:基于某种不变量得到的有效公式必须能正确预测一个系统中各个组成部分之间的动态关系。

相比于深度学习,自动定律学习更像牛顿当年观察研究世界的方法。在收集到很多关于现实世界的数据后,牛顿得到了一系列定律、方程和公式,可以用来简洁明了地刻画我们生活的这个物理世界的规律。万物皆数,自动化定律发现可以很大程度地辅助科学研究,甚至在一定领域内实现科学研究的自动化。

（5）即兴学习

这里我们探讨的即兴学习与 Yann LeCun 一直倡导的预测学习,有着相似的目标,然而二者对世界的假设和采取的方法论非常不同。预测学习这个概念来源于无监督学习,侧重预测未来事件发生概率的能力。从方法论的角度看,预测学习利用所有当前可用的信息,基于过去和现在预测未来,或者基于现在分析过去。预测学习在一定程度上暗合现代认知科学对大脑能力的理解。

预测学习的两大要素是建模世界和预测当前未知。问题是,我们生活的世界是否可以预测? 这个问题的答案是不明确的。

与预测学习对世界的假设不同,即兴学习假设异常事件的发生是常态。即兴智能是指当遇到出乎意料的事件时可以即兴地、变通地处理解决问题的能力。即兴学习意味着没有确定的、预设的、静态的可优化目标。

直观地讲,即兴学习系统需要进行不间断的、自我驱动的能力提升,而不是由预设目标推动演化。换言之,即兴学习通过自主式观察和交互来获得知识和解决问题的能力。

（6）社会机器学习

机器学习的目的是模拟人类的学习过程。机器学习虽然取得很大的成功,但是到目前为止,它忽视了一个重要的因素,也就是人的社会属性。我们每个人都是社会的一分子,从出生开始,就很难脱离社会独自生存、学习并不断进步。既然人类的智能离不开社会,那么我们能否让机器也具有某种意义的社会属性,模拟人类社会中的关键元素进行演化,从而实现比现在的机器学习方法更为有效、智能、可解释的学习呢?

　　社会学习是美国心理学家 A.班杜拉(A.Bandura)使用的术语,作为一种强调认知、替代以及自我调节等因素在人类行为中的作用的心理学理论的基础,如图 6-21 展示的场景。

　　社会是由亿万个人类个体构成的,社会机器学习也应该是一个由机器学习智能体构成的体系。每一个机器学习算法除了按照现在的机器学习方法获取数据的规律,还参与社会活动。它们会联合其他的机器学习智能体按照社会机制积极获取信息、分工、合作,获得社会酬劳。与此同时,它们会总结经验、学习知识、相互学习来调整行为。

图 6-21　社会学习的场景

　　由于社会属性是人类的本质属性之一,社会机器学习也将会是我们利用机器学习从获取人工智能到获取社会智能的重要方向。

6.5　本章小结

　　本章通过阐述概念以及讲述其典型案例,介绍了数据挖掘及机器学习的概要知识和技术,从培养学生对这方面科学与技术的认知出发,着眼于将来学生可以在实际应用中使用数据挖掘及机器学习相关的知识与技能。

　　同时,本章也介绍了数据挖掘及机器学习的历史与未来,学生借助这些知识,对于数据挖掘及机器学习会有进一步、更全面的认识,可以从中受到某些启发,应用在自己的未来工作或生活中。

6.6　习题

一、选择题

　　1. 以下(　　　)不属于关联规则分析研究的问题。

　　　A. 便利店里洗涤剂放多少瓶在货架上最合适

　　　B. 水果店里顾客是否会苹果、香蕉一起买

　　　C. 超市里买了洗涤剂的人会不会再买玻璃去污剂

　　　D. 上网买了旅游鞋的人会不会再买运动袜

2. 以下（　　）不是常用的数据预处理方法。

　　A. 数据清理　　　　　B. 数据精简　　　　C. 数据变换　　　　D. 数据挖掘

3. 决策树是一种典型的（　　）方法。

　　A. 关联规则分析　　　B. 深度学习　　　　C. 数据分类　　　　D. 聚类

4. 聚类是一个把原始数据集依据彼此的（　　　）划分成若干子集（也称为簇）的过程。

　　A. 依存度　　　　　　B. 相似程度　　　　C. 相关性　　　　　D. 关联度

5. 深度学习用到的卷积神经网络是（　　）人工神经网络。

　　A. 多能　　　　　　　B. 多道　　　　　　C. 多层　　　　　　D. 多向

二、填空题

1. 数据挖掘是指从大量的_____中通过各种方法或手段，搜索隐藏于其中的信息或_____的过程。

2. 机器学习是一门多领域交叉学科，专门研究计算机怎样模拟或实现人类的_____行为，以获取新的知识或_____，重新组织已有的知识结构使之不断改善自身的_____。

3. 机器学习按照学习方式可以分为有监督学习、无监督学习、_____三种。

三、简答题

1. 机器学习和数据挖掘有什么联系？二者有什么区别？

2. 简单解释一下数据预处理的概念和作用。

3. 从问题导向的角度，数据挖掘的主要方法有哪些？

4. 结合自己的专业知识或兴趣爱好，谈谈数据挖掘或机器学习将来可以协助你做些什么。

第7章 云计算与大数据技术

本章学习目标
- 了解云计算的基本概念与基本特征；
- 了解云计算的服务模式和关键技术；
- 通过案例领会云计算的典型应用场景；
- 了解大数据的基本概念和基本特征；
- 了解大数据的作用和带来的思维方式变革；
- 了解大数据处理的基本环节和支撑技术；
- 通过案例分析领会大数据技术的应用场景。

7.1 云计算简介

"云计算"(cloud computing)是继互联网大规模普及应用之后出现的一种新型计算模式，它的核心思想是对大量用网络连接的计算资源进行统一管理和调度，构成计算资源池向用户提供按需服务。

可以用自来水和电力系统来比喻云计算的服务模式："一拧开水龙头，水就来了"；"插上插座，就能用上电"。这意味着，只要在有网络的地方，就可以不受时间和空间的限制按需获得计算资源和各种各样的云服务。因此，云计算将计算能力以商品的形式在互联网上流通，就像水、电、煤气一样，可以方便地取用，且价格较为低廉。

7.1.1 云计算的基本概念

1. 什么是云计算

云计算的概念雏形是由图灵奖得主约翰·麦卡锡(John McCarthy)于1961年在麻省理工学院一次讲座中提出的，他认为未来的"计算"应能像电话、水和电等一样成为一种"公共资源"。

2006年8月9日，谷歌公司(Google)的首席执行官埃里克·施密特(Eric Schmidt)在搜索引擎大会(SES San Jose 2006)上第一次正式地提出"云计算"这一概念，有着巨大的历史意义。

从技术角度看,"云计算＝虚拟化＋集群管理",它是分布式计算(distributed computing)、并行计算(parallel computing)、网络存储(network storage technologies)、虚拟化(virtualization)、负载均衡(load balance)等传统计算机和网络技术融合发展的产物。

过去常常用云形状的图来表示电信网络,目前也用来表示互联网和底层基础设施的抽象。用户通过电脑、笔记本、手机等方式接入云中心,按自己的需求进行运算。图 7-1 是"云计算"的示意图。

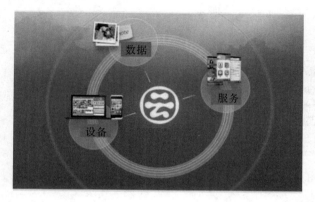

图 7-1　云计算示意图

2. 云计算的定义

云计算还在不断发展完善的过程中,至今为止并没有标准的定义,美国国家标准与技术研究院(National Institute of Standards and Technology,NIST)对云计算的定义目前得到较为广泛的认可,鉴于其重要性,这里分别给出其英文原文和中文翻译。

NIST 对云计算的定义(英文原文 Version 15):Cloud computing is a model for enabling convenient, on-demand network access to a shared pool of configurable computing resources(e.g., networks, servers, storage, applications, and services) that can be rapidly provisioned and released with minimal management effort or service provider interaction.

中文意译为:云计算是一种能够通过网络以便利的、按需付费的方式获取计算资源(包括网络、服务器、存储、应用和服务等)的模式,这些资源来自一个共享的、可配置的资源池,并能够以最小的管理工作或服务提供商交互的方式来快速获取和释放。

国务院 2012 年政府工作报告将云计算作为国家战略性新兴产业,给出如下的描述:(1)云计算是基于互联网的服务的增加、使用和交付模式,通常通过互联网络来提供动态、易扩展且经常是虚拟化的资源;(2)云计算是传统计算机和网络技术发展融合的产物,它意味着计算能力也可以作为一种商品通过互联网进行流通。

"百度百科"上对"云计算"词条的描述为:云计算(cloud computing)是分布式计算的一种,指的是通过网络"云"将巨大的数据计算处理程序分解成无数个小程序,然后通过多部服务器组成的系统处理和分析这些小程序,得到结果并返回给用户。

总而言之,云计算是一种可以通过网络以按需、易扩展的方式获得所需要的计算服务和资源的模式,旨在把许多计算资源集合起来,组成一个具有强大计算能力的虚拟共享资源池——"云",为用户提供按需的服务。

7.1.2 云计算的基本特征与优点

1. 云计算的基本特征

NIST 认为云计算模式能够显著提高计算资源的可用性,并指出了其必不可少的 5 个基本特征、3 种基本服务模式和 4 种部署方式,如图 7-2 所示。

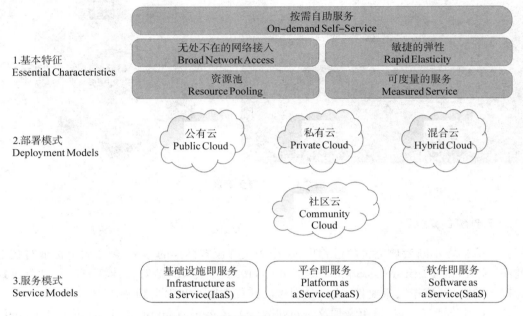

图 7-2 NIST 关于云计算特征的示意图

以下对云计算 5 个基本特征的含义进行简要的介绍。

(1)按需自助服务。用户可以根据自己的需要租用云计算资源,并能够以最省力和无人干预的方式获取和释放计算资源。

例如,某个电商平台可以在双十一期间租用更多的云服务器,以应对突发高流量的网络访问和购物订单的处理,而在平时只需要租用较少数量的云服务器。以这种按需配置的方式,可以有效减少计算资源的开支。

(2)泛在的网络访问方式。在联网的条件下,用户可通过各种统一的标准机制从多样化的客户端(例如,个人电脑、笔记本电脑、手机和智能终端),不受时间和空间的限制访问云服务。

(3)资源池。云服务提供商将计算资源汇集到资源池中,通过多租户模式共享给多个消费者,并可根据不同消费者的需求对物理资源和虚拟资源进行动态分配。

(4)快速弹性伸缩。云服务提供商能够以快速而灵活的方式为用户提供各种云服务,消费者可以很方便地扩展或快速释放租用的云计算资源,实现按需配置和使用。

(5)可度量的服务。云计算平台利用某种计量方法(通常是通过一个付费使用的业务模式)来自动调控和优化资源利用,针对不同的服务需求进行计量和定价,并且可以监控和报告资源使用情况,以提高资源的管控能力,促进优化利用。

2. 云计算的优点

当前的云计算技术有6项共性优点，它们分别为：

(1)超大规模。例如，到2020年7月为止，阿里云在全球22个地域部署了上百个数据中心，服务器的总规模数已接近200万台，图7-3是阿里云超级数据中心示意图。

(2)虚拟化。运用虚拟化技术，云计算以虚拟计算资源的形式向用户提供服务，并支持用户在任意位置使用各种终端获取应用服务。

(3)高可靠性。云计算使用了数据多副本容错、计算节点同构可互换等措施来保障服务的高可靠性，因此使用云计算比使用本地计算机更加可靠。

(4)通用性。云计算不针对特定的应用，在"云"的支撑下可以构造出千变万化的应用，同一个"云"可以同时支撑不同的应用运行。

图7-3　阿里云超级数据中心

(5)高可扩展性。"云"的规模可以动态伸缩，满足应用和用户规模增长的需要。

(6)按需服务。"云"是一个庞大的资源池，可以让用户按需购买，云服务可以像自来水、电、煤气那样计费。

7.1.3　云计算的服务模式

云计算的服务模式可以分为3种，从高层到低层分别为SaaS、PaaS和IaaS，以下分别介绍这3种服务模式。

1. SaaS(Software as a Service,软件即服务)

SasS层向云用户提供各类应用软件及接口。SaaS云提供商在云端安装和运行应用软件，云用户只要通过网络连接上云服务器，就可以通过浏览器直接使用在云上运行的应用和软件，因此免去了硬件投入和软件本身的费用支出。但云用户不能管理应用软件所运行的基础设施和平台，只能做有限的应用程序设置。

例如，Google Apps是谷歌公司推出的一款SaaS服务，该服务为企业提供应用套件，能够为用户提供企业版Gmail、Google日历、Google文档和Google协作平台等多个在线办公工具，现在已有超过两百万家企业购买了Google Apps服务。SaaS的典型例子还有微软公司的Office Web Apps以及AdventNet公司的Zoho等。

2. PaaS(Platform as a Service,平台即服务)

PaaS层提供应用服务引擎，将应用开发和部署平台作为服务提供给用户。PaaS以服务器平台或者开发环境提供服务，将软件开发的平台作为一种服务放在网上。PaaS平台通常包括操作系统、编程语言环境、数据库和 Web 服务器等,用户可以在平台上部署和运行自己的应用,但是云用户不能管理和控制基础设施,只能控制自己部署的应用。

例如,Salesforce 的 Force.com 是业界第一个 PaaS 平台,它基于 Salesforce 著名的多租户构架,主要通过提供完善的开发环境和完备的基础设施来帮助企业和第三方供应商交付健壮、可靠、可伸缩的在线应用。

【案例 7-1】哈根达斯利用 Salesforce 的 PaaS 定制客户管理系统

哈根达斯是著名的冰激凌供应商,其加盟店遍布世界各地。公司需要一个 CRM(客户关系管理)系统对所有的加盟店进行管理。当时哈根达斯用 Excel 表单来管理和跟踪主要的加盟店,用 Access 数据库来存储加盟店的数据,通过虚拟专用网(VPN)来访问数据库。因此,公司急需一个能够让分布在各地的员工沟通协作的解决方案,并且该方案应该能够根据不同的需求进行灵活配置。哈根达斯公司选择了 Salesforce CRM企业版,应用系统在不到 6 个月的时间就上线了。哈根达斯公司用更少的成本获得了超预期的效果。如果哈根达斯公司要搭建自己的 CRM 平台,传统的做法是先聘请一支专业的顾问团队研究公司的业务流程,建模分析并提出咨询报告。然后再雇用一家 IT外包公司,进驻自己的公司对平台进行开发。同时,还需要购买服务器、交换机、防火墙、各种各样的软件,以及租用带宽等。哈根达斯公司如同在超市选购商品一样选择自己需要的功能模块,让 Salesforce.com 定制集成一个属于自己的 CRM 系统,系统的上线和维护也将由 Salesforce.com 的专业团队负责。

---

3. IaaS(Infrastructure as a Service,基础设施即服务)

IaaS 是将各种底层的计算和存储等资源作为服务提供给用户。这一层主要包括大量的计算节点、存储节点、网络设备等,对外提供虚拟化的计算资源、存储资源,还可以将整个或部分基础设施作为一种服务对外出租。

云用户可以在此基础上部署和运行各种软件,包括操作系统和应用程序。与前两者比较,IaaS 注重底层计算和存储资源的共享,云用户可以通过 IaaS 所提供的完善的计算机基础设施获得服务。

例如,IBM Blue Cloud 是由 IBM 云计算中心开发的业界第一个企业级的 IaaS 解决方案。它可以对企业现有的基础架构进行整合,通过虚拟化技术和自动化管理技术来构建企业的云计算中心,并实现对企业硬件资源的统一管理、统一分配、统一部署、统一监控和统一备份,也打破了应用对资源的独占,从而帮助企业能够享受到云计算所带来的诸多优越性。

表 7-1 和图 7-4 给出了 3 种云服务模式之间的特性对比。

表 7-1　3 种云服务模式对比

模式	服务对象	使用方式	关键技术	用户控制等级	系统实例
IaaS	需要硬件资源的用户	使用者上传数据、程序代码、环境配置	虚拟化技术、分布式海量数据存储等	使用和配置	Amazon EC2、Eucalyptus
PaaS	程序开发者	使用者上传数据、程序代码	云平台技术、数据管理技术等	有限的管理	Google App Engine、Microsoft Azure
SaaS	企业和需要软件应用的用户	使用者上传数据	Web 服务技术、互联网应用开发技术等	完全的管理	Google Apps、Salesforce CRM

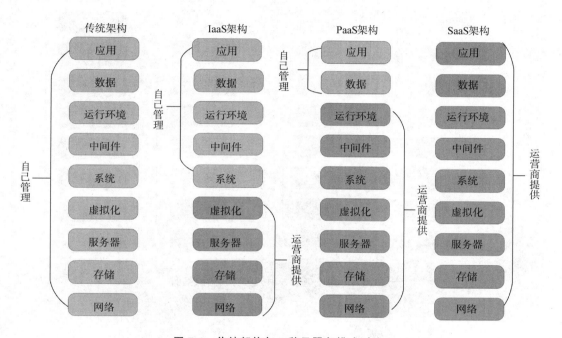

图 7-4　传统架构与 3 种云服务模式对比

【案例 7-2】用于理解 3 种云服务模式的"比萨饼服务平台"案例

为了加深读者对云计算服务模式的理解,以下用一个"比萨饼服务平台"案例进行形象的比喻,如图 7-5 所示。

(1)如果不使用外界资源,完全由自己制作比萨饼,则需要准备所有的器具和原材料,并由自己完成制作的全过程,这相当于所谓的"传统架构"(没有应用云计算服务),自己不但要掌握全部的技术方法,还需要准备所有的资源。

(2)如果从"比萨饼服务平台"上订购制作比萨饼的原材料,自己准备制作的器具并完成制作的过程,这相当于应用"IaaS 架构"的云服务,自己要掌握制作技术,但基础原料由服务商提供。

（3）如果在"比萨饼服务平台"上请了一位面点师上门制作，他不但准备了原材料，还负责制作过程。而你甚至不需要准备制作的器具，只需要备有苏打水和桌子，这就相当于应用了"PaaS 架构"的服务。

（4）如果在"比萨饼服务平台"上直接购买了比萨饼，则你要的产品全部由服务商提供，你只需要根据自己的需要付费使用即可，这就相当于得到"SaaS 架构"的服务。

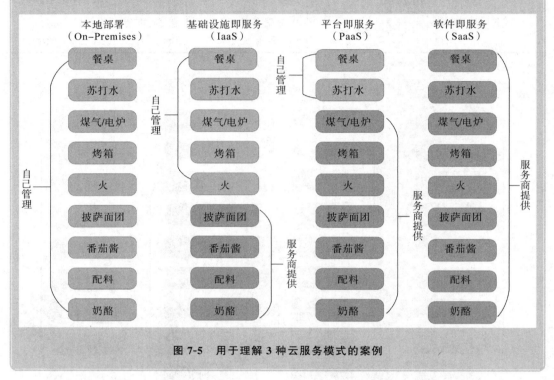

图 7-5　用于理解 3 种云服务模式的案例

7.1.4　云计算的部署方式

云计算根据部署方式的不同可以分为私有云、公有云、混合云和社区云，以下对这 4 种方式进行简要的介绍。

（1）私有云：是被某个单一组织拥有或租用的，可以坐落在本地或异地的云基础设施。

（2）公有云：是被一个提供云计算服务的运营组织所拥有的云基础设施，该组织将云计算服务销售给一般大众或广大的中小企业群体。

（3）混合云：由私有云和公有云组成，每种云仍然保持独立实体，但用标准的或专有的技术将它们组合起来，从而具有数据和应用程序的可移植性。

（4）社区云：是由几个组织共享的云端基础设施，它们支持特定的社群，有共同的关切事项，例如使命任务、安全需求、策略与法规遵循考量等。管理者可能是组织本身，也可能是第三方；管理位置可能在组织内部，也可能在组织外部。

云计算 4 种部署方式的比较见表 7-2。

表7-2　云计算4种部署方式的比较

部署方式	适合行业	适合客户规模	特点
私有云	私密性较强的行业	大/中型客户	私密性强,可进行深度开发,可利用既有闲置硬件
公有云	互联网原生行业	中小客户	弹性强,无须硬件采购,运维好
混合云	所有类型行业	所有客户	兼有公有云和私有云优点,但结构复杂
社区云	具有共同关切的多个组织的联盟	中/大型客户	私密性较强,能够跨系统、跨机构协作共享资源

7.1.5　云计算的优势和带来的变革

1. 云计算的优势

云计算作为一种先进的计算模式已经被广泛使用,它提高了计算资源的利用率和使用成本,具有省时、省力、省钱、省人、省地和省电的优点。

(1)提高计算资源利用率

云计算的公用性和通用性使得计算资源的利用率大幅提升,降低了全社会的IT能耗,真正做到"绿色计算"。

传统计算模式的"烟囱式"结构,使得计算资源得不到有效的利用。在传统模式下,各企业通常根据预计的业务需求来提前配置计算资源,这些资源往往与应用系统一一对应,呈"烟囱式"结构,各应用系统处于不同工作状态,使得部分IT资源未达到预定载荷。此外,企业为应对可能的负载峰值而储备一定的额外IT资源。以上两点都会导致现有的计算资源得不到有效的运用,无形中增加了企业的IT成本。

云计算模式的"资源池"结构,使得计算资源利用率得到有效提高。云计算模式通过分布式计算与虚拟化技术,改变了传统"烟囱式"的资源组织架构,以"资源池"的形式对计算资源进行组织,通过"虚拟化"、"复用"等理念,将一组集群服务器上人为划分出来的多个"虚拟的"独立主机提供给不同客户;同时结合云平台管理技术,将池内资源按照应用系统的需求状况进行分配,既能避免有限资源的闲置,还可在负载峰值时及时调配所需资源,使得计算资源配置更加有效。

(2)适应弹性化需求

云计算模式的一个重要特征是"按需自助服务",在这种模式下,云服务提供商预先建设了大量的计算和存储资源,云用户可以按照业务发展的需要灵活地向云服务提供商租用IT资源。云用户可根据自身业务发展需要,按使用时长、按使用量同云服务提供商签订协议获取所需IT资源。这使得资金较紧的中小企业不必预先进行大规模IT投资,并且在企业业务扩张较快时,该模式也能够迅速给企业提供新的IT资源,以支持增量业务。

在传统模式下,各个企业或机构的计算资源需求与供给之间往往不匹配,无法快速适应业务需求的变化。企业通常会根据自身业务的需求预先进行IT投资,在业务量达到预定负荷之前,所投产的IT资源往往未得到有效运用。如果企业的业务扩张速度超过预期,由于补充新的IT资源往往需要一段建设期,这段时期内现有IT资源难以满足企业需求,从而对业务发展造成限制。这样的传统模式对于电商、网游等具有较大业务弹性的企业的影响较为明显,此类企业既难以拿出大量资金预先进行 IT 资源投资,同时业务量弹性较大,使得现有 IT 资源很容易跟不上业务发展的需要。

(3)降低计算资源的使用成本

对云服务提供商而言,云计算的特殊容错措施使得可以采用极其廉价的节点来构成"云",通过自动化管理大幅降低数据中心的运营成本,"云"设施还可以建在电力资源丰富的地区,从而大幅降低能源成本。

对于云用户而言,云计算通过对计算资源的优化配置与按需使用,显著降低了用户使用计算资源、存储资源和各种服务与应用的成本。企业用户通过租用云服务,可以减少用于 IT 系统的管理与维护费用,并节省人力成本。图 7-6 是云计算节约成本的一个示意图。

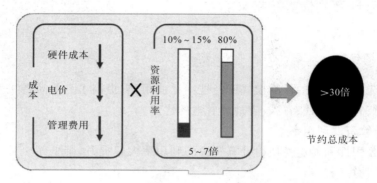

图 7-6　云计算节约成本示意图

【案例 7-3】华盛顿邮报使用亚马逊云计算案例

2008 年 3 月 19 日,美国国家档案馆公开了希拉里·克林顿在 1993—2001 年作为第一夫人期间的白宫日程档案。这些档案具有极高的社会关注度与新闻时效性,华盛顿邮报希望在第一时间上传互联网,以便公众查询。但这些档案都是不可检索的 PDF 文件,若想将其转换为可以检索并便于浏览的文件格式,需要进行再处理。而以华盛顿邮报当时所拥有的计算能力,需要超过 1 年的时间才能完成全部档案的格式转换工作。显然,这样的效率不能满足新闻的时效性和公众对于信息的期盼。

为此,华盛顿邮报将这个档案的转换工程通过租用 Amazon EC2(Elastic Compute Cloud,弹性计算云)来完成。Amazon EC2 同时使用 200 个虚拟服务器实例,在 9 个小时内将所有的档案转换完毕,以最快的速度将这些第一手资料呈现给读者。华盛顿邮报在 9 个小时内使用了 1407 小时的虚拟服务器机时,仅需要向 Amazon 公司支付 144.62 美元的费用。

---

2. 云计算带来的变革

云计算创新了一种计算资源的社会化服务模式,以共享资源池的形式为用户提供按需的服务,使得全社会的计算资源得以优化利用。云计算作为一种新兴的计算资源共享利用模式,不但给 IT 产业带来重大的变革,也对全社会使用 IT 资源的方式和方法带来新的思路,接下来介绍几项云计算为现代社会带来的变革。

(1)云计算成为一种社会化服务

云计算正在成为像自来水、电、煤气、电视和电话等一样的社会化服务。云计算使得计算资源、存储资源和各种各样的应用成为一种社会化的公共资源,它可以像水厂、电厂一样,把一些分散的 IT 资源转化为规模化、集约化、专业化的运营和服务,大大提高资源使用效率,降低企业 IT 成本与用户使用门槛。

对于中小企业和机构,云计算可以让它们实现跨越式的发展,提高效率,降低成本并实现节能减排,还能大大加快中小企业的信息化速度。

(2)云计算带来新的商业模式

云计算凭借分布式计算、虚拟化等技术,将存储、计算、网络、应用和服务等资源抽象成资源池,在保证高性能、可靠性、动态调用、弹性扩展的基础上,改进了 IT 服务的商业模式。在云计算模式下,IT 系统的用户实现了按需使用、按量付费、灵活部署、弹性扩展。

(3)云计算带来工作方式的变革

云计算对企业的工作方式带来变革,团队成员不需要坐在同一个办公室里,也可以协作完成任务。在工作方式方面,可以允许开发人员和运维人员的任务相对独立,但又能流畅地沟通、协作、集成和自动化,以更快捷、更频繁、更可靠的方式构建、测试、发布应用,为企业创造更多直接的业务价值。在技术支持方面,可以 7×24 小时随时访问数据、服务,可以移动化获取原本需要坐在办公室里才能保持的对信息和计算能力的掌握,直接提升了工作效率。

(4)云计算加速经济全球化

云计算平台可以提供无处不在的计算资源和全球化的数据中心,使得企业更容易将自身的服务延伸到其他国家。由于云计算的使用门槛非常低,而且具有非常灵活的付费使用模式,使得中小企业也可以拥有比拟大型跨国公司的 IT 能力,从而使它们能够参与全球竞争。例如,一个发展中国家的小图形工作室也可以通过各种云计算解决方案,面向全球出售自己的在线服务;一个手游公司可以让自己的游戏 App 在全世界推广应用。

【案例 7-4】某共享单车平台借助云计算拓展全球业务

中国某公司基于移动 App 和智能硬件开发的无桩共享单车,可以为用户的出行提供便捷经济、绿色低碳、更加高效率的共享单车服务,在我国多个城市推广应用,拥有很大的市场占有率。

该公司借助阿里云全球数据中心,截至 2017 年 10 月共把 1000 万辆共享单车投入社会便民服务,覆盖全球 19 个国家地区,突破日订单千万只花了不到 6 个月时间,从海外车辆的设计、打样、量产再到车辆运输到海外国家只用了 7 周的时间,这在整个行业都是不可思议的"创新速度"。

由于共享单车容易在上下班高峰形成潮汐效应,因此需要做智能调度,该公司希望用智能调度方案去匹配供需缺口,将车辆供需差降至最低,为更多用户提供完善的出行服务。基于这些特点,该公司选择了弹性调配、扩容灵活、成本低廉的云计算平台,开展公司的运营活动和大数据的分布式处理。

7.1.6 云计算的关键技术简介

云计算的关键技术有虚拟化、分布式存储、并行计算技术、分布式资源管理技术、云计算平台管理技术等,以下对其中的几项进行简要的介绍。

1. 虚拟化技术

虚拟化技术在计算机方面通常是指计算元件在虚拟的基础上而不是真实的基础上运行,它的作用是将各种计算机软硬资源抽象、转换成另一种逻辑的形式表示,不受物理资源的限制,目的是提高计算资源的利用率。

虚拟化是云计算最重要的特征之一。虚拟化技术实现了资源的逻辑抽象和统一表示,可以对存储、计算、网络等物理资源进行池化,资源池化的基础设施更易于实现按需分配的资源调度策略,易于实现资源池的横向扩展。虚拟化技术在服务器、网络及存储管理等方面都有着突出的优势,大大降低了管理复杂度,提高了资源利用率,提高了运营效率,从而有效地控制了成本。

借助虚拟化技术,用户能以单个物理硬件系统为基础创建多个模拟环境或专用资源。例如,CPU 的虚拟化技术可以用单个 CPU 模拟多 CPU 并行处理,允许一个平台同时运行多个操作系统,并且应用程序都可以在相互独立的空间内运行而互不影响,从而显著提高计算机的工作效率。

计算机虚拟化技术会给每个虚拟机(virtual machine,VM)模拟一套独立的硬件设备,包含 CPU、内存、主板、显卡、网卡等硬件资源,并在其上安装操作系统。没有虚拟化前,一台主机只能运行一个操作系统;有了虚拟化,一台主机可以虚拟化出多台计算机。

虚拟化和“云”的核心理念都是从实体资源中抽象、转换出模拟的环境。但云计算的虚拟化不仅仅是对计算机系统的单一虚拟化,它是涵盖整个系统架构的,是包括硬件资源、操作系统、网络和应用在内的全系统虚拟化。它的优势在于能够把所有硬件设备、软件应用和数据隔离开来,打破硬件配置、软件部署和数据分布的界限,实现 IT 架构的动态化,实现资源集中管理,使应用能够动态地使用虚拟资源和物理资源,提高系统适应需求和环境的能力。

【案例 7-5】VMware 虚拟化技术案例

威睿(VMware Inc.)是一家全球著名的云计算基础架构公司,它提供云计算和硬件虚拟化的软件和服务,并号称是第一个商业化成功的虚拟化 x86 架构。

VMware Workstation 是 VMware 公司的商业软件产品之一,它允许用户在一台 x86 架构的计算机上同时创建和运行多个虚拟机,每个虚拟机可以独立运行其安装的操作系统(如 Windows、Linux 和 MacOS 等),其功能如图 7-7 所示。

VMware Workstation 具有以下功能:

(1)不需要分区或重启计算机就能在同一台计算机上使用两种以上的操作系统。

(2)完全隔离并且保护不同操作系统的运行环境,能够设定并且随时修改操作系统的操作环境,如内存、磁盘空间和周边设备等。

（3）不同的操作系统之间能够互动操作，如虚拟机间相互网络连接、文件分享以及复制粘贴功能。

（4）具有虚拟机的复原和克隆等功能。

VMware Workstation 需要运行在其他操作系统上，但基于 VMwarevSphere 架构的 VMware ESXi 系统则可以直接安装在裸机上（完全不需要其他操作系统的支持），称为 Bare Metal Hypervisor（裸机虚拟化）。ESXi 可以管理物理计算机的资源，将多台计算机组建成一个虚拟机集群，进行虚拟机的创建、部署、迁移等操作，同时还可以通过 ESXi 对物理计算机上的网络存储资源进行管理。

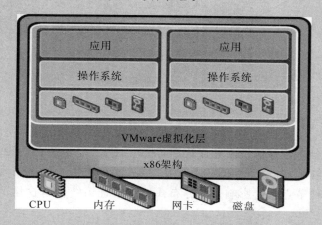

图 7-7　VMware Workstation 功能示意图

2. 分布式存储

当前，随着大数据时代的到来和 IT 技术的飞速发展，各种非结构化数据（如图片、视频、音频等）呈几何数级增长，传统的集中式存储模式已经无法满足其容量、性能和安全性的需求。

分布式存储是相对于集中式存储而言的。传统的存储系统采用集中的存储服务器存放所有数据，存储服务器成为系统性能的瓶颈，也是可靠性和安全性的焦点，无法满足大规模存储应用的需要。分布式存储系统则采用可扩展的系统结构，利用多台存储服务器联网共同分担存储负荷，它不但提高了系统的可靠性、可用性和存取效率，还易于扩展。图 7-8 是分布式存储的一个简单示意图，其中 DataServer 服务器用于具体存储数据，MetaServer 是元数据中心，其核心功能是集群成员的管理。

分布式存储技术可以分为分布式文件系统和分布式数据库系统两大类型。流行的分布式文件系统包括 HDFS、Fast DFS 和 MogileFS 等。分布式数据库是数据库技术与网络技术相结合的产物，目前流行的开源分布式数据库系统包括 HBase、MongoDB、PostgreDB、Redis 和 MySQL 等。

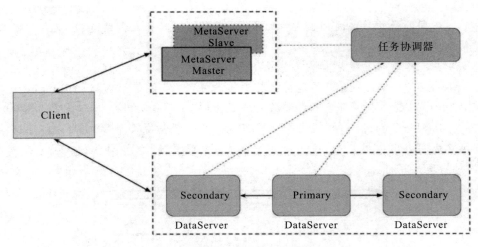

图 7-8　分布式存储示意图

3. 分布式资源管理技术

云计算采用了分布式存储技术存储数据,那么自然要引入分布式资源管理技术。在多节点的并发执行环境中,各个节点的状态需要同步,并且在单个节点出现故障时,系统需要有效的机制保证其他节点不受影响。而分布式资源管理系统恰是这样的技术,它是保证系统状态的关键。

另外,云计算系统所处理的资源往往非常庞大,少则几百台服务器,多则上万台,同时可能跨越多个地域。云平台中运行的应用也数以千计,如何有效地管理这批资源,保证它们正常提供服务,需要强大的技术支撑。因此,分布式资源管理技术的重要性可想而知。

全球各大云计算方案/服务提供商都在积极开展相关技术的研发工作。其中,Google内部使用的 Borg 技术很受业内称道。另外,微软、IBM、Oracle/Sun 等云计算巨头都有相应解决方案提出。

4. 云计算平台管理

云计算资源规模庞大,服务器数量众多并分布在不同的地点,同时运行着数百种应用,如何有效地管理这些服务器,保证整个系统提供不间断的服务是巨大的挑战。云计算系统的平台管理技术需要具有高效调配的大量服务器资源,使其具有更好协同工作的能力。其中,方便地部署和开通新业务,快速发现并且恢复系统故障,通过自动化、智能化手段实现大规模系统可靠的运营是云计算平台管理技术的关键。

对于云服务提供者而言,云计算可以有 4 种部署模式,即公共云、私有云、混合云和社区云,各种模式对平台管理的要求大不相同。对于用户而言,由于企业对于 IT 资源共享的控制、对系统效率的要求以及 IT 成本投入预算不尽相同,企业所需要的云计算系统规模及可管理性能也大不相同。因此,云计算平台管理方案要更多地考虑到定制化需求,能够满足不同场景的应用需求。

包括 Google、IBM、微软、Oracle/Sun 等在内的许多厂商都有云计算平台管理方案推出。这些方案能够帮助企业实现基础架构整合,实现企业硬件资源和软件资源的统一管理、统一分配、统一部署、统一监控和统一备份,打破应用对资源的独占,让企业云计算平台价值得以充分发挥。

7.2 云计算的发展现状与应用案例

云计算经过近十年的快速发展,其应用已经非常普及,逐渐成为 IT 产业发展的重要支撑,也成为一种重要的社会公共资源。以下对云计算的发展历程和现状进行简要介绍,并用几个应用案例让读者领会其典型的应用场景。

7.2.1 云计算的发展简史

追溯云计算的发展过程,它是在效用计算、分布式计算和网格计算的基础上发展而来的,并且是虚拟化技术、并行计算和 SOA(service-oriented architecture,面向服务的体系架构)混合演进的结果。

对云计算的发展阶段有各种不同的表述,有人单纯从技术发展的角度进行划分,有人则从服务模式演进的角度进行划分。本书综合云计算的服务模式和规模应用两个因素,介绍其发展的历程。

1. 效用计算阶段

这个阶段的模式是将 IT 资源物理集中使用,也就是将大量分散的计算机资源集中一起,进行规模化管理,降低成本,方便用户的使用。因此,这个阶段也称为"电厂模式阶段",就好比是利用电厂的规模效应来降低电力成本,让用户使用起来更为方便,并且无须购买和维护任何发电设备。

在 20 世纪 60 年代,计算机设备的价格还很昂贵,远非一般的企业和学校所能承担,因此就有了共享资源的想法。"人工智能之父"麦肯锡于 1961 年提出"效用计算"这一概念,目标是整合分散各地的计算机资源(服务器、存储系统和程序),共享给用户使用,让人们使用计算资源就像使用电力资源一样方便。

但是当时许多相关的技术(如互联网技术)还处于发展的初期,虽然提出了效用计算的理念,但由于技术的限制,并未取得预期的效果。

2. 网格计算阶段

网格计算是一种"化大为小"的模式,就是将一个需要非常巨大的计算能力才能解决的问题分成许多小的部分,然后把这些部分分配给许多低性能的计算机来处理,最后把这些计算结果综合起来攻克大问题。可惜的是,由于网格计算在商业模式、技术和安全性方面的不足,它并没有在工程界和商业界取得预期的成功。

云计算和网格计算都能够提高 IT 资源的利用率。云计算侧重于 IT 资源的整合,为用户提供按需的服务,属于"资源外包模式";网格计算侧重于不同机构间计算能力的连接,将拥有计算能力的节点组成联盟,共同解决大规模计算的问题,是一种联合共享模式的运用。

> **【案例 7-6】网格计算案例——寻找地球外生命迹象**
>
> 　　1999 年 5 月 17 日,一项由美国加州大学伯克利分校开展的寻找地球外生命迹象的科学项目 SETI@home 启动了,SETI@home 是 Search for Extra Terrestrial Intelligence at Home 的缩写,意为在家里寻找外星文明。SETI@home 项目主要是利用联网 PC 的闲置能力分析世界上最大的射电望远镜获得的数据,以帮助科学家探索外星生物,其计算模式的实质就网格计算。
>
> 　　从 SETI@home 项目正式启动以来,已经有 300 万志愿者参加了这个项目,他们从指定的站点下载射电望远镜收集的信息的片段,用自己的计算机运行分析,从中寻找宇宙中生命的迹象,总处理数据量达到了 15 TB,平均每位参与者让自己的电脑为 SETI@home 工作了 17.5 小时,这相当于使用一台 PC 机工作 482023 年,相当于使用超级计算机工作 48 年。这个项目充分利用了分布在世界各地计算机的力量,虽然整个计划耗资只有 50 万美元,却拥有强大的威力。

3. 云计算阶段

云计算的核心与效用计算和网格计算非常类似,也是希望 IT 技术能像使用电力那样方便,并且成本低廉。我们将云计算的发展过程分为初期、成熟和广泛应用 3 个阶段。

(1)云计算的初期阶段

2006 年之前是云计算的发展初期阶段,在这个阶段,随着虚拟化技术的发展与成熟,IaaS(基础设施即服务)的商业化,以及分布式计算框架的提出(例如,2004 年 Google 关于 GFS、MapReduce 和 BigTable 的论文),云计算模式突破了技术上的限制,有了初步的发展。

(2)云计算的成熟阶段

2006—2010 年,云计算技术有了长足的发展,云计算模式开始受到国际上 IT 大公司和各个标准化组织的重视,使得云计算的理论、技术和体系架构逐渐成熟(如 2008 年 Hadoop 成为 Apache 顶级项目)。

①2006 年,Google 公司在其云计算发展的基础上首次提出了"云计算"概念,并于 2009 推出 Google App Engine(Google 应用引擎)这一里程碑产品。

②亚马逊公司从 2006 年起相继推出了在线存储 S3(simple storage service)和弹性计算云 EC2(Elastic Cloud Computer)等云服务,至今 EC2 仍然是亚马逊云主流产品的基石。

③2007 年 11 月,IBM 公司发布云计算商业解决方案,推出蓝云(blue cloud)计划。

④2008 年,微软发布 Windows Azure 系统,由此拉开了微软的云计算大幕。

⑤2009 年 9 月,阿里巴巴公司启动阿里云计划。

(3)云计算的广泛应用阶段

2010 年至今,是云计算高速发展和广泛应用的阶段,在这一阶段云计算得到政府、企业和研究机构的高度重视,云计算的技术与应用得到飞速发展。

①Microsoft Azure 于 2010 年 2 月 1 日全面上线,它包括 4 项最重要的服务:计算服务、

Azure Blob 存储服务、SQL Azure 数据库服务和 Azure Service 消息总线方案。

②阿里巴巴于2012年成立"阿里云"事业群,2018年升级为阿里云智能,2019年阿里云为整个集团业务提供底层支撑。到2020年,阿里云在全球部署了上百个数据中心和近200万台服务器。

③到2020年,亚马逊的 AWS(Amazon Web services)已经成长为一个营收规模超2000亿元人民币的云计算平台。

④根据中国信息通信研究院发布的《云计算白皮书(2020年)》报告,2019年全球云计算市场规模达到1883亿美元。

7.2.2 云计算的发展现状

1. 全球云计算发展现状

根据中国信息通信研究院《云计算发展白皮书(2020)》所提供的数据,全球云计算市场规模总体呈稳定增长态势,2019年以 IaaS、PaaS 和 SaaS 为代表的全球云计算市场规模达到1883亿美元,增速20.86%。预计未来几年市场平均增长率在18%左右,到2023年市场规模将超过3500亿美元,如图7-9所示。

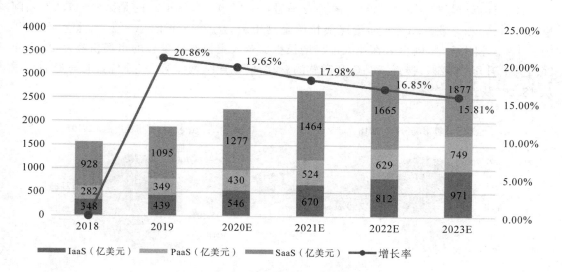

图7-9 全球云计算市场规模及增速

数据来源:Gartner,2020年1月。

2020年,国际知名调研机构 Gartner 首次发布 Magic Quadrant for Cloud Infrastructure and Platform Services(魔力象限:云基础设施和平台服务,如图7-10所示),入选云计算"魔力象限"的代表企业有7家。其中,云计算行业的领导者(leaders)为三家公司:Amazon Web Services、Microsoft、Google。特定领域者(niche players)的领先者为 Alibaba Cloud(阿里云)、Oracle、IBM 和 Tencent Cloud(腾讯云)。

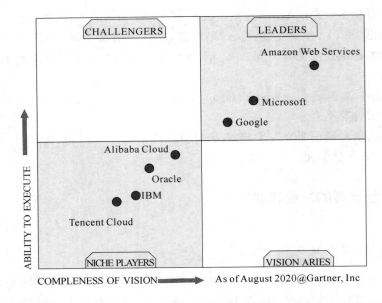

图 7-10 魔力象限：云基础设施和平台服务（Magic Quadrant for Cloud Infrastructure and Platform Services）

图 7-11 是全球和亚太地区云计算主要公司市场占有率示意图。从图中可以看出，2019年全球云计算市场份额占有率最高的是亚马逊（占 45.0%），接下来的是微软（17.9%）、阿里云（9.1%）和谷歌（5.3%），而增速最快的是阿里云，从 2018 年的 7.7%，上涨至 2019 年的 9.1%。相比全球，阿里云在亚太市场增长更加令人震惊。阿里云的市场份额从 2018 年26.1%上升至 28.2%，接近亚马逊和微软的总和，已经连续两年第一。同期，亚马逊的份额从 18.2%跌到 17.5%。

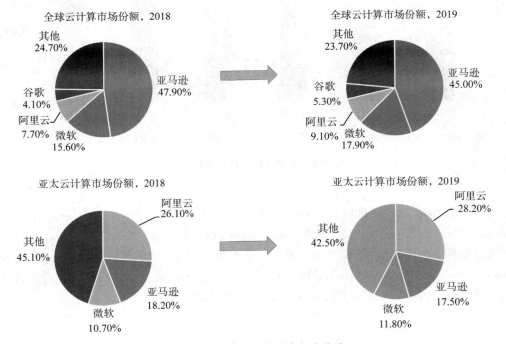

图 7-11 云计算主要公司市场占有率

2. 我国云计算发展情况

我国云计算发展大致经历 3 个阶段：2010 年以前是准备阶段；2011—2013 年是稳步成长阶段；2014 年至今，中国云计算产业进入高速发展阶段。当前，云计算正从新兴业态转变为常规业态，并且与传统行业深度融合发展。

据中国信息通信研究院的调查统计数据（如图 7-12 所示），2019 年我国云计算整体市场规模达 1334 亿元，增速 38.6％。其中，公有云市场规模达到 689 亿元，相比 2018 年增长57.6％，预计 2020—2022 年仍将处于快速增长阶段，到 2023 年市场规模将超过 2300 亿元（如图 7-13 所示）。私有云市场规模达 645 亿元，较 2018 年增长 22.8％，预计未来几年将保持稳定增长，到 2023 年市场规模将接近 1500 亿元。

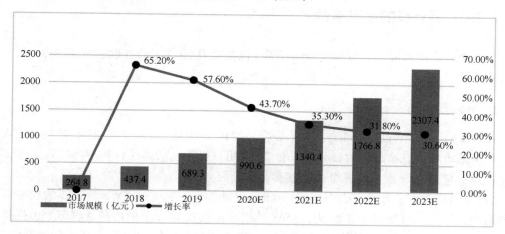

图 7-12 我国公有云市场规模及增速

数据来源：中国信息通信研究院，2020 年 5 月。

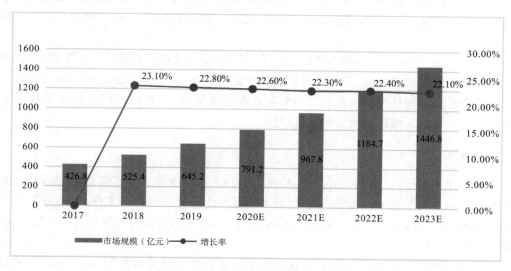

图 7-13 我国私有云市场规模及增速

数据来源：中国信息通信研究院，2020 年 5 月。

市场份额方面,据中国信息通信研究院的统计数据,阿里云、天翼云、腾讯云占据公有云 IaaS 市场份额前三,华为云、光环新网(排名不分先后)处于第二集团;阿里云、腾讯云、百度云、华为云位于公有云 PaaS 市场前列。

云计算实现了资源的按需供给以及数据的充分利用,为物联网、大数据等新兴领域的发展提供了基础支撑,未来将成为我国信息化建设主要形态和建设网络强国、制造强国的重要支撑,推动经济社会各领域信息化水平大幅提高。近年来,我国政府出台了一系列政策以促进云计算产业的发展。2020 年 5 月 12 日,国务院发布《关于促进云计算创新发展培育信息产业新业态的意见》,工信部制定云计算"十三五"规划,科技部部署国家重点研发计划"云计算与大数据"重点专项,这些国家层面的政策规划为我国云计算的发展提供了顶层设计。

7.2.3 云计算的主流平台

本节介绍当前国际上主流的云计算平台,包括亚马逊 AWS、谷歌云计算平台 GCP、阿里云和微软 Azure。

1. Amazon Web Services

ASW(Amazon Web Services)是亚马逊公司的云计算 IaaS 和 PaaS 平台服务。ASW 是目前全球市场占有率最高的云计算平台,面向用户提供包括弹性计算、存储、数据库、应用程序在内的超过 175 项功能齐全的一整套云计算服务。

(1)亚马逊弹性云计算 EC2(elastic compute cloud)是亚马逊 AWS 云计算的核心部分,可为用户提供弹性可变的计算容量。ASW 的用户可以在 EC2 上创建和管理多个虚拟机,在虚拟机上部署自己的业务,虚拟机的计算能力(CPU、内存等)可以根据业务需求随时调整。

(2)亚马逊简单存储服务 S3(simple storage service)是一种网络存储服务,可为用户提供持久性、高可用性的存储。用户可以将本地存储迁移到 Amazon S3,利用 Amazon S3 的扩展性和按使用付费的优势,应对业务规模扩大而增加的存储需求,使可伸缩的网络计算更易于开发。

(3)Amazon Aurora 是一种与 MySQL 和 PostgreSQL 兼容的关系数据库,既具有传统企业数据库的性能和可用性,又具有开源数据库的简单性和成本效益。Amazon Aurora 采用一种有容错能力并且可以自我修复的分布式存储系统,这一系统可以把每个数据库实例扩展到最高 128 TB,具备高性能和高可用性。

2. 谷歌 GCP

谷歌云计算平台 GCP(Google cloud platform)主要提供涉及计算资源、存储资源、网络资源在内的一系列 IaaS 和 PaaS 产品,包括 4 个既独立又紧密结合的系统:谷歌分布式文件系统(Google file system,GFS)、MapReduce 分布式编程框架、分布式数据表 BigTable 和分布式锁服务 Chubby。

(1)谷歌分布式文件系统 GFS 为 Google 云计算提供海量存储服务,GFS 不但与其他分布式文件系统一样具有较好的性能、扩展性、可靠性、可用性,而且它的新颖之处在于其可以在由廉价的普通计算机组成的集群上构建分布式文件系统,给用户提供总体性能较高的服务。

（2）MapReduce 是由 Google 开发的一个针对大规模集群中海量数据处理的分布式并行编程模型。与传统的分布式程序设计相比，MapReduce 封装了并行处理、容错处理、本地化计算、负载均衡等细节，具有简单而强大的接口。用户只需要提供自己的 Map 函数及Reduce 函数就可以在集群上进行大规模的分布式数据处理，这就使得程序设计人员在编写大规模的并行应用程序时不用考虑集群的并发性、分布性、可靠性和可扩展性等问题，集群的处理问题交由平台来完成。

（3）BigTable 是一个分布式数据存储系统，它是 Google 为其内部海量的结构化和半结构化数据开发的云存储技术，用来处理通常是分布在数千台服务器上的海量数据。Google的很多项目使用 BigTable 存储数据，包括 Web 索引、Google Earth 和 Google Finance。

（4）分布式锁服务 Chubby 为分布式系统提供一个可靠的粗粒度的锁服务，以解决分布式系统的数据一致性问题。在分布式系统中，实现全分布式的细粒度的锁的开销很大，因此粗粒度锁服务常常是分布式系统中的基础服务之一。通过 Chubby 锁服务，GFS 和BigTable可以确保数据操作过程中的一致性。

3. 阿里云计算

阿里云创立于 2009 年，是中国最大的云计算平台，服务范围覆盖全球 200 多个国家和地区，到 2020 年，阿里云已在全球部署了上百个数据中心和近 200 万台服务器。阿里云目前提供弹性云计算、云数据库产品、云存储和内容分发等一系列云计算、大数据和人工智能服务。

（1）飞天操作系统（Apsara）诞生于 2009 年 2 月，是由阿里云自主研发、服务全球的超大规模通用计算操作系统，为全球 200 多个国家和地区的企业、政府、机构等提供服务。飞天操作系统可以将遍布全球的百万级服务器连接起来，以在线公共服务的方式为社会提供计算能力。图 7-14 是飞天平台系统构架示意图。

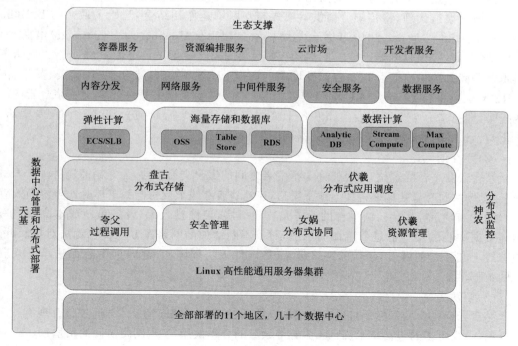

图 7-14　飞天平台系统构架

（2）盘古分布式文件系统（Pangu）是阿里云所采用的飞天平台上负责存储和管理文件的系统，它将大量通用机器的存储资源聚合在一起，为用户提供大规模、高可靠、高可用、高吞吐量和可扩展的存储服务，是飞天平台内核中的一个重要组成部分。

（3）伏羲分布式调度系统（Fuxi）在阿里云的飞天平台中负责管理集群的机器资源，调度并发计算任务，同时支持离线数据处理和在线服务，能够为上层分布式应用提供稳定、高效和安全的资源管理和任务调度服务。

4. 微软 Azure

微软 Azure 是微软开发的云计算平台，原名为"Windows Azure"，目前部署在全球的 54 个区域，有 100 多个数据中心。Azure 服务平台包括了以下主要组件：Microsoft Azure，Microsoft SQL 数据库服务，Microsoft.Net 服务，用于分享、储存和同步文件的 Live 服务，针对商业的 Microsoft SharePoint 和 Microsoft Dynamics CRM 服务。

7.2.4 云计算的应用案例

当前，云计算在金融、交通、教育、政府部门、制造业和商业领域都有广泛的应用，本节介绍几个云计算的应用案例，让读者了解云计算的应用场景。

1. 茅台云商："新零售"的实践者

本案例的资料来源于阿里云研究中心公开发布的《2017—2018 年"云栖奖"产业战略研究报告》，该报告介绍了智能产业云上转型的多个典型案例。

（1）背景介绍

茅台集团是最早的一批做电商化尝试的白酒企业，2003 年就利用茅台已有的优质经销商和区域化渠道代理，将传统分销供货模式与互联网运作相结合，开始了最初的 B2B（business to business）业务。2010 年茅台集团探索自建 B2C（business to customer）电商平台，"茅台网上商城"项目开始上线。2014 年，茅台集团整合了旗下的电商资源，成立"贵州茅台集团电子商务股份有限公司"，包括开设茅台商城、天猫旗舰店，结合京东、国美、苏宁、网易等 18 家电商平台，业务直达 C 端消费者。2015 年，茅台集团的管理层确定了茅台云商的发展战略，即打造一个上游集合集团和各子公司资源，中游集合物流公司、经销商、专卖店、社会化营销员，下游面对消费者的大数据调度中心平台。

（2）存在的问题

茅台云商平台的定位，是经销商与消费者之间的撮合交易平台，为经销商提供一个开放的线上"卖场"，同时有效地融合线上线下渠道，让消费者在线上支付与线下体验产生协同效应。

2013 年之前，茅台云商平台的业务是自建机房，硬件投入大，设备更新成本高、维护难。本地数据中心的安全也是个潜在的隐患，对于不断增加的网络黑客攻击也无法对抗。此外，随着线上交易量的爆发，平台的网络带宽、稳定性无法保障，自建数据中心无法承受互联网上的数据洪流。

（3）解决方案

茅台云商平台的目标是打造一个更加立体的、跨界的全渠道生态圈，通过整合现有线上线下资源，引入更多的包括技术、商业、服务等领域的合作伙伴，实现网络协同的倍增创新效应。

茅台电商公司决定与云计算服务商开展合作,基于公有云弹性扩展、高伸缩性、技术迭代快以及网络安全等优势,茅台电商业务选择入驻阿里云,成为贵州第一家使用公有云的大型企业。依托阿里云企业级互联网架构打造了"一个平台、七个中心"的新生态平台,构建 7个"互联网功能"中心,如表 7-3 所示。

表 7-3 茅台电商公司 7 个"互联网功能"中心简况

编号	互联网功能中心名称	功能描述
1	产品展示销售中心	由集团公司牵头,协调各子公司梳理完成产品目录,通过电商公司现有自营平台实现产品展示、销售等功能
2	营销业务处理中心	利用云计算和大数据技术,全面改造升级营销平台,实现精准营销和真正的大数据分析决策
3	宣传促销推广中心	利用"码上有礼"、"云微商"等媒介协助各子公司实现线上线下协同营销,逐步向新媒体投放倾斜
4	客户服务互动中心	完善移动端和 PC 端客户区域功能,为客户提供优质的购物体验,同时开辟客户交流板块,实现客户之间的互动
5	数据分析监测中心	以"二维码"为载体归集营销数据,通过大数据分析供各子公司和经销商决策,同时实现市场监控
6	品牌文化传播中心	通过茅台官方商城和"茅台云商"平台对茅台文化进行传播宣导
7	线上资源整合中心	利用电商平台优势,整合政府、经销商和酒交所等多方资源,尝试跨行业、跨领域的互联网新型营销模式

茅台云商平台还基于云计算打造了一个"数据中台"(如图 7-15 所示)。目前数据中台的数据应用部分涵盖了全局监控、宏观决策的功能设计,还为分流量等专题分析提供数据化运营,同时提供了类似于反黄牛算法、价格监测等和业务流程强相关的应用。数据中台很好地实现了数据业务化,为企业的管理、决策提供科学依据,同时可以更好地支持业务的数据化。

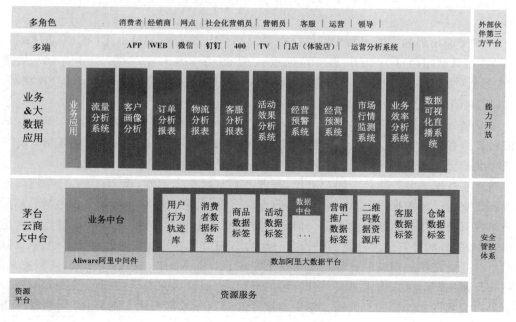

图 7-15 茅台云端平台的数据中台

（4）茅台新零售引发的思考

茅台云商运用云计算构造全渠道平台的发展路径，对很多大型传统企业的电商发展有较强的示范效应。茅台电商起初的 B2B 与 B2C 模式之所以没有形成规模效应，是因为业务还是以线性的结构开展的，服务是破碎的、割裂的，各管一段，互不相干。而茅台云商的新零售范式，核心是网络协同，网络上包括物流、仓库、经销商、微店、消费者、线上/线下网点等每一个节点间都可以交互，利用互联网分布式的信息、同步共享的结构，让所有商业信息在参与方之间实时、多方、多角度地互动沟通，这是网络协同相对于传统封闭式的供应链最大的优势。

同时，网络协同需要数据智能的驱动。所有的数据都是在线化的，并且更多地依赖于人工智能与机器学习做商业决策。依托数字技术间的重混（云计算、物联网、大数据、区块链），以场景化的数据智能作为驱动，形成点-线-面的网络化结构，实现网络协同的倍增效应。

2. Netflix 的云计算应用案例

（1）背景介绍

Netflix 是一家会员订阅制的流媒体播放平台，总部位于美国加利福尼亚州洛斯盖图。作为全球最大的网络流视频点播服务网站，Netflix 早在 2010 年底就将它的计算平台迁移到了 AWS（亚马逊云服务，Amazon Web services）上。这样的战略性转变，使得 Netflix 能更专注地将更多的资源投入到内容制作上，在接下来的几年里出品了不少如《纸牌屋》（House of Cards）、《毒枭》（Nacros）、《王冠》（The Crown）等优秀的原创剧集。

亚马逊（Amazon）是美国最大的基于 B2C 的电子商务公司，为了满足旺季的销售需要（例如，圣诞节和黑色星期五），Amazon 公司不得不购买很多服务器以应对超常的客户访问量。但是旺季过去之后，这些服务器就处于闲置状态而得不到充分的利用。为了让这些服务器能够得到充分的利用，Amazon 开始尝试将这些物理服务器虚拟成虚拟服务器，并以在线交易的形式租给愿意花钱购买虚拟服务器的客户，这就是今天 Amazon 云计算服务的雏形。

Netflix 应用到的主要 AWS 组件包括 EC2、S3、RDS、DynamoDB、ELB、CloudTrail 等。在 AWS 上共利用超过 10 万个 EC2 Instances 的 80 万 CPU Cores，在 S3 上存储和管理超过 15 亿个对象的 60 PB 数据，每天要丢弃超过 400 TB 的过期数据及新增 600 TB 数据。

（2）Netflix 选择云计算的原因

专业化分工提高经济效率。虽然 Netflix 有实力打造自己的计算数据中心，但是这样就不能将其所有精力集中在开发高质量的视频产品上了。因此最有效的办法就是将计算平台打造和维护交给更专业的云服务商去做，业界精细分工更符合经济效率的原则。

适应业务量的突发变化。用户增长，需求不确定且难以预测，像 Netflix 这样规模的公司需要建立自己的数据中心，往往需要提前 1～2 年对数据中心的规模做出较为精确的增长预测来购买硬件以避免额外的开销。但是这样带来的问题就是：如果需求的增长不能达到预期，那么额外的计算资源就是一种浪费；反过来，如果需求的增长远远超出预期，那么就很难在短时间内来扩展现有的计算资源来满足需求。对于 Netflix 提供的视频订阅服务来说，要精确预测用户的未来需求不是一件容易的事情，比如因为某一个热播的剧集订阅用户在一个月内大幅度增加。如果因为数据中心扩容的限制导致服务质量的降低，则会严重伤害到整体用户的体验。因此,云计算这种极具弹性的计算资源正好使得 Netflix 能快速灵活地扩展或减少系统资源来满足波动和难以预测的需求。

(3)Netflix 对云计算的贡献

由于云计算资源是由很多客户竞争共享的,计算资源、网络资源的性能都随着整体的需求不断波动甚至出现故障。这样也对整个技术设计带来了不小的挑战,对于 Netflix 这样规模的系统来说,最为重要的就是系统的容错性。一旦 AWS 故障发生,Netflix 也不能幸免,而一个区域性的错误就有可能导致整个系统雪崩式的灾难发生。

例如,2012 年圣诞节前夕,大家都在等待欢庆和娱乐的到来。然而,AWS 的弹性负载均衡服务出错,导致 Netflix 停机。这个事故引起大量 Netflix 用户的不满,这些顾客曾指望着能通过流媒体服务度过一个欢乐的圣诞节。

因此,在 Netflix 实际构建大规模的 AWS 应用时,资源的不稳定性和故障必须作为首要因素来考虑,例如如果发生了区域性的故障,如何将请求在其他可用的资源上进行平衡,以及如何分布冗余的数据使得灾难性的后果不会发生,这些都是构建云计算平台必须考虑的问题。

Netflix 在 AWS 平台上的大量研发投入促成了许多十分实用和优秀的 AWS 工具的产生。例如,Netflix 的 ICE 是一个专门针对 AWS 的资源使用量和成本监控的开源工具;Eureka 是 Netflix 发布的一个开源项目,用于提供服务注册(service registry/discovery)和负载平衡(load balancing)服务;Security Monkey 是 Netflix 发布的另一个开源项目,用于 AWS 安全监控和分析。

7.3　大数据的基本概念

7.3.1　什么是"大数据"

"大数据"这一名词最早公开出现于 1998 年,美国高性能计算公司 SGI 的首席科学家约翰·马西(John Mashey)在一个国际会议报告中指出,随着数据量的快速增长,必将出现数据难理解、难获取、难处理和难组织等 4 个难题,并用"big data(大数据)"来描述这一挑战,在计算机领域引起了人们的重视和关注。

在"大数据"这一概念形成的过程中,有 3 个标志性的事件。

(1)2008 年 9 月,美国《自然》(*Nature*)杂志专刊 The next Google 第一次正式提出了"大数据"概念。

(2)2011 年 2 月 1 日,《科学》(*Science*)杂志专刊 Dealing with data 第一次综合分析了大数据对人们生活造成的影响,详细描述了人类面临的"数据困境"。

(3)2011 年 5 月,麦肯锡全球研究院(McKinsey Global Institute)发布报告 Big data: The next frontier for innovation, competition, and productivity,第一次给大数据做出相对清晰的定义。

维基百科(Wikipedia)对大数据的定义是:规模庞大,结构复杂,难以通过现有商业工具和技术在可容忍的时间内获取、管理和处理的数据集。

由上面的定义可以知道,大数据与传统所处理的数据相比,具有体量大、结构复杂的显著特点,并且难以用常规的技术进行处理。

7.3.2 大数据的基本特征

通常用"4V 特性"来描述大数据的主要特征,即大数据具有体量大(volume)、种类多(variety)、速度快(velocity)和价值高(value)4 个主要特征。

1.体量大

大数据的特征首先体现在数量巨大,存储单位达到 TB、PB 甚至 EB 级别。图灵奖得主 Jim Grey 对人类社会信息量的增长提出一个"新摩尔定律":"每 18 个月,全球信息量是计算机有史以来全部信息量的总和。"根据 IDC(International Data Corporation,国际数据公司)的一份报告预测,从 2013 年至 2020 年,全球数据规模扩大了 50 倍,每年产生的数据量将增长到 44 万亿 GB,相当于美国国家图书馆数据量的数百万倍,2025 年全球数据总量预计将达 175 ZB。

Domo 公司每年都会发布世界每分钟大数据产生量分析报告与可视化图示,根据其 2020 年大数据产生量分析报告(https://www.domo.com/learn/data-never-sleeps-8)提供的数据,Facebook 用户每分钟上传的图片有 147000 张,共享了 150000 条信息,Instagram 用户每分钟传了 347222 条信息,领英(LinkedIn)网上每分钟的求职量为 69444 个,等等。

2.种类多

大数据与传统数据相比,数据的来源广、维度多、类型杂。各种机器设备在自动产生数据的同时,人们自身的生活行为也在不断创造数据,不仅有企事业单位的业务数据,还有海量的人类社交活动数据。

3.速度快

随着计算机技术、互联网和物联网的发展,数据生成、储存、分析、处理的速度远远超出人们的想象力,这是大数据区别于传统数据或小数据的显著特征。

4.价值高

大数据有巨大的潜在价值,具有价值高但价值密度低的特点,也就是说同其呈几何指数爆发式增长相比,某一对象或模块数据的价值密度较低,这给我们挖掘海量的大数据增加了难度和成本。

7.3.3 大数据的构成

大数据的构成可以分为结构化数据、非结构化数据和半结构化数据 3 类,具体说明如下。

1. 结构化数据

结构化数据具有固定的结构、类型和属性划分等，通常可以用二维表表示，如用关系型数据库存储的信息、Excel 表所存放的信息等。例如，学生信息表具有学号、姓名、性别、出生日期和电话号码等属性。表 7-4 是一个结构化数据的例子，数据由一行的记录组成，每个记录有若干个属性。

表 7-4　结构化数据示例

学号	姓名	性别	出生日期
1100101	小王	男	1998-03-05
1100102	小李	女	1999-08-05
1100103	小陈	男	2000-03-07

2. 半结构化数据

半结构化数据具有一定的结构性，但又灵活多变。例如 XML、HTML 格式的文件，其自描述、数据结构和内容混杂在一起。可扩展标记语言 XML 是一种 W3C 制定的标准通用标记语言，已成为国际上数据交换的一种公共语言。下面的代码用 XML 文件格式来描述表 7-4 中的 3 个记录。

```
＜students＞
  ＜student＞
    ＜no＞1100101＜/no＞
    ＜name＞小王＜/name＞
    ＜gender＞男＜/gender＞
    ＜birthday＞1998-03-05＜/birthday＞
  ＜/student＞
  ＜student＞
    ＜no＞1100102＜/no＞
    ＜name＞小李＜/name＞
    ＜gender＞女＜/gender＞
    ＜birthday＞1999-08-05＜/birthday＞
  ＜/student＞
  ＜student＞
    ＜no＞1100103＜/no＞
    ＜name＞小陈＜/name＞
    ＜gender＞男＜/gender＞
    ＜birthday＞2000-03-07＜/birthday＞
  ＜/student＞
＜/students＞
```

3. 非结构化数据

非结构化数据是指无法采用固定的结构来表示的数据,如文本、图像、视频和音频等数据(如图 7-16 所示)。非结构化数据的格式非常多样,无法用统一的结构表示,而且在技术上非结构化信息比结构化信息更难标准化和理解。

图 7-16 文本、图片和视频文件

根据 IDC 公司的一份调查报告,目前结构化数据仅占全部数据的 20%,而非结构化和半结构化数据占比为 80%,因此在利用传统的关系型数据库和数据仓库技术存储、检索和分析数据的技术基础上,近年来发展出多种 NoSQL 数据库系统来对非结构化数据进行处理,例如 HBase、Redis 和 MongoDB 等。

7.3.4 大数据的价值和作用

1. 人类的活动越来越依赖于数据

大数据在各领域发挥越来越大的作用,大数据的利用已经成为提高核心竞争力的关键因素,它为我们看待世界提供了一种全新的方法,人们的行为决策将日益依赖于数据分析,而不是像过去更多凭借经验和直觉。

以科学研究领域为例,当前的科技创新越来越依赖于对科学数据的综合分析,尤其是重大科学项目,更是依赖于对基础科学数据的积累和对科学数据的分析。在生命科学领域,我国的基因组测序每年产生的原始数据达到 10 PB(2^{50} 字节),中科院牵头的首个精准医学项目,测序产生的原始数据量为 $200\sim500$ TB(10^9 字节)。重大科研基础设施建设与应用也引发数据的快速积累,例如大型"强子对撞机"每年采集的原始数据超过过去 10 年通过大型"电子-正电子对撞机"产生数据的 600 倍,散裂中子源每年产生原始数据 1 TB,遥感卫星每年产生数据超过 3 PB。正是通过对这些海量科学数据的分析和利用,生命科学、天文学、空间科学、地球科学、物理学等各个学科领域的科研活动取得了令世界瞩目的成果。

在物流领域,移动信息化的普及更加方便了物流信息的普及与收集,大数据的实现直接改变了物流领域,对该行业的运营管理和服务创新具有重要的战略地位。

首先,通过大数据可视化分析,能够绘制物流车辆运行的热力图,通过热力图能够清楚地知道业务运营中哪里的车次需求最多,哪里的货物需求最多。对于物流公司而言,可以对散小单进行智能整合,解决散小单的同城配送需求,并通过合理的布局和规划来满足市场运作,高效地协调货物与车辆的运作流程,在满足货主需求的同时,又能够有效配置有限资源去完成配送任务。

其次,物流公司通过对大数据(车次派送数据、车型运作数据、物流需求类型分布和人员年龄分布等)的统计分析,可以了解自身运营和发展情况,更好地制定月季计划、季度计划和年计划;通过对市场和淡季旺季的统计分析,能对物流公司的运营规划起到指导作用。

2. 大数据的核心价值

大数据的核心价值在于提供了一种人类认识复杂系统的新思维和新手段,可以帮助人们发现规律、预测未来和决策指导。

(1)发现规律:是指从大数据中总结、抽取相关的信息和知识,帮助人们分析发生了什么,解释现象并呈现事物的发展规律。

(2)预测未来:是指从大数据中分析事物之间的关联关系、发展模式等,并据此对事物发展的趋势进行预测。

(3)决策指导:目前在大数据应用的实践中,更多的是描述性和预测性的分析,而更深一层的大数据决策指导才是最具有价值的。它是在描述性与预测性分析的基础上,对各种策略的效果进行评估分析,以对决策进行指导和优化。

大数据对社会、经济和科技等各个方面都具有非常重要的意义。在经济方面,大数据成为推动经济转型发展的新动力;在社会方面,大数据可以提高政府的决策能力和治理能力;在科技方面,大数据成为科学研究的新途径。

(1)大数据成为推动经济转型发展的新动力

新经济时代以知识经济、虚拟经济和网络经济为标志,新经济时代数据本身就是资产,就是生产要素。大数据的应用,推动了社会生产要素的共享、整合和协作,促进了生产要素的高效利用,改变了传统的生产方式和经济运行机制,提高经济运行水平和效率。目前,大数据已经成为经济发展的新动力,大数据是重要的战略资源,大数据将改变社会生产的结构和模式。

大数据技术的运用,激发了生产模式和商业模式的变革和创新,催生了新业态,也为传统企业的生产和服务提供了新的途径。例如,在企业的生产和营销活动中,大数据分析是发现新客户群体、确定最优供应商、创新产品、理解销售季节性等问题的最好方法。应用大数据分析,可以了解细分市场和客户群体,为每个群体量身定制个性化的服务,创造差异化优势。通过大数据预测需求的变化趋势,可以创造和发掘新的需求,有助于开创全新的产品或服务领域,提高投资的回报率;新零售以互联网为依托,通过运用大数据、人工智能等先进技术手段,对商品的生产、流通与销售过程进行升级改造,进而重塑业态结构与生态圈。新零售将线下物流、服务、体验等优势与线上商流、资金流、信息流融合,拓展智能化、网络化的零售新模式。

(2)大数据成为提升政府治理能力的新途径

政府数据资源丰富,应用需求旺盛,政府既是大数据发展的推动者,也是大数据应用的受益者。政府应用大数据能更好地响应社会和经济指标变化,解决城市管理、安全管控、行政监管中的问题,预测判断事态走势等。对政府管理而言,通过建立"用数据说话、用数据决策、用数据管理、用数据创新"的理念和管理机制,以大数据来提高决策科学化与管理精细化的水平,是提升政府治理能力的新途径。

（3）大数据成为科学研究的新方法

传统科学研究的三个范式是"实验"→"理论分析"→"计算"，在大数据时代，"数据密集型科学发现"（data intensive science discovery）成为科学研究的第四范式。所谓"data intensive science discovery"是微软研究院在其编写的 *The Fourth Paradigm：Data-Intensive Scientific Discovery* 一书（如图7-17示）中所提出的，该书扩展了开创性计算机科学家、图灵奖获得者、微软研究院技术院士吉姆·格雷（Jim Gray）的思想，对数据密集型科学发现的理念、应用和影响进行了全面分析。该书系统介绍了地球与环境科学、生命与健康科学、数字信息基础设施和数字化学术信息交流等方面基于海量数据的科研活动、过程、方法和基础设施，揭示了在海量数据和无处不在的网络上发展起来的与实验科学、理论分析、计算机仿真这3种科研范式相辅相成的科学研究第四范式——数据密集型科学发现。

图 7-17 微软研究院关于第四范式的著作

3. 大数据的作用

当前，大数据已经在社会各个领域发挥出巨大的作用，2015年9月，国务院印发《促进大数据发展行动纲要》，系统部署大数据发展工作，指出了其必要性：信息技术与经济社会的交汇融合引发了数据迅猛增长，数据已成为国家基础性战略资源。坚持创新驱动发展，加快大数据部署，深化大数据应用，已成为稳增长、促改革、调结构、惠民生和推动政府治理能力现代化的内在需要和必然选择。提出了要以国家战略应对大数据时代，《促进大数据发展行动纲要》也指出了发展形势和重要意义。

目前，大数据技术在国内外各个行业发挥着越来越大的作用，以下介绍几个著名的大数据应用案例。

【案例 7-7】孟山都建立农业数据联盟

孟山都（Monsanto）是一家美国的跨国农业生物技术公司，该公司首先发起"Green Data Revolution"运动，建立农业数据联盟（Open Ag Data Alliance）来统一数据标准，让农民也能享受大数据的成果。典型的应用如农场设备制造商 John Deere 与 DuPont Pioneer 联合提供"决策服务（decision services）"，农民只需在驾驶室里拿出平板电脑，收集种子监视器传来的数据，然后将其上传给服务器，通过服务器端的智能决策服务系统，返回化肥的配方到农场的拖拉机上。

【案例 7-8】英国 NHS 糖尿病预防项目

英国 NHS(国家医疗服务体系)的糖尿病预防项目,通过移动端收集患者的生活起居、生理变化数据、用药数据、饮食数据、运动数据和医生数据。对收集到的信息进行糖尿病风险等级评估,根据评估情况为每个患者制定适宜的个性化干预治疗方案。

【案例 7-9】美国 Healthtap 远程问诊服务医疗平台

Healthtap 是美国一家提供 7×24 小时远程问诊服务的医疗平台,它利用移动互联网收集患者上传的个人习惯数据和健康情况,以及病史、症状,病情、药物、检测诊疗数据等数据。根据患者信息,为其提供医生推荐、药物推荐等服务,减少用户就诊时间,提高医生和患者的匹配度。据 2018 年的统计,每天有超过 170 个国家的数亿用户和超过 140000 名医生使用该平台。

【案例 7-10】大数据金融监管

中国证监会于 2013 年下半年开始启用大数据分析系统,到 2015 年 8 月,已调查内幕交易线索 375 起,立案 142 起,分别比以往同期增长 21% 和 33%。上海证监局 2017 年以来招聘了大量的大数据研究和挖掘人才,专门模拟不同账户之间的关联,通过无数次的模拟分析找到看似无关,但本质上相关的账户之间的交易关联。

对于大数据在若干重要领域的作用,可以简短地总结如下:

- 医疗大数据——看病更高效;
- 生物大数据——改良基因;
- 金融大数据——理财的利器;
- 零售大数据——了解消费者;
- 电商大数据——精准营销的法宝;
- 农牧大数据——量化生产;
- 交通大数据——畅通出行;
- 教育大数据——因材施教;
- 体育大数据——夺冠精灵;
- 食品大数据——安全饮食的保护伞;
- 政府大数据——改进社会服务。

7.3.5 大数据带来的思维方式变革

美国著名管理学家爱德华·戴明说过:"除了上帝,任何人都必须用数据来说话。"当前,"用数据说话、让数据发声"已成为人类认知世界的一种全新方法。

维克托·尔耶·舍恩伯格在《大数据时代：生活、工作与思维的大变革》(*Big Data：A Revolution That Will Transform How We Live，Work and Think*)一书中指出，大数据时代要关注三大变革：(1)处理数据理念的思维变革；(2)挖掘数据价值的商业变革；(3)面对数据风险的管理变革。其中，对于大数据时代带来的处理数据理念的思维模式转变，舍恩伯格提出了 3 个非常著名的观点。

1. 要全体，不要抽样

在过去，由于收集、储存和分析数据的技术落后，对大量数据的收集成本非常高昂，我们只能收集少量的数据进行分析。在大数据时代，可以获取足够大的数据样本乃至全体数据。抽样采用的不合理会导致预测结果的偏差，在大数据时代，依靠强大的数据处理能力，应该去处理所有数据。

【案例 7-11】Farecast 系统用大数据预测机票价格

2003 年，奥伦·埃齐奥尼准备乘坐从西雅图到洛杉矶的飞机去参加弟弟的婚礼。他认为飞机票越早预定应该越便宜，于是他在婚礼举行日期前好几个月就预定了一张去洛杉矶的机票。在飞机上，埃齐奥尼好奇地问邻座的乘客花了多少钱购买机票。当得知虽然那个人的机票比他买得更晚，但是票价却比他便宜很多时，他感到非常气愤。于是，他又询问了另外几个乘客，结果发现大家买的票居然都比他的便宜。

埃齐奥尼是当时美国最有名的计算机专家之一，他下定决心要开发一个项目，来帮助人们推测当前的机票价格是否合理。这个项目后来发展成为一家得到了风险投资基金支持的科技创业公司，名为 Farecast。Farecast 的机票预测系统初始用一个航线 41 天之内的 12000 个价格样本进行预测，取得了不错的预测结果。接着，Farecast 使用了每一条航线整整一年的价格数据来进行预测，随着不断添加更多的数据，预测的结果越来越准确。埃齐奥尼说："这只是一个暂时性的数据，随着你收集的数据越来越多，你的预测结果会越来越准确。"如今，Farecast 已经拥有惊人的约 2000 亿条飞行数据记录，通过预测机票价格的变化趋势，让消费者能够更合理选择出行时间和航线，平均为消费者节省了 20% 的机票费用。

2. 要相关，不要因果

因果分析和相关分析是人们认识、了解世界最重要的手段和方法。因果关系，即某种现象(原因)引起了另一种现象(结果)，其原因和结果必须同时具有必然的联系。因果关系分析通常基于逻辑推理，难度较大。相关关系分析是从大量数据中通过频繁模式的挖掘，发现事物之间有趣的关联和相关联系，然而该分析方法通常面临数据量不足的问题。

在大数据时代，由于已经获取到了大量的数据，建立在相关关系分析法上面的预测成为大数据的核心。如果 A 事件和 B 事件经常一起发生，那么当 B 发生时，我们就可以预测 A 也发生了，至于为什么会是这样，在某些应用上，已经没那么重要了。

【案例 7-12】沃尔玛：请把蛋挞与飓风用品摆在一起

沃尔玛是世界上最大的零售商，拥有超过 200 万的员工，年销售额约 4500 亿美元，比大多数国家的 GDP 还多。沃尔玛的购物数据库记录了每一位顾客的购物清单和消费额，还包括购物篮中的物品、购买时间，甚至购买当日的天气。2004 年，沃尔玛公司对其庞大的购物数据库进行关联分析，发现每当季节性飓风来临前，不仅手电筒销售量增加了，而且 POP-Tarts 蛋挞（美式含糖早餐零食）的销量也增加了。因此，当季节性风暴来临时，沃尔玛会把蛋挞放在靠近飓风用品的位置，以方便行色匆匆的顾客购买，从而增加商品销量。

【案例 7-13】美国折扣零售商塔吉特(Target)的怀孕趋势预测

美国折扣零售商塔吉特（Target）把大数据相关关系分析应用到极致。《纽约时报》的记者查尔斯·杜西格（Charles Duhigg）在一份报道中阐述了塔吉特公司怎样在完全不和准妈妈对话的前提下预测一个女性会在什么时候怀孕。对于零售商来说，知道一个顾客是否怀孕是非常重要的，因为这是一对夫妻改变消费观念的开始，也是一对夫妻生活的分水岭，他们会开始光顾以前不会去的商店，渐渐对新的品牌建立忠诚。塔吉特公司的分析团队首先查看了签署婴儿礼物登记簿的女性的消费记录。塔吉特公司注意到，登记簿上的妇女会在怀孕大概第三个月的时候买很多无香乳液；几个月之后，她们会买一些营养品，比如镁、钙、锌。公司最终找出了大概 20 多种关联物，这些关联物可以给顾客进行"怀孕趋势"评分，这些相关关系甚至使得零售商能够比较准确地预测预产期，这样就能够在孕期的每个阶段给客户寄送相应的优惠券。

3. 要效率，允许不精确

对于采用"小数据"而言，由于收集的信息量比较少，必须确保记录下来的数据尽量精确，并要求计算模型和运算也非常精确，因为"差之毫厘便失之千里"。然而在大数据的"全样本时代"，有多少偏差就是多少偏差而不会被放大。谷歌公司的人工智能专家彼得·诺维格（Peter Norvig）说过："大数据基础上的简单算法比小数据基础上的复杂算法更加有效。"因此快速获得一个大概的轮廓和发展脉络，要比严格的精确性重要得多。

【案例 7-14】麻省理工学院的通货膨胀率预测

美国劳工统计局的人员每个月都要公布消费物价指数（CPI），这是用来测试通货膨胀率的。政府通过人工采集价格信息数据每年大概需要花费 2.5 亿美元。这些数据是精确的也是有序的，但是数据往往会有几周的滞后。麻省理工学院（MIT）的两位经济学家通过一个软件在互联网上每天可以收集到 50 万种商品的价格，虽然他们所收集的数据没有美国劳工统计局精确，但数据量非常大，因此他们能比官方数据提前发现通货紧缩或膨胀趋势。

【案例 7-15】无所不包的谷歌翻译系统

谷歌公司 2006 年开始涉足机器翻译,这被当作实现"收集全世界的数据资源,并让人人都可享受这些资源"这个目标的一个步骤。谷歌翻译利用一个巨大且繁杂的数据库——也就是全球的互联网,进行语料的收集和利用。谷歌翻译系统为了训练计算机吸收它能找到的所有翻译材料,增加了很多各种各样的数据,还接受了有错误的数据。由于谷歌语料库的内容来自未经过滤的网页内容,所以会包含各种错误,但谷歌语料库是其他语料库的好几百万倍大,这样的优势完全压倒了缺点。谷歌翻译部的负责人弗朗兹·奥齐(Franz Och)指出,"谷歌的翻译系统不会像 Candide 一样只是仔细地翻译 300 万句话,它会掌握用不同语言翻译的质量参差不齐的数十亿页的文档"。上万亿的语料库就相当于 950 亿句英语。

7.4 大数据相关技术基础

大数据是大量、高速、多变的信息,它需要新型的处理方式去促成更强的决策能力、洞察力与最佳化处理,本节将介绍大数据处理的主要环节和相关的技术基础。

7.4.1 大数据处理的主要环节

大数据的处理流程可以归纳为数据采集、数据预处理、大数据存储与管理、大数据分析与挖掘和计算结果展示等环节,如图 7-18 所示。

图 7-18 大数据处理主要环节

1. 数据采集

数据采集又称为数据获取,是指从现实世界系统中采集信息,并进行计量和记录的过程。数据的来源可能是传感器、互联网、系统运行的日志文件等,也可能是人类生活和生产活动所产生的各种类型的数据。在数据规模不断扩大的情况下,运用数据采集自动化工具,从外部系统、互联网和物联网等自动获取、传输和记录数据已经成为必要的技术手段。

2. 数据预处理

采集的数据可能包含噪声、缺失值、不一致性和冗余等问题,数据预处理的目的就是要提高数据的质量。通过数据预处理工作,可以使残缺的数据完整,并将错误的数据纠正、多余的数据去除,进而将所需的数据挑选出来,并且进行数据集成。数据预处理有多种方法,如数据清理、数据集成、数据变换、数据归纳等。

3. 大数据的存储与管理

现在的大数据都是高度分散的,结构松散,并且体积越来越大,存储单位达到 TB、PB甚至 EB 级别,传统的存储方法已经无法适应要求。目前,"分布式存储系统"是大数据存储的主要技术手段,如分布式文件系统(distributed file system,DFS)(如图 7-19 所示)、集群文件系统(cluster file system,CFS)和并行文件系统(general parallel file system,GPFS)等。云存储也是大数据存储常用的技术方法,它是通过集群应用、网格技术或分布式文件系统等,将网络中各种不同的存储设备通过应用软件集合起来协同工作,共同对外提供数据存储和业务访问功能的一个系统。

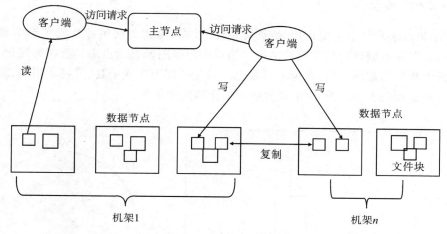

图 7-19 分布式文件系统

此外,分布式数据库系统、非关系型(NoSQL)数据库系统和数据仓库(data warehouse)也被普遍应用于数据存储和管理。

4. 大数据分析与挖掘

大数据分析和挖掘是指对体量巨大的数据进行分析和挖掘。"分析"通常指用传统的统计学方法,对数据的特征进行分析,如统计特征分析、数据分布特性分析和回归分析等。而"挖掘"通常指的是用人工智能方法,挖掘大数据中所蕴含的知识,如聚类、分类和关联规则挖掘等。知识发现与数据挖掘(knowledge discovery and data mining,KDD)的过程可以用一个金字塔形象地进行说明,如图 7-20 所示。

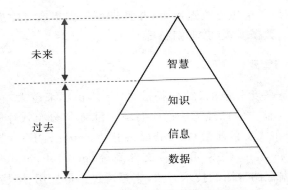

图 7-20　知识发现与数据挖掘过程

5.计算结果展示

计算结果的展示环节主要运用"数据可视化"技术,也就是利用计算机图形学和图像处理技术,将数据和数据分析与挖掘的结果转换成图形或图像显示出来。数据可视化是理解、探索、分析大数据的重要手段,常见的可视化工具包括图表生成工具、可视化报表、商业智能分析、可视化编程语言等。图 7-21 是数据可视化的两个示例。

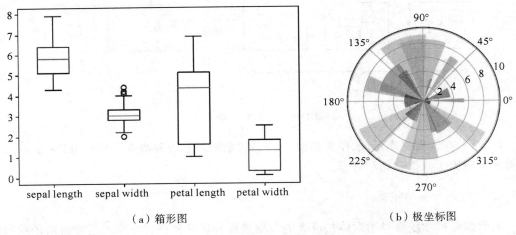

（a）箱形图　　　　　　　　　　　　　　　（b）极坐标图

图 7-21　数据可视化示例

7.4.2　大数据的技术支撑

大数据技术发展的主要支撑来自存储成本的下降、计算速度的提高和人工智能理论与技术的发展,而云计算和分布式系统、人工智能、物联网、硬件性价比的提高以及软件技术的进步推动了大数据技术的发展。图 7-22 是大数据的三大支撑技术之间关系示意图。

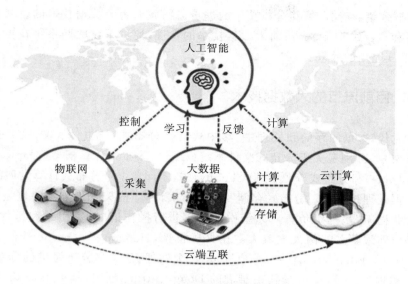

图 7-22　大数据的支撑技术

1. 云计算的支撑作用

云计算提供了云存储中心和分布式处理，一方面降低了存储成本，另一方面提供了强大的计算能力。云计算是大数据汇聚和分析的计算基础设施，客观上促进了数据资源的集中。从某种观点上看，没有云计算技术，就不会有大数据的被分析和利用。

云计算所提供的分布式处理能将不同地点、或具有不同功能或拥有不同数据的多台计算机通过通信网络连接起来，在控制系统的统一管理控制下，协调地完成大规模信息处理任。分布式系统基础架构的出现，为大数据提供了基础支撑，为海量的数据提供了存储，为海量的数据提供了分布式和并行计算，大大提高了计算效率。目前，面向大数据处理的大规模分布式计算技术已逐步形成体系，已提出了 MapReduce、Spark、Storm 等各种大数据计算模型。

2. 人工智能与大数据

大数据带来的最大价值就是"智慧"。大数据是人工智能的基石，同时人工智能进一步提升分析和理解数据的能力，两者之间呈现出互为支撑、相互促进的关系。一方面，数据及对数据的分析，客观上支撑了一大类人工智能的发展；另一方面，人工智能使得机器拥有理解数据的能力。

3. 物联网与大数据

物联网（the Internet of things，简称 IoT）是将各种信息传感设备与互联网结合起来而形成的一个巨大网络，在任何时间、任何地点实现人、机、物的互联互通。物联网的基本特征可以概括为：(1)识别和感知；(2)信息传输；(3)智能处理。

当前，物联网正在支撑起社会活动和人们生活方式的变革，被称为继计算机、互联网之后冲击现代社会的第三次信息化发展浪潮。物联网在将物品和互联网连接起来，进行信息交换和通信，在实现智能化识别、定位、跟踪、监控和管理的过程中，产生大量的数据，同时也推动了大数据采集、存储和智能分析技术的进步。物联网为大数据技术的发展提供了海量的数据来源和广泛的应用平台；而大数据技术的发展，促进了物联网系统在更多领域的应用，并提高了其应用的效果。

7.4.3　目前流行的大数据技术

大数据时代，数据的存储和处理由"集中式"向"分布式"演进。2003—2006 年，Google 发表了 4 篇文章，分别是关于分布式文件系统（GFS）、分布式计算框架（MapReduce）、大数据管理（BigTable）和分布式资源管理（Chubby）的，至此奠定了分布式计算发展的基础。

在大数据处理技术中，"分布式存储"和"分布式计算"框架是最为重要也是最基础的技术支撑，所谓"框架"是一组负责对系统中的数据进行操作的"计算引擎和组件"。Hadoop 和 Spark 是目前最著名的两大主流大数据处理框架，Hadoop 是 Apache 软件基金会（The Apache Software Foundation）的一个项目，是一个处理、存储和分析海量的分布式、非结构化数据的开源框架。Hadoop 最初由雅虎的 Doug Cutting 创建，基于 Java 语言开发，具有很好的跨平台特性，并且可以部署在廉价的计算机集群中。

Apache Spark 是 UC Berkeley AMP Lab（加州大学伯克利分校的 AMP 实验室）建立的开源的类似于 MapReduce 的通用大数据计算框架，Spark 不同于 MapReduce 的是中间结果可以保存在内存中，而不再需要频繁读写 HDFS（Hadoop distributed file system），因此 Spark 能更好地适用于数据挖掘与机器学习等需要迭代的 MapReduce 算法。

当前，Hadoop 与 Spark 两个大数据计算框架的结合是一种被广泛应用的大数据处理架构。

1. 分布式存储

分布式存储技术可以分为分布式文件系统和分布式数据库系统两大类型。流行的分布式文件系统包括 HDFS、FastDFS 和 MogileFS 等。表 7-5 给出了目前流行的分布式文件系统以及它们的特性描述。

表 7-5　流行的分布式文件系统

名称	适合类型	文件分布	复杂度	备份机制	通信接口	开发语言
HDFS	大文件	大文件分片分块存储	简单	多副本	原生 API	Java
FastDFS	4 KB～500 MB	小文件合并存储，不分片处理	简单	组内冗余备份	原生 API HTTP	C
MogileFS	少量小图片		复杂	动态冗余	原生 API	Perl
TFS	所有文件	小文件合并，以 block 组织分片	复杂	block 存储多份，主辅灾备	原生 API HTTP	C++
Ceph	对象文件块	OSD 一主多从	复杂	多副本	原生 API	C++
ClusterFS	大文件	文件/块	简单	镜像	原生 API FUSE 挂载	C

Hadoop 分布式文件系统 HDFS 适合部署在廉价的机器上,是一个具有高度容错性的系统,能提供高吞吐量的数据访问,非常适合在大规模数据集上应用。HDFS 采用了主从(Master/Slave)结构模型,一个 HDFS 集群是由一个 NameNode 和若干个 DataNode 组成的。其中 NameNode 是起统领作用的主服务器,负责管理文件系统的命名空间和客户端对文件的访问操作;DataNode 负责真正存储数据——以数据块(block)方式存储数据;Secondary NameNode 起检查点的作用,能够帮助 NameNode 合并操作日志(editlog)并减少 NameNode 启动时间。图 7-23 是 Hadoop 分布式文件系统(HDFS)结构示意图。

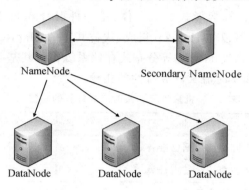

图 7-23 Hadoop 分布式文件系统(HDFS)结构示意图

分布式数据库是数据库技术与网络技术相结合的产物,目前流行的开源分布式数据库系统包括 HBase、MongoDB、PostgreDB、Redis 和 MySQL 等。表 7-6 列举了几种开源分布式数据系统的特性。

表 7-6 流行的开源分布式数据库系统

名称	数据存储方式	速度	事务支持	主要应用场景
HBase	表、列	写快、读慢	支持	持久存储
MongoDB	文档	快	只支持单文档事务	文档存储
PostgreDB	表	快	支持	多媒体数据
Redis	键-值	很快	支持	缓存
MySQL	表	快	支持	Web 系统、日志、嵌入式系统

2. 分布式计算框架

目前流行的大数据计算框架包括 MapReduce、Storm 和 Spark 等,以下分别对这 3 种计算框架进行简要的介绍。

(1)MapReduce 属于"批量计算"框架。所谓"批量计算"是指对存储在文件系统中的数据集进行批量处理的方式,它适用于处理存储在文件系统中的大容量静态数据集,但每个任务需要多次执行读取和写入操作,因此不适用于实时性要求较高的场合。MapReduce 计算模型是由 Google 首先提出的,在 Hadoop 框架中提供了 MapReduce 的开源实现。

(2)Storm 是由 Twitter 公司开源的"实时流式计算"框架。"实时流式计算"方式是基于内存的计算模式,它无须针对整个数据集进行操作,而是对通过系统传输的每个数据项执行操作,可以随时对进入系统的数据进行计算,因此适用于时间性要求较高的场合。其他著名的实时流计算框架还有 Facebook 公司的 Puma 和 Yahoo! 公司的 S4(simple scalable streaming system)等。

(3)Spark 属于前两种框架形式的集合体,是一种混合式的计算框架。它既有自带的"实时流式计算"引擎,也可以和 Hadoop 集成,代替其中的 MapReduce。Spark 也可以单独拿来部署集群,但是还得借助 HDFS 等分布式存储系统作为其基础支撑架构。

表 7-7 是批量计算和实时流式计算特性的比较。

表 7-7　批量计算和实时流式计算的特性比较

	批量计算	实时流式计算
数据到达	计算开始前数据已准备好	计算进行中数据持续到来
计算周期	计算完成后会结束计算	一般会作为服务持续运行
使用场景	时效性要求低的场景	时效性要求高的场景

7.4.4　大数据面临的技术挑战

大数据带来了巨大的技术挑战,虽然目前已有众多成功的大数据应用,但就其效果和深度而言,当前大数据应用尚处于初级阶段。虽然大数据的前景非常光明并且已成功应用于许多领域,但在一些关键领域,如自动驾驶、政府决策、军事指挥、医疗健康等人类生命、财产、发展和安全紧密关联的领域,仍面临一系列待解决的重大基础理论和核心技术挑战。

1. 数据存储和管理的挑战

大数据的体量非常大,虽然一些新的数据存储技术已经被开发应用,但面对数据量大约每两年增长一倍的速度,如何跟上数据增长的步伐并找到有效存储数据的方法,仍然是许多企业面临的严峻挑战。但是仅仅存储数据是不够的,数据必须是有价值的,这取决于对数据的管理和分析。数据科学家通常需要花 $50\%\sim80\%$ 的时间来管理和准备数据,然后才可以实际使用。

2. 计算速度的挑战

大数据技术正在快速变化,跟上大数据技术的发展是一个持续不断的挑战。海量数据从原始数据源到产生价值,其间会经过存储、清洗、挖掘、分析等多个环节,如果计算速度不够快,很多事情是无法实现的。所以,在大数据的发展过程中,计算速度是非常关键的因素。目前,Apache Hadoop 是处理大数据最流行的技术框架,随着 Apache Spark 大数据计算框架被开发和应用,目前这两个框架的结合被认为是最流行的大数据计算方法。

3. 数据安全的挑战

除了技术上所面临的挑战,制约大数据应用发展的一个重要瓶颈是隐私、安全与共享利用之间的矛盾。一方面,数据共享开放的需求十分迫切;另一方面数据的无序流通与共享,又可能导致隐私保护和数据安全方面的重大风险,必须对其加以规范和限制。在国家层面推出促进数据共享开放、保障数据安全和保护公民隐私的相关政策和法规,并制定相关的数据互操作技术规范和标准,以及保证数据质量的技术方法等,对于推动大数据技术的发展和规范应用具有非常重要的意义。

7.5 大数据应用案例

7.5.1 大数据分布式计算案例

在大数据时代,由于数据量的急剧增长,用单一节点集中存储海量数据的方式已经无法适应要求,海量数据的存储需要用"分布式存储"系统来实现,即将数据分散存储在多个节点中。在这种情况下,当某个应用需要读取和处理数据时,如果将分散存储在各节点的数据集中读取到某个计算节点上进行运算,那么所带来的数据传输量和对内存的要求是系统无法承受的。更何况,有些应用需要非常巨大的计算能力才能完成,如果采用集中式计算,需要耗费相当长的时间。

因此,可行的解决方案是把复杂的任务分解为多个子任务,让多个节点共同承担子任务的处理,然后把中间结果汇总到核心计算节点进行最终的处理。也就是说,在云计算与大数据时代,计算模型必然由"集中式"向"分布式"演进,要将复杂的应用分解成许多小的部分,分配给多台计算机并行处理,这样才能节约整体计算时间,大大提高计算效率。

MapReduce 是 Hadoop 架构中的分布式计算框架,目的是方便编写具有高可靠性、高容错性的,能在大型集群上并行地处理大量数据的应用程序。该框架管理数据传递的所有细节,如发出任务、验证任务完成情况以及在节点之间围绕集群复制数据。

接下来介绍一个 MapReduce 应用案例——基于 MapReduce 的单词计数,让读者领会大数据分布式计算的基本原理。

MapReduce 能够解决的问题有一个共同特点:任务可以被分解为多个子问题,且这些子问题相对独立,可以并行处理这些子问题。在实际应用中,这类问题非常多,在谷歌的相关论文中提到了 MapReduce 的一些典型应用,包括分布式 grep(Linux 的文本搜索工具)、URL 访问频率统计、Web 连接图反转、倒排索引构建、分布式排序等问题。

单词计数问题(WordCount):假设有大量的文本文件存放在 HDFS 的各个节点中,我们需要读取这些文件,统计各个文件中每个单词出现的次数,最后汇总出所有在文件中出现的单词,以及每个单词出现的次数。

例如,有一个文本文件,它的内容为:

hello，world

hello，hadoop

hello，world

hello，world

java，hadoop

统计每个单词出现的次数结果为：

hello，4

world，3

hadoop，2

java，1

现在有一个文本文件，它的容量达到 500 M，以分块（block）的方式存放在由 3 个节点组成的 Hadoop 集群的 HDFS 中（如图 7-24 所示），我们的任务是对文件中的单词进行计数。

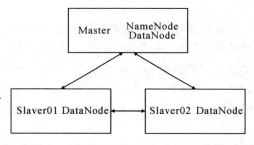

图 7-24　存放文件的 Hadoop 集群示意图

MapReduce 框架的核心思想是"分而治之"，即将复杂的问题分解为小问题，由各个节点协同成任务。

（1）Map 阶段：负责"分"，即把复杂的任务分解为多个"简单的子任务"来并行处理，而这些简单的子任务彼此之间没有依赖，可以并行云计算。

（2）Reduce 阶段：负责"合"，即对 Map 阶段的结果进行全局汇总。

在 WordCount 程序的流程中（如图 7-25 所示）。在 Map 阶段，首先将数据经过分片（partition）获取输入，然后切割成一个个单词，并把每个单词的计数标记为 1，最后经过排序、合并，写到分区中。在 Reduce 阶段，每个 Reduce 任务把每个 Map 处理的数据中同一个片（partition）的数据拷贝过来，并且经过排序、合并，形成 Reduce 数据输入，最后进行汇总写入 HDFS 中。

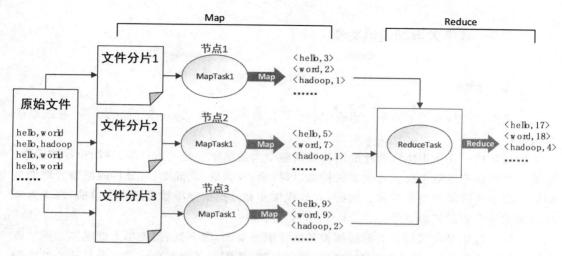

图 7-25　单词计数的 MapReduce 过程示意图

在实际的程序实现过程中,单词计数的中间结果是以<key,value>(<键,值>)对的形式组织数据的,并在每个节点中有一个排序的处理,然后再汇集到中心节点进行汇总后的统计,如图 7-26 所示。

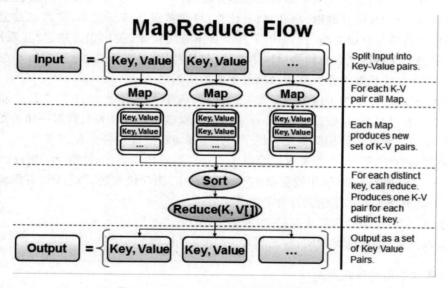

图 7-26　WordCount 程序的数据表示形式

7.5.2 健康大数据应用案例

1. 背景材料

本案例的资料来源于阿里云研究中心公开发布的《2017—2018年"云栖奖"产业战略研究报告》。

健康体检行业作为疾病医疗的预防端及整个大健康产业链的入口端,在国家预防医学、公共卫生和医疗改革中肩负着重要的使命,可持续、可获取、低成本、可分析的健康大数据是国家医疗卫生改革的重要载体。因此,有效积累并充分挖掘健康数据的最大价值,将成为未来健康体检企业的核心竞争力。

美年大健康是中国知名的健康体检和医疗服务集团,旗下拥有"美年大健康""慈铭""慈铭奥亚""美兆"等专业健康体检和医疗品牌。目前,美年大健康在全国200余个核心城市拥有400多家医疗及体检中心。

2. 大数据应用需求

国务院在《全国医疗卫生服务体系规划纲要(2015—2020年)》中提出"开展健康中国云服务计划,积极应用移动互联网、物联网、云计算、可穿戴设备等新技术,推动惠及全民的健康信息服务和智慧医疗服务"。2015年7月4日国务院印发《关于积极推进"互联网+"行动的指导意见》,支持第三方机构构建医学影像、健康档案、检验报告、电子病历等医疗信息共享服务平台,影像数据被作为临床诊断最重要的依据之一。

在此大政策支持下,为了应对业务发展的挑战,美年大健康于2017年5月启动了云计算和大数据信息平台项目,按照400~500家门店规模进行云计算和大数据存储资源需求评估,搭建影像云平台。美年团队首先分析了医疗影像业务处理的特点和需求:

(1)海量数据需求:医学影像数据量巨大。麦肯锡的数据显示,2020年,医疗数据急剧增长到了35 ZB,相当于2009年数据量的44倍。其中,医疗机构的CT、MR等影像相关科室所产生的数据增长占据了绝大部分的份额。

(2)政策要求:医学影像要求保持15年以上。

(3)互联互通:影像随时调阅,移动看片,避免重复检查。

3. 健康大数据平台建设

健康大数据平台的规划、建设、运维要做整体及长远规划的考虑,为满足影像业务需求,构建全面性、合理性、可扩展性的大数据信息平台,项目团队确定了项目具体目标。

(1)弹性伸缩。根据访问业务需求弹性伸缩,包括CPU、存储、带宽等,按照实际使用量进行计费,既满足峰值配置要求,又降低初期建设的成本投入。

(2)高可靠性。影像数据3份备份,保障数据可靠性。严格的权限控制机制,保证数据安全。多线接入主骨干网络资源,跨网络访问畅行无阻,上传下载速度流畅。

(3)快速部署。云计算具有极大的灵活性,支持应用系统的快捷部署。

(4)安全可控。云盾高级安全抵御互联网安全攻击能力,可提供全方位的安全产品服务,满足安全等级报评测要求。

美年健康大数据平台的架构如图 7-27 所示,其项目功能模块主要包括影像云平台的建设,将影像云平台延伸到"体检＋互联网"、人工智能辅助诊断(影像、心电)、体检人群健康数据库,以及品牌营销策划、精准营销等。

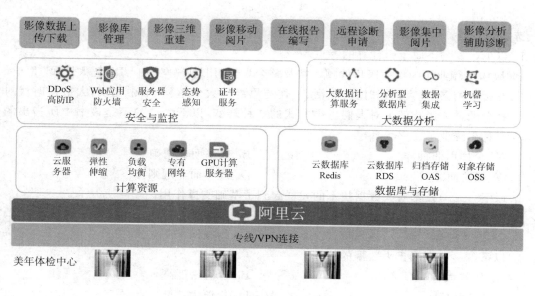

图 7-27 美年健康大数据平台架构

4. 应用效果

从已经开展了体检、影像等核心大数据分析以及合作应用来看,美年健康大数据平台有效提升了体检过程的工作效率,减轻了医生的工作量,使得医疗资源和健康大数据得到了极大的共享和积累,夯实了智慧医疗实施的基础,而累积的健康大数据最终将反哺给国家和社会,如各项专科数据的大数据分析、流行病学调查、健康白皮书、国家卫生信息统计等。这必将助力国家和公共卫生事业的长久发展。随着项目合作进入深水区,基于美年大健康的云平台和大数据打造的健康大数据基础平台将成为个人健康数据中心、慢病防治中心、远程医疗中心。

7.6 本章小结

本章的主要内容包括云计算与大数据的基础知识和应用案例。第一部分介绍云计算的概念与定义、基本特征和关键技术,还介绍了目前云计算的发展现状,并用案例形式让读者领会云计算的典型应用场景。第二部分介绍大数据的概念和特点,通过案例体现大数据的价值与作用,论述了大数据时代的思维模式变革,并对大数据处理的主要环节和目前流行的大数据技术进行了简要介绍,让读者初步了解大数据处理过程和相关技术的主要脉络。

7.7 习题

一、选择题

1. 以下（　　）不属于云计算的特点。
   - A. 虚拟化
   - B. 高可靠
   - C. 专用性
   - D. 超大规模

2. 在舍恩伯格的《大数据时代：生活、工作与思维的大变革》一书中指出，大数据时代对社会的最大影响就是对人们思维方式的 3 种转变，以下（　　）不是该书中所指出的三种思维变革。
   - A. 全样而非抽样
   - B. 效率而非精确
   - C. 相关而非因果
   - D. 规律而非规则

3. 以下（　　）技术对大数据技术的发展起到了基础支撑作用。
   - A. 数据库
   - B. 云计算
   - C. 人工智能
   - D. 物联网

4. 以下（　　）不属于大数据的特点。
   - A. 体量大
   - B. 价值密度高
   - C. 速度快
   - D. 价值大

5. 以下（　　）不属于云计算的三种服务模式。
   - A. SaaS
   - B. PaaS
   - C. IaaS
   - D. NaaS

二、填空题

1. 云计算的架构一般可以分为 3 层，它们分别为：_____、_____ 和 _____。

2. 传统科学研究的三个范式是"实验"→_____→"计算"，在大数据时代，_____ 成为科学研究的第四范式。

3. 大数据具有体量大（volume）、_____、速度快（velocity）和价值高（value）四个特点。

4. 大数据的构成可以分为结构化数据、非结构化数据和 _____ 三种类型。

5. 大数据的处理流程可以归纳为 5 个环节，它们分别是数据采集、_____、大数据存储与管理、大数据分析与挖掘和计算结果展示。

6. 大数据技术发展的主要技术支撑来自存储成本的下降、_____ 和人工智能理论与技术的发展。

三、简答题

1. 简述云计算对大数据的作用。
2. 简述大数据带来了哪些思维方式的变革。
3. 简述大数据具有哪些核心价值。
4. 简述大数据带来了哪些技术上的挑战。
5. 简述云计算与传统的计算模式相比有哪些优势。

第8章 互联网新技术

本章学习目标
- 了解移动互联网的基本概念和主要特点；
- 了解移动互联网的相关技术和面临的问题；
- 通过案例领会移动互联网的典型应用场景；
- 了解5G技术的基本概念和关键技术；
- 通过案例领会5G技术的典型应用场景；
- 了解物联网的基本概念和主要特点；
- 了解物联网的关键技术；
- 通过案例分析领会物联网的典型应用场景。

8.1 移动互联网简介

当前，移动互联网的应用已经渗透到社会生活的方方面面，可以想象一下你一天的生活情景：

场景1：早上醒来，在手机上点击App的时候，家里的面包机就会开始工作，以保证在出门之前烤制好面包；接着，用手机控制客厅的氛围灯，让它为你带来一天的好心情（如图8-1所示）。

场景2：用完早餐后准备去上班，你到了街头，用手机上的共享单车App或支付宝App扫一下共享单车上的二维码，云端系统会向单车发送开锁指令。到达上班地点后，只要你锁上单车，系统会自动为你的骑行计费，你只需手指轻轻一点（指纹识别）或注视手机屏幕（人脸识别），就可以完成网上支付。图8-2是用手机操作共享单车的示意图。

场景3：午休期间，你用手机上的"饿了么"或"美团"App为自己点了一份外卖，支付完成后不久，外卖小哥就为你送来了可口的饭菜。享用完午餐后，你还可以为此次外卖服务进行评价，或在朋友圈中进行推荐。图8-3是手机订餐App的示意图。

以上这些都是大家在日常生活中遇到的再普通不过的情景。当前，我们都生活在移动互联网时代，新的线上场景不断涌现并扩张至线下，重构了人们以往的行为方式和生活形态，通过人、物、场的有效连接整合，移动应用已成为一种新的价值交换方式和生活方式。

图 8-1　手机 App 控制智能家居设备

图 8-2　共享单车应用

图 8-3　掌上订餐 App

8.1.1　移动互联网的基本概念

移动互联网(mobile Internet)是基于移动通信技术、广域网、局域网及各种移动终端按照一定的通信协议组成的互联网络,包括移动终端、移动网络、移动业务与应用及移动安全等多个要素。

近十年来,随着宽带无线接入技术和移动终端技术(如智能手机、平板电脑)的飞速发展,人们迫切希望能够随时随地乃至在移动过程中都能方便地从互联网获取信息和服务,移动互联网应运而生并迅猛发展。

当前,移动互联网已经逐渐渗透到人们生活和工作的各个领域,移动支付、移动社交、手机游戏、视频应用、位置服务、移动电子商务等丰富多彩的移动互联网应用不断涌现,正在深刻改变信息时代的社会生活。移动互联网最大的特点是便携性与便捷性,移动互联网时代人们几乎都随身携带着智能手机,因此可以长时间、随时随地使用移动互联网,移动互联网已成为我们日常生活必不可少的元素。图 8-4 是一些移动互联网应用的示意图。

图 8-4　移动互联网应用(支付、社交和游戏)

通过移动互联网络,用户可使用手机、平板电脑或其他无线终端设备,随时、随地访问 Internet 以获取信息,使用商务、娱乐等各种网络服务。移动互联网的生态体系主要包括移动终端、移动网络、移动业务与应用、移动安全 4 个方面。

1. 移动终端

移动终端主要包括手机、平板电脑和笔记本电脑等。随着万物互联和智能化时代的到来,可穿戴设备、智能家居、智能车载、智能无人机等新型终端形态也在不断涌现。目前移动终端领域正以人工智能、传感、物联、新型显示、异构计算等新兴技术为动力,继承、完善和创新现有技术体系。

2. 移动网络

移动网络主要包括 3G/4G/5G 蜂窝网络和 WLAN 网络等。目前,4G 网络在全球已经得到普及推广,而 5G 通信的标准、技术研发和基础设施建设正处于起步阶段。

3. 移动业务与应用

移动业务与应用主要包括移动业务平台以及个人应用、行业应用和公共应用等移动应用。目前,移动业务与应用已进入平稳发展阶段,构建了基于优势平台打造自有业务生态的发展模式;人工智能、虚拟现实/增强现实以及大数据分析等核心技术的发展,进一步促进了移动应用的创新;物联网推动移动应用从消费领域向生产领域扩展,并逐步深入城市管理各环节。

4. 移动安全

移动安全主要包括终端安全、网络安全和应用安全 3 个方面。移动操作系统的开放生态体系一定程度影响了终端和应用安全的发展,针对网络基础设施的攻击也会导致网络安全威胁,同时数据的大规模流动也带来了数据隐私安全等问题。但各类软硬件加密技术、生物识别技术、个人信息保护以及恶意攻击防范手段等不断涌现,逐步推动移动互联网安全防护产业的发展。

8.1.2　移动互联网的主要特点

移动互联网与传统的互联网的根本不同之处在于其便携性与便捷性,它具有以下几项鲜明的特性。

1. 泛在化

随着无线通信网络和智能手机的普及应用,移动互联网已全面融入人们的生活,无所不在地为人们提供各种服务。用户则可从多样化的客户端(如笔记本电脑、手机和智能终端),不受时间和空间的限制使用移动互联网。

2. 便捷性

移动互联网的基础网络是一张立体的网络,3G、4G、5G 和 WLAN 或 WiFi 等构成的无缝覆盖,使得移动终端具有通过上述任何方式方便联网的特性。

3. 便携性

移动互联网的基本载体是移动终端,这些移动终端不仅仅是智能手机、平板电脑,还有可能是智能穿戴设备、车载系统等,它们随时随地都可以联网使用。

4. 即时性

由于移动互联网的便捷性和便利性,人们可以充分利用生活中、工作中的碎片时间,接受和处理互联网的各类信息,不用再担心会错过重要信息和时效信息了。

5. 精确性

无论是什么样的移动终端,其个性化程度都相当高,尤其是智能手机,每一个电话号码都精确地指向一个明确的个体,因此移动互联网能够针对不同的个体,提供更为精准的个性化服务。

6. 定向性

基于 LBS(location based service)的位置服务,不仅能够定位移动终端所在的位置,甚至可以根据移动终端的趋向性,确定下一步可能去往的位置,使得相关服务具有可靠的定位性和定向性。

7. 感触性

这一点不仅仅是体现在移动终端屏幕的感触层面,更重要的是体现在照相、摄像、二维码扫描,以及重力感应、磁场感应、移动感应,温度、湿度感应,甚至人体心电感应、血压感应、脉搏感应等无所不及的感触功能。

8.1.3 移动互联网的安全问题

移动互联网是移动通信和互联网发展到一定阶段的必然发展方向和融合产物,但移动互联网的迅猛发展,引发了一些突出的安全问题。同时,移动互联网自身具有一定的特性、独特发展方式与传播能力,更使得信息安全问题越来越突出,也越来越受到人们的关注。

1. 存在的安全问题

移动互联网涉及移动通信技术和互联网技术,是在对这两种技术特点的继承、融合基础上得到的,其固有的一些特性导致移动互联网存在安全问题,主要表现在网络安全、终端安全和业务安全三方面的问题。

(1)网络安全问题

移动互联网采用的通信网络与传统的多级和多层网络不一样,其主要采用扁平网络来通信,不过核心也采用 TCP/IP 协议,而 TCP/IP 协议有其自身固有的安全缺陷。因此,移动互联网中的网络安全和数据安全也就逐渐成为所有网络运营商需要着重解决的问题。

(2)终端安全问题

移动互联网所提供的各项业务需要移动智能终端的支持才能实现,目前各种移动网络终端的功能也更加多样化,给用户带来了更大便利。但是,智能终端的操作系统(特别是安卓操作系统)存在安全隐患,导致智能终端的风险不断提高;另外,移动网络终端不断向多样化和开放的方向发展,使得整个网络的安全风险不断增加,而且许多企业为了占领市场,致力于对智能化终端的多样性和开放型设计,埋下了安全隐患的根源。

(3)业务安全问题

当前,移动互联网中所包含的内容和服务非常广泛,能够为用户提供很多增值服务,使得业务和服务逐渐成为移动网络的基础,而各种业务和服务的提供商也就逐渐成为移动网络发展的主要推动者。这样也就带来了一些网络问题,例如,有些企业为了吸引流量,会在其网站或App中添加非法或者色情内容,给社会道德和稳定带来严重的隐患,成为移动互联网领域需要重点整治的问题。

2. 个人隐私保护问题

随着移动互联网和大数据时代的到来,人们可以随时随地从互联网上获取信息和服务,但公民的个人隐私安全问题也日益凸显。个人几乎无法保护自己的隐私,上网注册时绑定的手机号、身份证号、移动的位置信息、访问过的App,还有银行的各种数据都有可能被非法收集和再利用。

2020年11月13日,中共中央网络安全与信息化办公室和中华人民共和国国家互联网信息办公室的App违法违规收集使用个人信息治理工作组通过评估,发现35款App存在个人信息收集使用问题,表8-1是从中摘录的几个例子。

表 8-1　手机 App 违法违规收集用户信息的例子

App 名称	安卓版本号	运营者	存在的问题
课后网	V8.0.2.0.0	浙江××教育科技股份有限公司	1. 用户明确表示不同意打开位置权限后,仍频繁征求用户同意,干扰用户正常使用 2. 既未经用户同意,也未做匿名化处理,向第三方提供用户课后网的账号信息
睿视	V2.5.1.3.0	北京××科技有限公司	1. 收集用户的宗教信仰、婚史等与业务功能无关的个人敏感信息 2. 收集用户的身份证照片、房产证照片等个人敏感信息时,未同步告知用户其目的
营销助手	V3.42	上海××信息科技有限公司	1. 在申请打开相机、通信录、电话、存储、位置、麦克风等可收集个人信息的权限时,未同步告知用户其目的 2. 未逐一列出嵌入的腾讯Bugly、极光推送、友盟等第三方SDK收集使用个人信息的目的、类型
触漫	V5.4.1	广州××动漫网络科技有限公司	1. 收集身份证号等个人第三信息时,未同步告知用户其目的 2. 因用户不同意打开非必要的电话、存储权限,拒绝提供所有业务功能

3. 我国相关的移动互联网安全法规

为了应对移动互联网应用带来的安全问题,我国政府在 2016 年之后加强了相关的法规建设。

2016 年 8 月,中共中央网络安全与信息化办公室、中华人民共和国国家互联网信息办公室制定了《移动互联网应用程序信息服务管理规定》,要求在中华人民共和国境内通过移动互联网应用程序提供信息服务,从事互联网应用商店服务,应当遵守本规定。

2016 年 11 月通过的《中华人民共和国网络安全法》规定了网络空间主权的原则,明确了网络安全监管部门的职权,明确了网络产品和服务提供者、网络运营者的安全义务,建立了关键信息基础设施安全保护制度,确立了关键信息基础设施重要数据跨境传输的规则等。

2016 年 12 月发布的《国家网络空间安全战略》系统论述了我国网络空间安全的机遇和挑战、目标、原则、战略任务,阐明了中国关于网络空间发展和安全的重大立场和主张,切实维护国家在网络空间的主权、安全、发展利益,提出我国网络空间安全战略目标。

为规范移动互联网应用程序收集、使用用户信息特别是个人信息的行为,加强个人信息安全保护,国家市场监督管理总局 2019 年 3 月发布了《移动互联网应用程序(App)安全认证实施规则》(CNCA-App-001)。

8.2 移动互联网的应用

移动互联网技术在传统语音通信网络上能够承载图像、文字、视频流等多种媒体形式,能够提供包括网页浏览、电话会议、电子商务、网络游戏等多种服务。随着无线带宽的不断增加,手持智能终端的功能将不断完善和增强,它们为多种移动应用的发展开辟了广阔空间。

近年来,随着移动互联网络在全球迅速发展,产生的主要应用模式有以下 10 种:(1)手机上网和搜索;(2)手机游戏;(3)移动视频服务;(4)移动电子阅读;(5)移动定位服务;(6)移动广告;(7)手机内容共享服务;(8)移动社交;(9)移动支付;(10)移动电子商务。

当前的移动互联网业务能向用户提供个性化、内容关联和交互作业的应用,其业务范围涵盖信息、娱乐、旅游和个人信息管理等领域。基于位置的服务(LBS)是移动互联网中一个非常大的突破性应用。固定和移动互联网的最大差别就是移动互联网在位置服务和位置信息上有非常大的优势,可以获取用户所在位置的信息,进行更多的服务和整合。比如说,在某个陌生的地方,你可以打开移动终端,就能方便地找到附近的酒店、餐馆以及娱乐场所了。

未来移动互联网将更多基于云应用和云计算,当终端、应用、平台、技术以及网络在技术上和速度上提升之后,将有更多具有创意和实用性的应用出现。

8.2.1 即时通信和移动社交

即时通信是指能够即时发送和接收互联网消息,允许两人或多人使用网络即时地传递文字信息、档案、语音与视频交流的软件。即时通信工具自 20 世纪 90 年代后期面世以来,发展非常迅速,其功能日益丰富。目前,即时通信工具不再是一个单纯的聊天工具,它已经发展成集通信、社交、资讯、娱乐、搜索、电子商务、办公协作和企业客户服务等为一体的综合化信息平台。

ICQ 是互联网上最早流行的即时通信软件,它是三位以色列人维斯格、瓦迪和高德芬格于 1996 年开发的,取名为 ICQ,即"I SEEK YOU"(我找你)的意思,其主要用户市场在美洲和欧洲。1998 年,ICQ 注册用户数达到 1200 万时,被美国在线(AOL)收购,经过多年的发展,ICQ 软件已经形成了庞大的软件服务集,其中包括 ICQ、ICQ FOR MOBILE、ICQ ToolBar、ICQ Games、WEBICQ 等。到 2010 年,俄罗斯投资公司 Digital Sky Technologies 收购了 AOL 旗下的 ICQ 业务。目前 ICQ 还有支持智能手机的新版本,加入类似 WhatsApp 及 MSN 的用法及功能,启动后就不用每次登入,长期在线,用法类似 SMS 或 WhatsApp。

MSN Live Messenger 是微软公司推出的即时通信软件,微软公司凭借强大的 Windows 操作系统市场优势地位,MSN 在全球桌面个人电脑市场上取得了巨大的市场占有率。自 2013 年之后,微软公司逐步关闭了即时通信软件 MSN Messenger,用 Skype 取代之。

QQ 是国内最早出现的即时通信和社交软件,QQ 的前身为 OICQ,由腾讯公司在 1999 年 2 月推出,经过多年的发展,该软件的功能不断扩充和完善。目前 QQ 软件已成为中国人在电脑端和手机端使用最广泛的网络聊天工具之一,并且通过 QQ 群和基于位置的服务(LBS)的群搜索功能,实现了 QQ 群从强关系到弱关系的打通链接,让广大手机 QQ 用户在全方面巩固强关系的同时,提升弱关系好友的管理与沟通,形成了以好友关系链为基础的社交网络。

近年来,随着移动互联网的飞速发展,移动社交 App 发展迅猛,已成为移动互联网最重要、最受欢迎的应用之一。最著名的移动社交与即时通信工具有中国腾讯公司的微信、美国 Facebook 公司的 WhatsApp 和韩国互联网集团 NHN 日本子公司 NHN Japan 推出的 Line 等。图 8-5 是这三款软件的图标。

图 8-5　微信、WhatsApp 和 Line 的图标

腾讯公司于 2011 年 1 月推出的微信(英文名 Wechat)是一个为智能终端提供即时通信和移动社交服务的免费 App。微信可以通过移动互联网发送免费语音短信、视频、图片和文字,此外还提供了公众平台、朋友圈、消息推送、微信支付等功能。用户可以添加好友和关注公众平台,同时微信将内容分享给好友以及将用户看到的精彩内容分享到微信朋友圈。目前,全球微信的月活跃用户已经突破 10 亿,是亚洲地区最大用户群体的移动即时通信和移动社交 App。

WhatsApp 是 Facebook 公司的一款用于智能手机之间即时通信的应用软件,可以发送和接收信息、图片、音频文件和视频信息。WhatsApp 的核心是通信工具,倾向于"免费短信"应用,弱化社交。WhatsApp 和手机通信录深度整合,用户无须注册即可使用,用户的账号就是手机号码。相比而言,微信的核心则是社交工具,借用 QQ 的关系链,增加了强关系链的社交。微信的使用需要注册,和手机通信录的整合很弱,而朋友圈等社交网络功能很强。

图 8-6　新浪微博图标

新浪微博也是移动社交应用的佼佼者,其图标如图 8-6 所示。它是基于用户关系的社交媒体平台,用户可以通过多种移动终端接入,以文字、图片、视频等多媒体形式,实现信息的即时分享、传播互动。微博基于公开平台架构,使用户能够公开实时发表内容,并通过裂变式传播,让用户与他人互动并与世界紧密相连,实现了信息的即时分享。

8.2.2 移动支付

移动支付是移动互联网时代一种新型的支付方式,其以移动终端为中心,通过移动终端对所购买的产品进行结算支付。移动支付改变了传统的支付模式,也改变了民众的支付习惯,如今出门不拿现金、不带钱包成为多数移动支付用户的现实写照。移动支付还可以将互联网、终端设备、金融机构有效地联合起来,形成了一个新型的支付体系,不仅仅能够进行货币支付,还可以缴纳话费及燃气、水电等生活费用。

1. 移动支付的优势

对于消费者来说,可以在实体店直接扫描二维码,轻松付款,而无须携带现金,无须找零,无须刷卡签字,很大程度上节约了时间,并且可以避免假币问题带来的麻烦。另外,通过移动支付的快捷转账,可以轻松地实现生活缴费、车票购买、手机充值等,真正做到足不出户也能办理各种业务。对商户来说,移动支付的发展也带来许多好处。首先,移动支付手续费低,扩大了商家的盈利空间;其次,商家可以通过微信、支付宝的优惠活动,来进行优惠促销活动,不仅可以增加营业额,而且可以扩大宣传效果,促进商家口碑的建立。移动支付有以下显著的优点。

(1)时空限制小。移动支付打破了传统支付对于时空的限制,使用户可以随时随地进行支付活动,不受时间和空间的限制。

(2)方便管理。用户可以随时随地通过手机对个人账户进行查询、转账、缴费、充值等功能的管理,也可随时了解自己的消费信息。

(3)支付方便快捷。移动支付可直接与银行卡绑定,一键支付方便快捷。

(4)杜绝假钞,无须找零。移动支付不但可以杜绝假钞,而且在收银过程中无须找零,节约了买卖双方的时间。

(5)高度融合性。移动支付能和各个行业高度融合,对于娱乐、医疗、出行、餐饮、酒店等各种场景,移动支付都能很好地融入。

(6)环保、卫生。移动支付的发展减少了纸币使用量,不但节省了纸币原材料的使用,还能杜绝细菌的传播。

2. 我国移动支付的发展情况

目前,我国的移动支付正在覆盖生活的方方面面,已然成为最重要的支付方式之一,深入社会生活的各个方面。大到国际化的商超,小到路边的摊贩,基本上均已接入移动支付方式。2018年1月1日起,交通部实施的《收费公路移动支付技术规范》,将移动支付应用于高速公路收费领域;2018年上半年起,全国各地的公交和地铁与移动支付公司合作,通过出示二维码,即可乘车和付费。当前,这样的变化正深刻影响着每个人的支付行为。

智研咨询发布的《2020—2026年中国移动支付行业投资融资模式及发展规划分析报

告》数据显示,2019 年中国移动支付业务量增速相对较快(如图 8-7 和图 8-8 所示)。2018—2019 年,网上支付业务 781.85 亿笔,金额 2134.84 万亿元,同比分别增长 37.14％和 0.40％;移动支付业务 1014.31 亿笔,金额 347.11 万亿元,同比分别增长 67.57％和 25.13％;电话支付业务 1.76 亿笔,金额 9.67 万亿元,同比分别增长 11.12％和 25.94％。

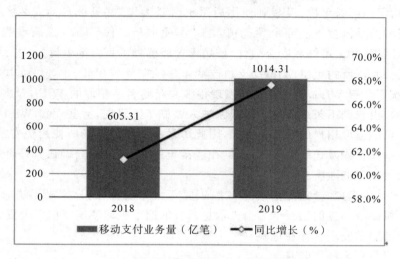

图 8-7　2018—2019 移动支付业务量

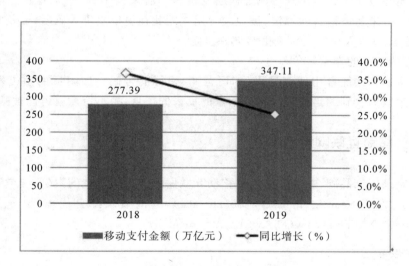

图 8-8　2018—2019 移动支付金额

3. 移动支付的安全问题

移动支付为买卖双方搭建了一座联系的桥梁,给消费者和商户的生活带来了很大的便利。然而,在移动支付的发展过程中,有些新的支付方式为了实现用户的友好性及支付交易的快捷性,而忽略了交易验证的严谨性,支付风险存在每一个环节中,特别是支付交易中的身份确认往往存在支付风险。

早在 2014 年,中央电视台《每周质量报告》就播出节目"移动支付的隐忧",关注移动支付的安全性问题,报告列举了多个银行卡被人从网上利用支付宝、网易宝等第三方支付方式盗刷的案例。以下我们列举几起移动支付安全案例,希望能引起读者对移动支付安全问题的重视。

(1)警惕手机病毒的危害

小张网购了一部新手机,没想到使用后手机流量大增,并且被自动安装了许多垃圾软件。原来,网购的手机被不法商家预先植入了"不死木马二代病毒",该病毒能偷耗手机流量,控制手机网银,甚至可卸载安全软件,该病毒曾经感染了百万部手机。

(2)警惕公共场所的免费 WiFi

小刘喜欢用免费 WiFi,一次在商场发现很多和商场名字相似的 WiFi,没多想就选了一个不要密码的,没想到不久之后他的网银就被人盗刷了。目前,有些免费 WiFi 是由骗子或黑客搭建的,可能盗取用户的账号和密码,因此尽量不要在公共场所使用免费的 WiFi 进行网上支付、登录操作或发送敏感信息,我们在连接免费 WiFi 前要先确认其是否安全。

(3)卖旧手机可能泄密

小王把旧手机卖掉,导致 4 张银行卡上的 12 万元不翼而飞,原来是不法分子通过数据恢复,从旧手机获取小王的银行卡等个人信息。有的旧手机即使恢复出厂设置,数据也可能被恢复,用户的隐私安全就存在危险。

(4)换手机号别忘解绑账号

江苏扬州一位女士的微信账号四处向朋友借钱。后来经了解,原来是她之前所使用的手机号码停用后未与微信解除绑定,被他人冒用。因此在更换手机号码后,要及时将其与微信、支付宝等 App 以及网上的注册账号解除绑定。

(5)小心伪基站的诈骗短信

骗子利用伪基站能冒用任意号码(如运营商、银行的号码),向附近的手机发送诈骗短信。手机用户以为收到的是正规机构或商家的发来的信息,稍不留意就可能被骗。

8.2.3　移动互联网营销案例

本节介绍某服饰品牌在 2016 年通过移动互联网进行春节营销的案例,参考资料来源于艾瑞网:http://a.iresearch.cn/case/5686.shtml,案例视频来源自优酷:http://v.youku.com/v_show/id_XMTgxMzcwOTAwMA==.html。

1. 案例背景

对于中国零售业来说,春节是一个具有战略意义的重要节日。春节的传统在于"把快乐和幸运带回家",买新衣、发红包、拜年是春节的三大习惯。2016 年,在对春节以及消费者的精准洞察基础上,某知名服饰品牌推出了一个新年主题活动,在移动端推出多个新年主题活动,制造与春节相关的场景,紧密联系产品卖点,树立品牌理念,增加产品以外的精神附加值。

2. 营销目标

深入洞察消费者春节行为,通过主题活动营造多种场景,向消费者宣传品牌理念和产品信息,激发消费者的春节购买欲,提升春节系列冬装和春装的认知度和到店购买率,并联手移动支付,实现移动场景营销。

3. 营销策略

运用大数据,制定优质的移动媒介策略,结合自媒体、网络广告、社交媒体平台、零售店和微信支付,精准覆盖受众,通过不同场景营销,成功推广春节主题活动。图 8-9 是某服饰品牌 2016 年春节营销的活动内容示意图。

图 8-9　某服饰品牌 2016 年春节营销活动内容

(1)结合大数据分析规模化的消费者共性。通过搜集到的多维度数据对消费者进行精准画像,组成核心用户数据库,从而达成广告的精准投放。

(2)合适的移动媒介精准传播。借助腾讯视频、今日头条、网易、航班管家、高铁管家等优质 App 选择最佳媒体投放组合,并通过互动通控股集团的 hdtDXP 程序化广告营销平台向消费者精准投放新年主题广告,实现有效宣传。

(3)自媒体及社交媒体是传播核心。本次推广通过品牌官方微信、微博等社交媒体,进行品牌的宣传预热及后续报道,加强曝光。

(4)连接到店体验。结合 500 家门店,运用免费 WiFi,以及店内全方位的新春促销物扫码活动等展示渠道和移动支付,实现移动场景 OXO 营销。

4. 创意亮点

(1)通过微信、微博及线上 App 广告,推动新年系列产品互动,实现"数字平台＋内容创新＋激活体验营销"的完美结合,渲染幸福快乐的新年气氛,积极进行春节场景营销。

(2)实体店入口、前方陈列台、货架 POP 到收银台,通过整体促销物营造浓厚的春节气氛。不同的电子付款优惠机制有效帮助店铺人流转化为购物交易,带动人群转化及"粉丝"增长,实现双赢。

（3）与微信和支付宝联手，实现销售提升之余，为该品牌的自媒体带来更多的"粉丝"。

5. 线上平台的品牌和产品传播

（1）新春红包大放送

发放代金券和红包，设置"摇一摇手机，福倒有惊喜"，引导消费者分享并抽奖，如图 8-10 所示。

图 8-10　红包抽奖活动和代金券

（2）为家人购物

以家庭场景故事，烘托出浓浓的新年气氛，以多样形式定制个性化祝福送给亲朋好友，选择激发消费者为全家购买新衣的欲望，如图 8-11 所示。

图 8-11　为家人购衣

（3）明星引流

通过虚拟场景群聊，充分利用明星代言人，定制明星拜年视频、明星穿搭推荐，并且让消费者体验与明星"实时"微信聊天拜年，增加了互动体验，对消费者有强烈吸引力。

（4）亲情场景营销

用恋人（默契情人）、闺蜜（甜言蜜语）、父母（温暖情人）、亲子（小情人）、自己（未来情人）多种场景展示该品牌春季新装及多样搭配。

6. 实体零售店活动

通过线上推广活动，加深了品牌印象，也吸引了大批顾客到实体零售店。店内的免费 WiFi 以及新春促销扫码活动，让顾客通过手机轻松查看更多更详细的产品信息，增加购买欲。

7. 移动支付

与支付宝和微信支付强强联手，有效将到店人流转化为买单客数，同时为该品牌的自媒体带来更多的"粉丝"，实现双赢。

8. 营销效果

通过提供有趣的消费者互动体验，该品牌高效完成了销售指标，并向消费者传递该品牌和服装以外的精神和附加值。通过"场景＋内容＋体验营销"，收获火爆的品牌营销和销售增长效果。

9. 客户反馈

2016 新年期间的推广营销活动，融合品牌、产品、体验和场景，通过移动数字平台、社交媒体、有趣丰富的内容，整合互动，烘托出强烈的新年气氛。一系列线上活动让该品牌和冬春装产品形象直达人心，有效地将线下用户带到线上参与互动并积极分享，实现 OXO 导流，收获了比较理想的品牌营销和销售增长效果。

8.3　5G 技术简介

移动通信技术的发展，为移动互联网的发展提供了更好的技术支持。4G（the 4th generation mobile communication，第四代移动通信技术）是支持高速数据传输的蜂窝移动通信技术，能够快速传输数据及高质量音频、视频和图像等。5G（第五代移动通信技术）是最新一代蜂窝移动通信技术，也是继 4G（LTE-A、WiMax）、3G（UMTS、LTE）和 2G（GSM）系统之后的延伸。5G 的性能目标是高数据速率、减少延迟、节省能源、降低成本、提高系统容量以及大规模设备连接。

5G 的发展来自对移动数据日益增长的需求。随着移动互联网的发展，越来越多的设备接入移动网络中，新的服务和应用层出不穷，移动数据流量的暴涨将给网络带来严峻的挑战。首先，如果按照当前移动通信网络发展，容量难以支持流量的增长，网络能耗和比特成本难以承受；其次,流量增长必然带来对频谱的进一步需求,而移动通信频谱稀缺,可用频谱呈大跨度、碎片化分布,难以实现频谱的高效使用;再次,要提升网络容量,必须智能高效利用网络资源,例如针对业务和用户的个性进行智能优化,但这方面的能力不足;最后,未来网络必然是一个多网并存的异构移动网络,要提升网络容量,必须实现高效管理各个网络,简化互操作,增强用户体验。

与世界主要其他主要国家一样,中国深刻认识 5G 发展的重要意义,在技术创新上走在世界的前列。2019 年 6 月,中国颁发 5G 牌照,成为全球第一批进行 5G 商用的国家。2020年初以来,中共中央一系列重要会议都提出加快 5G 网络等新型基础设施建设,统筹传统和新型基础设施发展,中国的 5G 网络建设及其应用拓展将成为"新基建"的重要牵引。工信部出台《关于推动 5G 加快发展的通知》,发改委、工信部联合发布《关于组织实施 2020 年新型基础设施建设工程(宽带网络和 5G 领域)的通知》,全力推进 5G 发展。在可预见的未来,5G 全面商用将有力促进我国的产业数字化转型升级,推进数字政府、智慧城市与数字乡村建设,进一步凸显移动互联网数据要素价值。

8.3.1　5G 技术的特点和应用场景

作为新一代移动通信技术,5G 在现有 4G 技术的基础上,考虑更多无线覆盖的服务情况,综合用户体验、传输时延等方面的优势,通过进一步提升信号传输速率,满足未来对无线通信网络高速率、低时延和万物互联的需求。相对于 4G 网络,5G 技术在时延、带宽、连接数和移动性等方面都有巨大的优势。

1.5G 网络的主要特点

5G 网络最主要特点是高速率、大连接和低时延,并提供了新的低功耗物联标准和技术。

(1)高速率

5G 的数据传输速率远远高于以前的蜂窝网络,最高可达 10 Gbit/s,比先前的 4G LTE蜂窝网络快 100 倍,在连续广域覆盖和高移动性下,用户体验速率达到 100 Mbit/s,可以满足高清视频、虚拟现实等大数据量传输。

(2)万物互联

5G 具有超大网络容量,满足物联网通信的需要,流量密度和连接数密度大幅度提高。迈入智能时代,除了手机、电脑等上网设备需要使用网络以外,越来越多的智能家电、可穿戴设备、共享汽车等不同类型的设备和公共设施需要联网,而 5G 技术为这些设备的互联和智能管理提供了重要的技术支撑。

(3)低时延

理论上 5G 网络的无线空中接口双向传输时延可以低于 1 ms。当然,网络的传输时延绝不是空中接口单一接口就能够保证的,还涉及端到端的核心网以及互联网的时延。

(4)低功耗

5G 网络要支持大规模物联网应用,就必然要有功耗方面的要求。所有物联网产品都需要通信与能源,虽然通信可以通过多种手段实现,但是能源的供应只能靠电池,通信过程若消耗大量的能量,就很难让物联网技术被用户广泛接受。

5G 技术所采用的两项重要物联协议 eMTC(enhance machine type communication,增

强机器类通信)和 NB-IoT(narrow band Internet of things,窄带物联网)对满足万物互联的低功耗要求起到了重要的支撑作用。

2. 5G 技术的核心应用场景

国际电信联盟(International Telecommunication Union,ITU)于 2019 年提出,从信息交互对象不同的角度划分,5G 应用将涵盖三大类场景:增强移动宽带(enhance Mobile BroadBand,eMBB)、海量机器类通信(massive Machine Type Communication,mMTC)和超可靠低时延通信(ultra Reliable & Low Latency Communication,uRLLC),如图 8-12 所示。

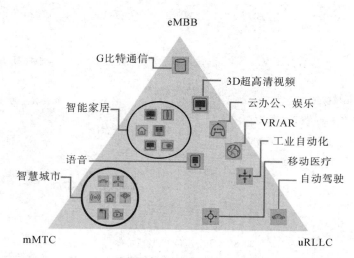

图 8-12　5G 技术三大应用场景

(1)增强移动宽带(eMBB,简称大带宽)

由于 5G 网络具有更大的网络吞吐量、峰值速率和低延时,可以提供超高的数据传输速率和广覆盖下的移动性保证,因此 eMBB 可以将蜂窝覆盖扩展到范围更广的区域。同时,它还可以提升容量,满足多终端、大量数据的传输需求,例如支持超高清视频、VR/AR 等新业态,广泛用于文体娱乐、教育、旅游等行业,还可以用于安防监控、环境监测、产品检验等方面。

(2)海量机器类通信(mMTC,简称大连接)

mMTC 是 5G 中面向物联网的业务能力,5G 网络提供了巨大的连接数量,不但可以支持海量物联网设备的连接,还可以降低功耗与成本(不仅仅是物质成本,也包括更短的时间和更快的速度)。mMTC 对网络感知实时性要求低,但对终端密集程度要求高,广泛应用于公共事业、工业、农业、交通动力和电力行业。其典型的应用场景有智慧城市、环境监测、智能家居、森林防火等以传感和数据采集为目标的应用场景。

(3)超可靠低时延通信(uRLLC,简称低时延)

uRLLC(ultra-reliable & low-latency communication)是指 5G 技术所具有的高可靠和低时延的特性。5G 的低时延特性,使其可以广泛用于工业、医疗、交通、电力等对时延与可靠性要求较高的行业,如工业控制系统、交通和运输、智能电网和智能家居的管理、交互式的远程医疗诊断等。

值得提醒的是,虽然 mMTC 和 URLLC 都是面向物联网的应用场景,但各自侧重点不同:mMTC 主要体现终端数量多、种类多样化的物联网应用场合(窄带物联网);URLLC 主要体现低时延、高可靠性传输的物联网应用场合(宽带物联网)。

3.5G 标准的进展

国际标准组织 3GPP(the 3rd Generation Partnership Project)作为国际移动通信行业的主要标准化组织,承担 5G 标准技术内容的制定工作。制定 5G 标准的进展情况如图 8-13 所示。

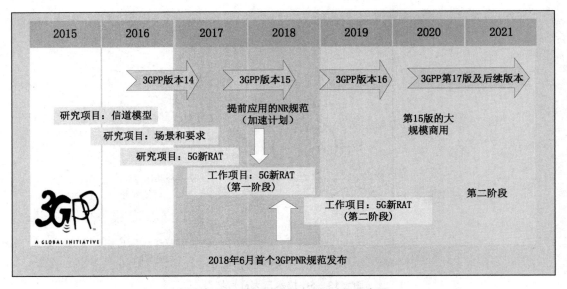

图 8-13 5G 标准进展与工作时间示意图

(1)第一阶段(Rel-15):2018 年 6 月,3GPP 确定了 5G R15 的全部内容,这也就是我们所说的第一阶段标准或者第一版标准。该阶段完成独立组网的 5G 标准(SA,Standalone),支持增强移动宽带和低时延高可靠物联网,完成网络接口协议。

(3)第二阶段(Rel-16):2020 年 7 月 3 日,3GPP 官方宣布 5G R16 标准规范已经冻结。该阶段加强了移动带宽以及超可靠低时延通信,不仅让工业互联网从中受益,更是提供了一系列全新的 5G 互联功能。这是 5G 的第一个演进版本,也是 3GPP 史上第一个通过非面对面会议审议完成的技术标准。

(3)下一阶段:在 R16 之后,3GPP 还会继续制定 5G R17 标准规范,这将是对现有规范的进一步增强与提升。

2020 年 7 月 9 日,国际电信联盟(ITU)无线通信部门(ITU-R)国际移动通信工作组(WP 5D)第 35 次会议成功闭幕,会议确定 3GPP 系标准成为被 ITU 认可的 5G 标准,也就是说 3GPP 系的 5G 标准成为被国际电联认可的 IMT-2020 国际移动通信系统标准,而且是唯一标准。

8.3.2 5G 网络的架构与关键技术

1. 5G 网络的架构

目前,5G 网络架构有两种方式,分别为非独立组网(NSA)和独立组网(SA)方式,如图 8-14 所示。

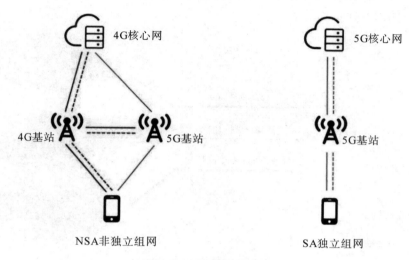

图 8-14 5G 的组网方式

(1)非独立组网 NSA(non-standalone)

这种方式下 5G 网络需要叠加于 4G 网络之上,它们是紧耦合的,网络的信令通过 4G 网络传输,只有用户数据的传输是通过 5G 的新基站。这种方式的好处是可以利用旧的 4G 网络,不需要 5G 网络的连续覆盖(用户出了 5G 网络区域,还可以再连接到 4G 网络上),因此在 5G 网络建设初期不需要大量的投入。但该方式不支持 5G 网络切片,因此不支持新的行业垂直应用。

(2)独立组网 SA(standalone)

在这种方式下 5G 是独立组网,5G 基站通过 NG 接口(基站到核心网之间的一个接口)连接到 5G 的核心网。这种方式的好处是可以支持网络切片和全场景应用,主要的劣势是要新建 5G 核心网,在 5G 网络建设初期投入较大。

2. 5G 网络的关键技术

5G 网络的架构包括核心网、承载网和无线接入网。

5G 核心网关键技术主要包括 NFV(网络功能虚拟化)、SDN(软件定义网络)、NC(网络切片)和 MEC(多接入边缘计算)等。

5G 承载网的关键技术包括 FlexE(灵活以太网技术)、FlexO(灵活光传送网)、SR(分段路由技术)等。

5G 无线接入网包含的关键技术包括 C-RAN(集中化无线接入网)、SDR(软件定义无线电)、自组织网络、D2D通信、高级调制和接入技术、带内全双工、载波聚合、低时延和低功耗技术等。

(1) 5G网络切片技术(network slicing)

5G支持网络切片能力就是将一个物理网络切割成多个虚拟的端到端的网络(如图8-15所示),每个网络切片将拥有自己独立的网络资源和管控能力。网络切片根据不同的服务需求,比如时延、带宽、安全性和可靠性等来划分,以灵活应对不同的网络应用场景。每个网络切片之间,包括网络内的设备、接入、传输和核心网,是逻辑独立的,任何一个网络切片发生故障都不会影响到其他切片。

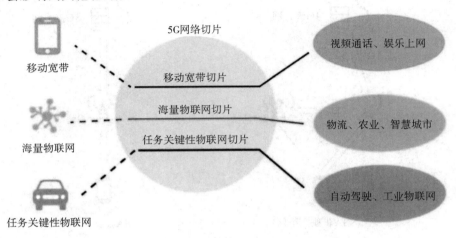

图 8-15 5G网络切片技术示意图

(2)网络功能虚拟化(NFV)

为了实现网络切片,网络功能虚拟化NFV(network function virtualization)是先决条件。所谓NFV,就是将网络中的专用设备的软硬件功能转移到虚拟主机上。这些虚拟主机是基于行业标准的商用服务器,低成本且安装简便。简单地说,就是用基于行业标准的服务器、存储和网络设备,来取代网络中的专用的网元设备。

(3)软件定义网络(SDN)

实现网络切片的另一项关键技术是软件定义网络SDN(software defined network),这是由美国斯坦福大学clean-slate课题研究组提出的一种新型网络创新架构,是网络虚拟化的一种实现方式。其核心技术是通过将网络设备的控制面与数据面分离开来,从而实现网络流量的灵活控制,使网络作为管道变得更加智能,为核心网络及应用的创新提供了良好的平台。SDN被认为是网络领域的一场革命,为新型互联网体系结构研究提供了新的实验途径,也极大地推动了下一代互联网的发展。

(4)超密集异构网络

5G网络正朝着网络多元化、宽带化、综合化、智能化的方向发展。随着各种智能终端的普及,移动数据流量将呈现爆炸式增长,减小小区半径,增加低功率节点数量,是保证未来5G网络支持1000倍流量增长的核心技术之一,因此,超密集异构网络成为未来5G网络提高数据流量的关键技术 。

（5）D2D 通信

在 5G 网络中，网络容量、频谱效率需要进一步提升，更丰富的通信模式以及更好的终端用户体验也是 5G 的演进方向。设备到设备通信（device-to-device communication，D2D）具有潜在的提升系统性能、增强用户体验、减轻基站压力、提高频谱利用率的前景。因此，D2D 是未来 5G 网络中的关键技术之一。

D2D 通信是一种基于蜂窝系统的近距离数据直接传输技术。D2D 会话的数据直接在终端之间进行传输，不需要通过基站转发，而相关的控制信令，如会话的建立、维持、无线资源分配以及计费、鉴权、识别、移动性管理等仍由蜂窝网络负责。蜂窝网络引入 D2D 通信，可以减轻基站负担，降低端到端的传输时延，提升频谱效率，降低终端发射功率。当无线通信基础设施损坏，或者在无线网络的覆盖盲区，终端可借助 D2D 实现端到端通信甚至接入蜂窝网络。

8.4　5G 应用案例

5G 通信技术具有三大网络能力，包括增强型移动宽带（eMBB，简称大带宽）、海量机器连接（mMTC，简称大连接）和低时延高可靠（uRLLC，简称低时延）。

5G 的基础共性能力包括人工智能、物联网、云计算、大数据和边缘计算 5 种能力。5G 网络能力与基础共性能力相互融合，未来在智能交通、智能制造、自动驾驶、虚拟现实/增强现实、海量物联和智慧城市等许多领域具有广泛的应用前景。5G 能力与典型应用的关系如图 8-16 所示，例如"工业：ABD"表示在工业 5G 应用中用到三个 5G 共性应用："A：远程设备操控"、"B：目标与环境识别"和"D：信息汇聚与服务"。

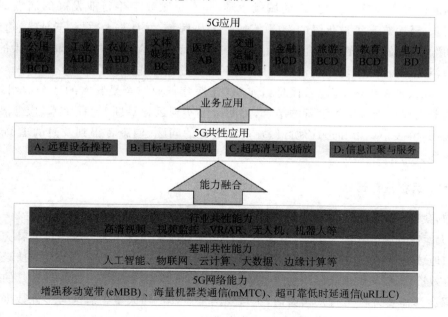

图 8-16　5G 能力与典型应用关系

根据中国移动研究院的关于5G技术应用场景的研究报告,目前5G应用已经在国内外的部分行业出现,包括政务与公用事业、工业、农业、文体娱乐、医疗、交通运输、金融、旅游、教育和电力10大行业、35个细分应用市场,如表8-2所示。

表8-2 5G重点应用行业及细分应用领域

行业	细分应用领域
政务与公用事业	1.智慧政务;2.智慧城市基础设施;3.智慧楼宇;4.智慧环保;5.智慧安防
工业	1.智能制造;2.远程操控;3.智慧工业园区
农业	1.智慧农场;2.智慧林场;3.智慧畜牧;4.智慧渔场
文体娱乐	1.视频制播;2.智慧文博;3.智慧院线;4.云游戏
医疗	1.远程诊断;2.远程手术;3.应急救援
交通运输	1.车联网与自动驾驶;2.智慧公交;3.智慧铁路;4.智慧机场;5.智慧港口;6.智慧物流
金融	1.智慧网点;2.虚拟银行
旅游	1.智慧景区;2.智慧酒店
教育	1.智慧教学;2.智慧校园
电力	1.智慧发电;2.智慧输变电;3.智慧配电;4.智慧用电

8.4.1 医疗行业中的5G应用

我国的医疗资源分布不均,跨地域就诊难,一直是医疗卫生行业发展的痛点,随着5G时代的到来,就医难有了被化解的希望。通过5G+医疗,并且与大数据、云计算、边缘计算、人工智能等前沿技术的充分整合和运用,5G在医疗行业的应用越来越呈现出强大的影响力和生命力,对推进深化医药卫生产业发展,起到重要的支撑作用。

远程诊断、远程手术、应急救援是当前5G与医疗行业结合最紧密的3个应用领域,5G与医用机器人和视讯通信等设备的结合,协助医院实现远程诊断、远程手术、应急救援等智慧医疗应用,解决小城市和边远地区医疗资源不足的问题,使患者得到及时的求助,提升医疗工作效率。

1.5G+远程医疗诊断

目前,我国有医院3万多家,但医疗资源分布不均衡,80%的医疗资源集中在20%的大城市,导致大医院求医者人满为患,但边远地区看病难。远程会诊作为传统门诊的补充,可以跨越时间和地域的限制,一定程度上实现医疗资源的异地调配。边远地区医疗资源匮乏,疑难病例无法有效诊疗,而转院又会延误病情,此时通过远程专家会诊,能够大大提升诊疗的时效性。

远程会诊需要进行实时视频通话,更重要的是需要传输大量高清医学影像数据,一些医学影像的清晰度达到4K级别,对网速的要求很高,4G网络显然不能胜任。有线网络虽然网速足够,但很多基层医疗机构无法负担起一条高速专线的费用,而且在一些灾难应急的场景中,有线网络也无法快速铺设到临时医院。5G 网络拥有超大带宽的特性,能够满足远程会诊对网速的要求,并且能够摆脱有线网络或者 WiFi 的范围限制,让专家可以随时随地开展会诊。

【案例 8-1】大连医科大学附属一院 5G 远程会诊

2019 年 7 月 11 日,大连医科大学附属一院举办 5G 临床应用演示会,该院与基层医院进行实时的远程会诊、病例讨论、手术指导、内镜诊断;在急救车辆运送患者途中,5G 网络支持急救中心专家实时监护、指导。

对于大连医科大学附属一院的专家而言,出诊、手术、查房、会诊、带教等已经占据了每日的大部分时间,甚至有时精力和体力都难以应付,因此很少有时间深入基层进行指导,但基层医院技术提升又离不开上级医院的支持。为了平衡两者,"互联网+医疗"应运而生。但因为技术上的瓶颈,多年后该模式仍处于探索阶段。

据大连医科大学附属一院心血管内科的一名专家介绍,此前医院在实施远程医疗的过程中,就发现视频经常卡顿、图像不清晰、沟通不流畅等,这些问题最终导致整个过程中医疗支持质量下降,所能做的如查房、示教、手术指导等大受局限。

由此可见,在 5G 技术出现前,互联网能够支撑的是将个别点布上好的网络条件,上级医院与基层医院间通过对应点交流,但实际上,基层医院需要的是一个面的支持,而每个点都布上网络却是难以实现的。

但 5G 覆盖后,每个基层医院与上级医院科室之间、病房之间、医疗单元之间,甚至专家教授和基层医生之间,顺畅地交流和探讨将成为可能。

5G 技术下的远程会诊,实现了电子病历、影像等大量医疗数据的快速传输、同步调阅,同时高清音视频实时交互带来了全新体验,解决了现有 4G 网络大宗数据传输费时费力的瓶颈问题。

"5G 的这些特性不仅解除了 4G 时代的制约,也恰巧适合未来的医疗需求。"该院的这名专家表示,5G 技术的应用对提高医院医疗技术水平,提升医院诊疗效率,优化医院服务水平,以及对医疗资源下沉、分级诊疗体系建设、医疗扶贫等工作都有着重要作用。

随后,在远程会诊中心,内镜室的医生正在进行操作。屏幕上,患者的面部经过马赛克处理,并且所有隐私信息均被屏蔽。与 4G 环境下远程会诊最直接的不同之处是,图像非常清晰,且来回切换时反应时间大大缩短,许多检查、影像信息等也实现了共享。

"以往的远程会往往需要提前筹划和准备,而我认为真正的医疗支持应该是随时随地的。"该院的一名医生表示,5G+医疗能够真正打破时间和空间壁垒,在远程应急救援、微创和超声等专项技术培训、远程手术指导、健康扶贫等业务方面都具有明显的优势。同时,也更加方便了学术交流,日后无论是授课的国际专家,还是学习的国内医生,均可以在本地进行交流,大大节省了时间。

2. 5G+远程手术

对于医疗条件欠发达地区,远程手术能让病人无须转院就能接受专家的高水平手术治疗,无疑为许多病人带来了希望。远端专家操控机械臂,配合超高清的医疗影像系统,身临其境地对患者进行手术救治,这需要高速率低时延的网络支持。

(1)5G具有超大带宽特性,传输速度不输有线网络;

(2)得益于更短的传输间隔、上行免调度等设计,5G能将空口时延缩短到1 ms;

(3)5G网络还能为用户提供具有端到端业务质量保障的网络切片服务,能够保障操作的稳定性、实时性和安全性。

利用5G网络以及视讯、生命监护仪、医用摄像头、AR智能眼镜、内窥镜头、手术机器人等设备,实现远程机器人手术、远程手术示教和指导等应用。

【案例8-2】解放军总医院5G远程手术

解放军总医院利用5G网络和手术机器人实施远程手术。位于海南的神经外科专家,通过5G网络实时传送高清视频画面,过程操控手机器械,成功为身处中国人民解放军总医院(北京)的一位患者完成了"脑起搏器"植入手术(如图8-17所示)。5G网络大带宽与低时延特性,有效地保障了远程手术的稳定性、可靠性和安全性。

图8-17　5G＋远程脑科手术

【案例8-3】蚌埠医学院5G远程手术指导

蚌埠医学院第二附属医院的医生利用5G网络从医疗数据库中实时查看患者腔镜和病案资料,对固镇县人民医院主刀医生操作给予同步精确指导。会诊中心大屏幕上可以清晰地看到50 km以外传输回来的高清视频画面,细微的血管和操作电钩也能清楚地显示,实现了两地"零距离、面对面"交流(如图8-18所示)。

图8-18　5G＋远程手术指导

3.5G＋应急救援

对于急救病人的场景,急症病人从上车到入院之间的时间非常宝贵,而受限于救护车上的医疗设备、急救人员水平等条件,能得到的救治比较有限。如果能将救护车内的监控情况实时、高清地传回医院,并且将患者生命体征数据传送到数据中心进行分析,实现患者信息实时精确共享,就能够帮助医院医生实施远程会诊和远程指导,提前进行急救部署,为患者争取宝贵的时间。

5G＋应急救援可以提升救援工作效率和服务水平,为抢救患者生命赢得时间。利用5G网络以及医用摄像头、超声仪、心电图机、生命监护仪、除颤监护仪、AR智能眼镜等设备,实现救护车或现场的应急救援救治远程指导、救护车交通疏导等应用。

【案例 8-4】大连医科大学附属一院 5G 应急救援

在 2019 年 7 月 11 日的大连医科大学附属一院的 5G 临床应用演示会上,急救人员坐在一辆覆盖了 5G 信号的急救车内,实时与大连医科大学附属一院急救中心医生交流,让急诊医生了解到救护车内患者的一切情况。与此同时,在急救车全程运送途中,医院急救医生通过眼前的大屏幕,能够了解到患者的姓名、年龄、性别等基本信息,同时患者心电图、监护信息等以及急救车行驶位置均能实时传输到急救中心,毫无阻滞地进行视诊、问诊,以指导车上人员检查、抢救。如果病人病情复杂,可以在救护车上面启动远程会诊系统,通过医院专家对急救车辆上的病人进行多学科会诊,指导急救车上的现场救治。而在此前,由于信号单一、不稳定、清晰度低等因素,以上操作几乎是不可能实现的。

未来当 5G 全面覆盖急救车时,病人上了救护车就相当于进了急救中心,车上的"院前"急救人员与医院"院内"急诊抢救医护团队将真正实现"零时差"融合,极大缩短了抢救时间。比如一个心梗患者,当他被抬上 5G 版救护车的一刻起,各种数据信息将即刻传输到医院的急救中心,医生通过分析明确诊断后,可利用路上的时间指导车上急救人员先行完成患者的术前准备工作,同时通知院内相关人员进行手术布置。救护车抵院时,患者便可以立刻行导管手术流程进行血管开通。

【案例 8-5】浙大二院 5G 救护车远程诊断

浙大二院总部利用 5G 网络、远程 B 超和摄像头等,帮助浙大二院滨江院区的医生获得救护车上的视觉信息,实时监测获取救护车中患者的生命体征,如心电图、超声图像、血压、心率、氧饱和度、体温等信息。医护人员通过 5G 进行人脸识别,迅速连接医疗数据库,确定患者身份,找出病人档案,在患者到达前做好手术准备。

8.4.2 交通行业中的 5G 应用

5G 网络结合云计算、大数据、人工智能和边缘计算等前沿技术,与政府管理部门、企业车联网、交通管理、公交、铁路、机场、港口和物流园区的监控、高度、管理平台配合,将智能化和数字化发展贯穿于交通建设、运行、服务、监管等各环节。车联网与自动驾驶、智慧公交、智慧铁路、智慧机场、智慧港口、智慧物流是 5G 与交通运输业结合最紧密的 6 个应用领域。

1. 5G+车联网与自动驾驶

对于无人驾驶的汽车,需要中央控制中心和汽车进行互联,车与车之间也应进行互联。在高速度行驶中的一个制动命令,需要瞬间把信息送到车上做出反应,100 ms 左右的时间,车就会冲出几十米,因此需要以最短的时延把信息送到车上,进行制动与车控反应。

自动驾驶对通信时延的要求很苛刻,例如要求 D2D(设备到设备)时延不大于 3 ms,网络 E2E(端到端)5 ms,基站到 MCE(组播协调实体)0.5 ms,回传 1 ms;交互式视频如 VR/AR 对端到端时延要求不大于 7 ms(含光纤、OTN、IP、有线/无线接入),而 5G 的低时延特性可以满足自动驾驶和交互式视频的低时延要求。

5G+车联网与自动驾驶技术体系包括终端、连接和计算与服务 3 个维度。

(1)终端。网联与自动驾驶技术的"终端"包含智能网联汽车和路侧智能化系统两个广义终端。

(2)连接。是实现"人-车-路=云"相互连通的各类通信技术,按照网络类型可以分为公众电信网、公安专网、交通专网等,按照网络技术可以分为移动通信网、光纤接入网等。

(3)计算与服务。承载着网联自动驾驶各类服务的数据存储与应用实现能力,从物理实体上包括边缘计算平台与云平台;从业务逻辑上包含数据底座、开放接口、应用服务等;从服务功能上包括以红绿灯信息推送、盲区感知、隧道高精度定位为代表的协同感知类应用,全局路径规划、车辆编队行驶等协同决策类应用,以及 5G 远程遥控驾驶等协同控制类应用等。

利用 5G 网络及车载摄像头、激光雷达、毫米波雷达、超声波雷达等车载传感设备,路侧摄像头与毫米波雷达等路侧传感设备,以及交通标志、交通信号灯等交通呈现设备,实现车载信息业务、车况状态诊断服务、车辆环境感知(前车透视、高精度地图等)、V2X(vehicle to everything,车对外界的信息交换)网联辅助驾驶、远程驾驶(含自动驾驶编队)和智慧交通管理等应用。

5G+车联网与自动驾驶,可以提高道路交通安全、行人安全和道路运行效率,减少尾气污染和交通拥堵;政府管理部门可提高交通、运输和环保的管理能力;运输企业可降低运营成本,提高运输效率;帮助汽车用户提高能源使用效率,降低汽车使用成本,提升乘车体验和出行效率等。

【案例 8-6】上汽集团 C-V2X 智能出行

上汽集团利用 C-V2X 网络,实现近距离超车告警、前车透视、十字路口预警、交通灯预警、行人预警、交叉路口碰撞避免提醒、十字路口车速引导、交通灯信息下发、绿波带和"最后一公里"等智能出行应用。

【案例 8-7】长城汽车 5G 远程驾驶

长城汽车公司在雄安新区利用 5G 网络远程控制 20 km 以外的车辆,精确完成了起步、加速、刹车、转向等动作。测试人员通过车辆模拟控制器和 5G 网络向长城试验车下发操作指令,网络时延能够保持在 6 ms 以内,仅为现有 4G 网络的 1/10。

---

2. 5G+智慧物流

5G+智慧物流在物流运输行业,以及大企业的物流部门有较大的应用空间,可以提升物流园区、仓库、物流配送的工作效率和安全性,降低人力使用成本。智慧物流解决方案利用 5G 网络和视频监控、智能巡检机器人、无人机等监控设备,以及园区无人叉车、分拣机器人、无人驾驶汽车等智能搬运设备,实现园区与仓库的安全监控和管理、园区智能搬运设备的远程操控以及物流运输和驾驶员的调度与管理。

【案例 8-8】京东 5G 物流应用

　　京东物流与中国联通公司网络技术研究院开展 5G 应用合作。京东物流将发挥在仓储物流、无人机和区块链等方面的领先能力,中国联通网研院将利用在 5G、边缘计算和物联网等方面的技术优势,联合开展在智能物流关键技术、行业标准和典型产品的研发,进一步探索 5G 技术在智能物流园区、自动分拣、冷链、蜂窝物联网、无人机配送等多个智能物流领域的应用研究。

　　2019 年 4 月 16 日,在第十八届上海国际汽车工业展览会上,京东物流 L4 级别原生自动驾驶货运车惊艳亮相,该货运车是由奇瑞新能源提供乘用车底盘、意柯那完成设计与制造、京东物流事业部提供完整自动驾驶解决方案与场景的 L4 级别原生自动驾驶货运车(如图 8-19 所示)。

图 8-19　京东物流自动驾驶货运车

8.5　物联网技术概述

　　当前,物联网技术与我们的生活息息相关,可以想象一下你现在的生活情景和日常遇到的事物。

　　场景 1:当你早上过来醒来起床的时候,就在这时床边的触发灯会亮起来;当在手机上点击 App 的时候,会有面包机自动开始工作,以保证在出门之前烤制好面包;楼道上也有智能照明系统,当传感器检测到人之后会自动开启。图 8-20 是智能家居应用场景示意图。

图 8-20　智能家居应用场景

场景 2：当你到了家附近的智能超市，超市中也用物联网技术来保存货物，当出现了温度上的变化时会提醒工作人员检查产品，也会提醒工作人员产品有没有过期；就连四周的街道都是智能的，垃圾桶里面会装有传感器，在要清理垃圾时会提醒环卫人员，这样不但能够节省时间，还能够提高环卫人员的工作效率和福利待遇，如图 8-21 所示。

图 8-21　街边的智能垃圾桶

场景 3：当你在超市完成购物后，想要找一辆共享单车骑回家。共享单车内部有联网的模块，当你扫描共享单车上的二维码时，你不是直接和该共享单车内部的系统通信，而是和共享单车的云端服务在通信，云端服务与共享单车通信之后会自动开锁。图 8-22 是共享单车和 NB-IoT 智能锁应用示意图。

图 8-22　物联网技术——共享单车

从以上日常生活场景，我们都可以感受到物联网技术已经渗透到社会生活的各个方面。物联网的英文名称为"the Internet of things"，也就是"物物相连的互联网"，它是一种比互联网更为庞大的网络，其网络连接延伸到了任何物品和物品之间，这些物品可以通过各种信息传感设备与互联网络连接在一起，进行更为复杂的信息交换和通信。

8.5.1　物联网的基本概念

互联网和移动通信实现了人与人之间的广泛的便利的通信，而物联网就是物与物相连的互联网，是从传统互联网的"人-人"与"人-物"之间的互联，向"物-物"互联的延伸和扩展的网络。

1. 物联网的起源和定义

1995 年比尔·盖茨在《未来之路》一书中就已经提及类似于物品互联的想法。1998 年，麻省理工学院提出了当时被称作 EPC 系统的"物联网"的构想；1999 年，麻省理工学院 Auto-ID研究中心创建者之一的 Kevin Ashton 教授在他的一个报告中首次使用了"Internet of things"这个短语，当时的核心思想是应用 EPC 为全球每一个物品提供唯一的电子标识符,运用 RFID(radio frequency identification,无线射频)技术完成数据采集,通过互联网使得多个服务器达成信息共享。

　　在最初的概念中,物联网就是利用 RFID 技术,通过计算机互联网实现物品或商品的自动识别以及信息的互联与共享。在 2005 年国际电信联盟(ITU)发布的《ITU 互联网报告 2005:物联网》报告中,物联网概念开始正式出现在官方文件中,并且物联网的定义和范围已经发生了变化,覆盖范围有了较大的拓展,不再只是指基于 RFID 技术的物联网。

　　国际电信联盟(ITU)将物联网定义为:通过二维码识读设备、射频识别装置、红外感应器、全球定位系统和激光扫描器等信息传感设备,按约定的协议,把任何物品与互联网相连接,进行信息交换和通信,以实现智能化识别、定位、跟踪、监控和管理的一种网络。

　　2009 年欧盟执委会发表了《欧洲物联网行动计划》,描绘了物联网技术的应用前景,提出欧盟政府要加强对物联网的管理,促进物联网的发展。2009 年 1 月 28 日,奥巴马就任美国总统后,与美国工商业领袖举行了一次“圆桌会议”,作为仅有的两名代表之一,IBM 首席执行官彭明盛首次提出“智慧地球”这一概念,建议新政府投资新一代的智慧型基础设施。当年,美国将新能源和物联网列为振兴经济的两大重点。2009 年 8 月,温家宝总理“感知中国”的讲话把我国物联网领域的研究和应用开发推向了高潮。

2. 物联网的主要特点

　　物联网连接各种物品和异构设备,运用感知和识别技术采集数据,通过互联网进行数据的传输,最后进行智能信息处理和调控,它具有以下特点。

　　(1)感知识别普适化

　　物联网是各种感知技术的广泛应用,自动识别和传感网技术作为物联网的末梢,不仅表现在对单一的现象或目标进行多方面的观察获得综合的感知数据,也表现在对现实世界各种物理现象的普遍感知。

　　(2)异构设备互联化

　　尽管物联网中的硬件和软件平台千差万别,各种异构设备利用无线通信模块和标准通信协议,构建成自组织网络。在此基础上,运行不同协议的异构网络之间通过“网关”互联互通,实现网际间信息共享及融合。

　　(3)联网终端规模化

　　物联网时代的一个重要特征是“物品联网”,每一件联网的物品均具有通信功能,成为网络终端,2019 年全球联网设备的规模已经突破百亿。

　　(4)管理调控智能化

　　这一方面是指利用云计算和人工智能技术,对随时接收到的海量数据进行分析处理,实现智能化的决策和控制。另一方面是指传感网本身具有智能处理的能力,能够对将传感器和智能处理相结合的物体实施智能控制。

3. 物联网的架构

　　物联网架构可分为 4 层——传感层、物联层、网络层和应用层。

（1）传感层

传感层由各种传感器构成，包括温湿度传感器、二维码标签、RFID标签和读写器、摄像头、红外线、GPS等感知终端。传感层是物联网识别物体、采集信息的来源。

（2）物联层

物联层与网络层互通，其中包含各种设备的组网、控制和对相关信息的处理。

（3）网络层

网络层由各种网络，包括互联网、广电网、网络管理系统和云计算平台等组成，是整个物联网的中枢，负责传递和处理传感层获取的信息。

（4）应用层

应用层是物联网和用户的接口，它与行业需求结合，实现物联网的智能应用。

8.5.2 物联网相关技术简介

本节介绍与物联网相关的4类技术，分别是传感技术、自动识别技术、物联网通信技术和物联网应用层技术。

1. 传感技术

传感技术就是传感器的技术，传感器（sensor/transducer）是指能把物理、化学量转变成便于利用和输出的电信号，用于获取被测信息，完成信号的检测和转换的器件。

应用传感技术可以感知周围环境或者特殊物质，例如气体感知、光线感知、温湿度感知、人体感知等，把模拟信号转化成数字信号，最终结果形成气体浓度参数、光线强度参数、范围内是否有人探测、温度湿度数据等。

常用的传感器有可见光传感器、温度传感器、湿度传感器、压强传感器、磁传感器、加速度传感器、声音传感器、烟传感器、红外传感器、合成光传感器和土壤水分传感器等。

2. 自动识别技术

自动识别技术是应用一定的识别装置，通过被识别物品和识别装置之间的接近活动，自动地获取被识别物品的相关信息，并提供给后台的计算机处理系统来完成相关后续处理的一种技术。

例如，商场的条形码扫描系统就是一种典型的自动识别技术。售货员通过扫描仪扫描商品的条码，获取商品的编号，并输入数量，后台POS系统即可计算出该批商品的价格，从而完成结算业务。此外，顾客可以采用银行卡支付或扫二维码的形式进行支付，银行卡支付或扫码支付的过程本身也是自动识别技术的一种应用形式。图8-23是扫码识别和刷卡支付示意图。

图 8-23　扫码识别与刷卡支付

无线射频识别技术(radio frequency identification,RFID)是一种非接触的自动识别技术。RFID 技术通过无线射频方式进行非接触双向数据通信,利用无线射频方式对记录媒体(电子标签或射频卡)进行读写,从而达到识别目标和数据交换的目的,被认为是 21 世纪最具发展潜力的信息技术之一。RFID 的应用非常广泛,典型应用有动物晶片、汽车晶片防盗器、门禁管制、停车场管制、生产线自动化、物料管理等。

一套完整的 RFID 系统由阅读器(reader)、电子标签[TAG,也就是所谓的应答器(transponder)]及应用软件系统 3 个部分组成,其工作原理是阅读器发射特定频率的无线电波能量给应答器,驱动应答器电路将内部的数据送出,此时阅读器便依序接收解读数据,送给应用程序做相应的处理。

【案例 8-9】用 RFID 实施物流自动化管理

图 8-24 是 RFID 技术的一个应用场景示意图。仓库的每个货物都附有一个电子标签,当一批货物通过大门时,门口的阅读器会发出无线电波给每个电子标签,标签接收无线电波能量后会驱动电路将内部数据送出,阅读器接收到每个货物的电子标签数据,并把数据传送到服务器进行处理,应用程序就可以记录哪些货物在哪个时刻通过大门,这就可以实施物流的自动化管理了。

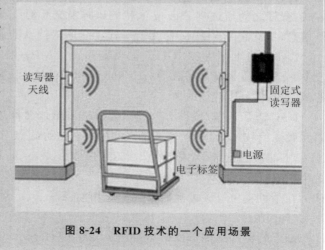

图 8-24　RFID 技术的一个应用场景

3. 物联网通信技术

物联网通信技术主要实现物联网数据信息和控制信息的双向传递、路由和控制,主要包括低速近距离无线通信技术、低功耗路由、自组织通信、无线接入 M2M 通信增强、IP 承载技术、网络传送技术、异构网络融合接入技术以及认知无线电技术。

当前,物联网无线通信技术主要分为两大类:一类是以 ZigBee、蓝牙和 NFC 等为代表的短距离无线低速通信技术;另一类就是以 NB-IoT 和 LoRa 为代表的 LPWAN(low-power wide-area network,低功耗广域网),又称为广域网通信技术。

(1)短距离无线低速通信技术

无线低速网络通信技术是为了将物联网中那些能力较低的节点(低速率、低通信半径、低计算能力和低能量)进行互联互通和数据采集。典型的无线低速网络协议有蓝牙(802.15.1 协议)、紫蜂 ZigBee(802.15.4 协议)、红外及 NFC 等无线低速网络技术。图8-25 是 3 种无线低速网络协议的图标。

图 8-25　三种无线低速网络协议图标

蓝牙技术(bluetooth)是一种支持设备短距离通信(一般 10 m 内)的无线通信的标准,用于移动电话、PDA、无线耳机、笔记本电脑、相关外设等众多设备之间的无线信息交换。蓝牙的标准是 IEEE802.15.1,工作在 2.4 GHz 频带,带宽为 1 Mbit/s。

ZigBee 技术(紫蜂技术)采用 DSSS 技术调制发射,用于多个无线传感器组成网状网络,是一种短距离、低速率、低功耗的无线网络传输技术。ZigBee 这个名字来源于蜂群的通信方式:蜜蜂之间通过跳 Zigzag 形状的舞蹈来交互消息,以便共享食物源的方向、位置和距离等信息,借此意义 ZigBee 作为新一代无线通信技术的命名。

ZigBee 可工作在 2.4 GHz(全球流行)、868 MHz(欧洲流行)和 915 MHz(美国流行)3 个频段上,分别具有最高 250 kbit/s、20 kbit/s 和 40 kbit/s 的传输速率,它的传输距离在 10～75 m 的范围内,但可以继续增加。

NFC 近场通信(near field communication),又称近距离无线通信,是一种短距离的高频无线通信技术,允许电子设备之间进行非接触式点对点数据传输(在 10 cm 内)交换数据。NFC 将非接触读卡器、非接触卡和点对点(peer-to-peer)功能整合进一块单芯片,为消费者的生活方式开创了不计其数的全新机遇。近场通信具有天然的安全性,因此,NFC 技术被认为在手机支付等领域具有很大的应用前景。

(2)NB-IoT

基于蜂窝网络的 NB-IoT(narrow band Internet of things)是物联网的一个新兴技术,支持低功耗设备在广域网的蜂窝数据连接,属于低功耗广域网(LPWAN)技术的一种。NB-IoT 构建于蜂窝网络,只消耗大约 180 kHz 的带宽,可直接部署于 GSM 网络、UMTS 网络或 LTE 网络,即 2/3/4G 的网络上实现现有网络的复用,以降低部署成本,实现平滑升级。

蓝牙、ZigBee、NFC 以及 WiFi 等无线低速网络通信技术,只能用于物联网的近距离通信。而 NB-IoT 技术的传输距离更远,属于物联网的中远距离通信技术,它可以将采集到的数据通过蜂窝网络(如 4G 网络)传送到广域网中。

NB-IoT 技术具有覆盖广、大(海量)连接、功耗小、成本低等优势,被认为应用空间巨大。例如,共享单车 NB-IoT 智能锁解决了信号覆盖性能极低,掉线情况时常发生,以及共享单车智能锁电池续航时间短的缺陷,让共享单车能够遍布城市的各个角落,真正实现了"随时随地有车骑"。

总之,NB-IoT 技术具备四大优势:

①覆盖广。NB-IoT 的覆盖范围比传统的 GSM 网络要好 20 db,如果按照覆盖范围计算,一个基站可以提供 10 倍的覆盖范围。

②支持海量连接。借助 NB-IoT,一个基站可以提供 10 万个连接。

③低功耗。NB-IoT 通信模组电池可以 10 年独立工作,不需要充电。

④低成本。NB-IoT 模组的成本目标小于 5 美金。

(3)设备对设备通信技术(M2M)

M2M 是 machine-to-machine 的简称,即"机器对机器"的缩写,是指在传统的机器上通过安装传感器、控制器等来赋予机器以"智能"的属性,从而实现人、机器和系统三者之间的通信交流和智能化、交互式无缝连接。

在 M2M 技术中,用于远距离连接的主要有 GSM、GPRS、UMTS 等技术,在近距离连接技术方面则主要有 WiFi、蓝牙、ZigBee、射频识别(RFID)和 UWB(ultra-wide band)超宽带等。此外,还有一些其他技术,如 XML 和 Corba,以及基于 GPS、无线终端和网络的位置服务技术。

由于 M2M 是无线通信和信息技术的整合,它可用于双向通信,如远距离收集信息、设置参数和发送指令,因此 M2M 技术可有不同的应用方案,如智能电网、水利信息化、安全监测、自动售货机、货物跟踪等。

现在,M2M 应用遍及电力、交通、工业控制、零售、公共事业管理、医疗、水利、石油等多个行业,涉及车辆防盗、安全监测、自动售货、机械维修、公共交通管理等领域。

4. 无线传感器网络

作为物联网的重要组成部分,无线传感器网络(wireless sensor networks,WSN)是一种分布式传感网络,它的末梢是可以感知和检查外部世界的传感器。WSN 中的传感器通过无线方式通信,因此网络设置灵活,设备位置可以随时更改,还可以跟互联网进行有线或无线方式的连接。

传感器网络系统通常包括传感器节点(sensor node)、汇聚节点(sink node)和管理节点,图 8-26 是无线传感器网络系统结构示意图。大量传感器节点随机部署在监测区域内部或附近,能够通过自组织方式构成网络。传感器节点监测的数据沿着其他传感器节点逐跳进行传输,在传输过程中监测数据可能被多个节点处理,经过多跳后路由到汇聚节点,最后通过互联网或卫星到达管理节点。

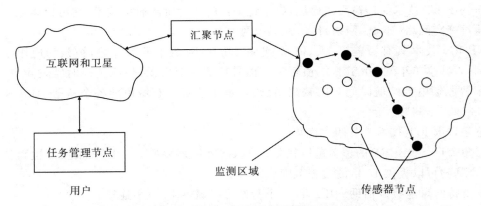

图 8-26　无线传感器网络系统结构示意图

构成传感器节点的单元分别为数据采集单元、数据传输单元、数据处理单元以及能量供应单元。其中数据采集单元采集监测区域内的信息并加以转换，比如光强度、大气压力与湿度等；数据传输单元则主要以无线通信和交流信息发送接收那些采集进来的数据信息；数据处理单元通常处理的是全部节点的路由协议和管理任务以及定位装置等；能量供应单元为缩减传感器节点占据的面积，会选择微型电池的构成方式。

5. 物联网的应用层

物联网应用层的主要功能是处理网络层传来的海量信息，综合运用云计算、人工智能、大数据和自动化控制等技术，对收集的感知数据进行处理，重点涉及数据存储、并行计算、数据挖掘、平台服务、信息呈现等。其中，合理利用以及高效处理相关信息是急需解决的物联网问题，而为了解决这一技术难题，物联网应用层需要利用中间件、M2M 等技术。从结构上划分，物联网应用层包括以下 3 个部分：

（1）物联网中间件：物联网中间件是一种独立的系统软件或服务程序，中间件将各种可以公用的能力进行统一封装，提供给物联网应用使用。

（2）物联网应用：物联网应用就是用户直接使用的各种应用，如智能操控、安防、电力抄表、远程医疗、智能农业等。

（3）云计算与大数据技术：云计算与大数据技术可以对物联网的海量数据进行分布式存储和智能分析。

8.6　物联网应用案例

目前，物联网技术在国内外得到了广泛的应用，典型的如环境监测、智能家居、智能安防系统、交通运输的车联网系统等。接下来介绍物联网技术在食品行业和环境监测的应用案例，让读者通过这些案例领会物联网技术的典型应用场景和应用方法。

8.6.1　物联网技术在食品行业的应用

"民以食为天,食以安为先。"目前我国食品安全形势较为严峻,各类食品安全事件屡有发生,对人民群众的生命和健康安全造成极大危害。针对这一现象,我国政府统一安排,对肉及肉制品、豆制品、奶制品、蔬菜、水果等 6 类食品实施严格的市场准入。但由于管理手段落后,无法对食品生产、流通的各个环节进行有效的监管,市场准入制度的落实受到严重制约和影响。

传统的对食品品质检验方法存在管理滞后、效率低下和较高的出错率等问题,RFID 技术应用于食品供应链的体系可解决以上问题。RFID 系统保障供应链中的食品与来源之间的可靠联系,确保到达超市的货架和厨房食品的来源是清晰的,并可追溯到生产企业甚至是植物个体、动物及具体的操作加工人员。RFID 技术在安全食品供应链的应用,对企业来说,有助于食品企业加强食品安全方面的管理,稳定和扩大消费群,提升市场竞争力;从食品供应链角度看,为消费者营造了放心消费的环境,树立了良好的形象,切实提高了整条供应链的服务水平。建立食品跟踪与追溯的体系将对食品行业的发展产生巨大的影响。

【案例 8-10】食品生产溯源系统

在我国推广的基于物联网技术的"食品溯源-肉类源头追溯系统"是物联网的一项关乎民生的重要应用。"可追溯"意味着可以还原产品生产全过程和应用历史轨迹以及发生场所、销售渠道等。

2003 年,中国开始将 RFID 无级射频识别技术运用于现代化的动物养殖加工企业,开发出了 RFID 实时生产监控管理系统。政府监管部门可以通过该系统有效地监控产品质量安全,及时追踪、追溯问题产品的源头及流向,规范肉食品企业的生产操作过程,从而有效地提高肉食品的质量安全。在肉食品安全管理中,最重要的要素就是通过信息技术实现对肉食品从"繁殖—饲养—屠宰—加工—冷冻—配送—零售—餐桌"全流程各个环节的可追踪性与可追溯性,确保肉食品供应链的每一个环节,尤其是屠宰和加工环节的信息准确性。图 8-27 是食品安全溯源系统示意图。

(1)在生产食品的源头,无论是动物饲养过程中吃的饲料信息,还是在植物种植过程中施加的肥料信息,均可以使用 RFID 电子标签存储到食品安全生产数据库中,以此作为将来食品安全追溯的原始数据。

(2)在食品加工环节中,生产厂家、操作员工、食品加工方式以及时间等追溯信息也会记录到相应数据库中。

(3)通过对食品流通过程中的每个环节布置含有多种传感器的读写器,可以记录该批食品流通过程中的环境信息。

(4)在运输环节,车厢内的读写器每隔几分钟就读取食品货箱的 RFID 标签信息,连同传感器的信息一起发送到食品安全追溯管理系统中记录数据,因为车厢内的信息基本一样,所以在读写器上而不是在 RFID 标签上集成传感器可以大幅度缩减系统成本。

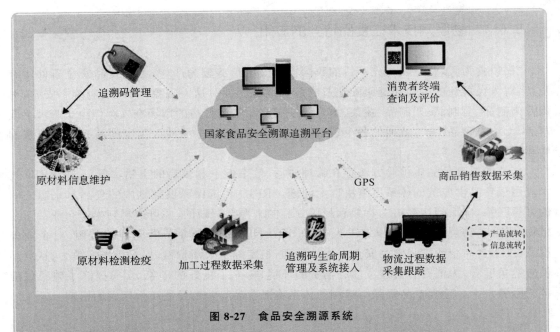

图 8-27 食品安全溯源系统

（5）在食品运输到仓库时，RFID 读写器会读取食品信息以及入库时间，并且系统自动分配存货区域。仓库中布置的内嵌传感器的读写器同样按照一定时间定时读取 RFID 标签信息以及环境信息。

（6）根据记录的外界环境信息，物流仓库的质量评估系统将自动对库存中的食品进行评估，并且根据环境信息综合判断，保质期将到的食品先发货。

（7）通过严格的控制流通过程，运送到消费者手中食品的安全性将会大大提高。因此，无论是在餐桌或是货架，消费者通过追溯系统既可查到食品的生产日期、原料产地、生产者等详细信息，也可通过食品安全测评系统对食品进行等级认证，以此就可以确保食品安全。

（8）食品变质后，评估系统将实时改变评估结果，提醒消费者慎重购买，并且通知零售商将过期产品撤下货架。

（9）当发生食品安全问题时，通过食品安全追溯系统就可以查到食品的最终销售者，还可以找到流通或生产加工过程出现问题的环节，形成由政府统一管理、协调、高效运作的架构。这也是国际上食品安全追溯管理模式的发展趋势。

8.6.2 物联网技术在环境监测中的应用

环境监测是物联网技术应用最广泛的领域，典型的物联网环境监测系统用传感器采集被监测对象的实时状态，通过传感网络将采集到的数据传输到后台服务器，后台应用程序对数据进行智能分析和报警。以下是一些常见的物联网环境监测应用场景。

（1）空气质量监测：监测受限区域的空气质量，如采集 $PM_{2.5}$ 和各种污染物数据。

（2）环境污染监测：监测水质、污染物、热污染物、化学泄漏、铅含量和洪水水位。

（3）地质监测：监测土壤的湿度和振动水平，以便发现和防止山体滑坡。

（4）森林和保护区监测：监测森林的火灾、自然保护区的环境和动植物情况。

（5）自然灾害监测：如地震和海啸警报。

（6）气象监测：采集空气温度和湿度和降水等，进行天气情况跟踪和洪水预防等。

（7）室内环境监测：监测某个室内空间的温度和湿度、有害气体（如一氧化碳、甲醇等）和火灾，甚至盗劫行为等。

【案例 8-11】某物联网科技公司水污染溯源项目

本案例的资料来源于广东省某物联网科技公司的网格化物联网水环境溯源监测项目（http://www.huihanguav.com/solution.html）。

1. 项目概况

由于截污管网建设不完善、工业偷排直排等原因，污水处理厂进水超标，导致日处理水量剧减，无法处理的污水直排河道，对国控、省控断面造成较大影响，是水质达标的重大风险点。

项目通过布设物联网环境监测系统，进行流域、管网网格化监测及溯源，由面到点建立智慧物联网格化执法支撑系统，形成流域、管网污染浓度分布图，从多个层次多个维度掌握流域水环境质量情况，实现从监管企业排放达标到监管水环境质量达标的转变，用数据分析来指导并实现环监部门的高效执法、环境精准治理。

2. 项目目标

（1）流域监测

监测断面选择在河流的主要居民区、工业区的上下游，支流与干流汇合处、入海河流河口及受潮汐影响的河段，尽量避免死水区、回水区、排污口处，尽量选择河床稳定、水流平稳、水面宽阔、无浅滩的顺直河段。另外，监测断面应尽量可能与水文监测断面一致，以便利用其水文资料。

（2）管网监测

水质监测点位主要设置在各个工业集中区的次支管网汇入主干管网检查井节点，通过对现行各个污水厂的截污管网节点布设微型站进行水质监测，实现污水厂的来水异常报警，结合系统分析进行污染溯源，解决污水厂进水水质异常问题，震慑偷排超排行为，在短时间内恢复污水厂的产能。

3. 项目技术概况

（1）环境监测物联网硬件设备

项目采用广东某物联网科技有限公司的"潜锋"水质微型监测站作为监测设备，该设备具备微型化、模块化的设计，将低功耗主控板、电池集成到 IP68 级防水装置中，截面仅有 A4 纸张大小，并通过导管将高精密水质传感器进行连接，通过 NB-IoT、2/3/4G

等无线通信方式将各参数数据上传至大数据平台,实现物联网+云计算的智能监测方式。设备外观如图 8-28 所示。

潜锋水质监测微站主要特点为:

①无须供电和网络,直接安装在河道、管网节点,建设和运维成本低。

②布点挪点速度快,10 min 即可部署 1 套设备,可动态根据污染来源调整位置。

③设备稳定可靠,自带边缘计算调参,数据稳定,可适应排污口、污水管井等恶劣环境。

④数据即时上传至平台,时空连续,掌握管网污染物变化规律。

⑤可监测因子和数据包括化学需氧量、氨氮、溶解氧、浊度、电导率、叶绿素 a 和 pH 值等。

(2)软件平台

水污染监控软件平台的功能如下。

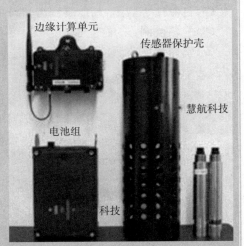

图 8-28 水质监测模块

功能 1:所有监控点可视化实时监测。可以看到所有监控点位的地图及分布,实时查看每个点位的水质及水位数据。

功能 2:监控点水质异常及设备异常告警。可自定义设定污染报警规则,利用事件捕获技术分析每个点位的报警事件,同时向用户实时推送报警信息。设备异常会在设备警告模块进行展示,包括掉线、位置偏移等;污染告警有单独的模块,为防止突发性气流引起的误报,在连续 3 次出现污染告警超标后再予以报警提醒。

功能 3:监测数据统计分析。监测数据包括各项监测因子浓度的实时与历史分钟值、小时值,方便用户查看时间段内各项监测因子变化趋势,同时可以进行监测点位之间的各项参数的对比分析。

功能 4:移动 App 管理功能。支持移动 App 执行任务,包括 GIS 地图、实时污染因子查看、告警查询等功能,实现高效监控。

4. 项目应用案例

2020 年 3 月中旬某地污水厂受到了 6 次高浓度总磷总镍酸水冲击,导致严重减产。通过在沿线管网内部署的 20 余台监测设备,于 26 号锁定酸水来源于距离污水厂 15 km 外的某五金厂,同时在数据分析后精准判断在 3 天后的凌晨将会有下一次排放情况,于 29 号在清晨 6 点通知执法大队,根据时间和空间线索现场监测到某园区 C 栋厂房废水超标数百倍,达到刑事标准,由主要领导牵头成立专案小组立案调查。

某地市在 2020 年 6 月 15 号到 19 号持续监测到高浓度酸水,根据本项目的物联网污水监测系统提供线索,执法人员立即对相关企业进行排查,行动中查处了两家表面处理企业,在利用微型站打击了的两家金属处理企业后,污水厂进水从 pH=4.3 恢复到正常水平 pH=6.8,恢复了正常生产。

8.7　本章小结

　　本章的主要内容包括移动互联网、5G 技术与物联技术的基础知识。本章第一部分介绍移动互联网的基本概念、特点和相关技术标准,并用案例形式让读者领会移动互联网的典型应用场景。本章的第二部分介绍 5G 技术的基本概念和特点,并列举若干 5G 技术典型的应用场景。本章的第三部分介绍物联网的概念和特点,以及物联网的关键技术,并以案例方式介绍了物联网的作用和应用场景。

8.8　习题

一、选择题

1. 以下(　　)不属于移动联网的主要特点。
   A. 泛在化　　　　　　B. 高可靠　　　　　C. 便捷性　　　　　D. 定向性
2. 以下(　　)属于移动社交应用。
   A. 今日头条　　　　　B. 美团　　　　　　C. 新浪微博　　　　D. 淘宝
3. 以下(　　)不属于 5G 技术的特点。
   A. 低时延　　　　　　B. 大连接　　　　　C. 高功耗　　　　　D. 高速率
4. 以下(　　)技术属于物联网短距离无线低速通信技术。
   A. LoRa　　　　　　B. NB-IoT　　　　　C. GSM　　　　　　D. ZigBee
5. 以下(　　)属于物联网的 LPWAN 技术。
   A. NB-IoT　　　　　B. 蓝牙　　　　　　C. NFC　　　　　　D. WiFi

二、填空题

1. 目前,5G 网络架构有两种方式,分别为_____和_____。
2. 移动互联网最主要的两个特点是_____和_____。
3. 国际电信联盟(ITU)于 2019 年提出 5G 应用涵盖的三大类场景,它们是_____、mMTC(大连接)和_____。
4. 移动互联网的生态体系主要包括移动终端、_____、移动业务与应用、_____ 4个方面。

三、简答题

1. 简要论述物联网的特点。
2. 简要论述移动互联网带来安全问题。
3. 简要论述 5G 技术的主要应用场景。

第 9 章　网络安全

本章学习目标
- 了解网络安全发展史及基本理论；
- 通过案例分析了解网络安全攻击过程及社会工程学攻击过程；
- 了解市场上主流的网络安全防御技术；
- 了解网络安全可能面临的伦理挑战。

　　信息化和经济全球化相互促进，互联网已经融入社会生活方方面面，深刻改变了人们的生产和生活方式。"信息化为中华民族带来了千载难逢的机遇。""当今世界，信息化发展很快，不进则退，慢进亦退。""网信事业代表着新的生产力和新的发展方向。"在习近平总书记关于网络强国的一系列重要思想指引下，我国的互联网基础设施不断完善，自主创新能力不断提升，网络安全保障能力不断增强。

　　"没有网络安全就没有国家安全，没有信息化就没有现代化。"习总书记把网络安全上升到了国家安全的层面，为推动我国网络安全体系的建立，树立正确的网络安全观指明了方向。然而，目前的公用通信网络中仍然存在着各种各样的安全漏洞和威胁，网络安全涉及的领域相当广泛，有关网络信息的保密性、完整性、可用性、真实性、可控性的技术和理论，都是网络安全要研究的领域。

9.1　网络安全的发展历程

　　"以史为镜，可知兴替。"纵观网络安全发展历程，可以看出网络安全内涵随信息技术的发展不断变化。

9.1.1　通信安全

　　1837 年美国人摩斯（Morse）发明了电报机，实现了长途电报通信，人类开始进入信息技术时代。第二次世界大战的爆发，无线通信技术得到了飞速的发展，它被广泛应用于传递军事情报、作战指令、外交政策等各种关键信息。这个阶段统称为信息通信阶段，对网络安全的主要需求是通信保密,通过密码技术保证数据的保密性和完整性,从而保障传输内容的保密性。

9.1.2 计算机安全

20 世纪发明的计算机,极大地改变了信息处理的方式和效率,从此信息技术进入计算机阶段。20 世纪 70 年代,美国国家标准局公布《数据加密标准》(Data Encryption Standard,DES),标志着网络安全由通信安全阶段进入计算机安全阶段,这个阶段的主要威胁是来自非授权用户对计算资源的非法使用、对信息的修改和破坏,保障的重点是确保信息系统资产(包括硬件、软件、固件及通信、存储与处理的信息)保密性、完整性和可用性。

9.1.3 网络安全

随着信息技术的进一步发展,通信技术能够将许多分散的计算机连接起来,计算机之间通过网络进行通信并分析数据,信息的处理和传递更加迅速而便捷,信息化发展从计算机阶段迅速进入到计算机网络阶段。同时,网络安全由计算机安全阶段进入网络安全阶段,信息系统安全主要对抗的目标是网络入侵、信息对抗等,为了对抗这些威胁,人们开始广泛使用防火墙、防病毒、PKI、VPN 等安全产品。

同时随着信息化的不断深入,人们逐渐意识到网络安全的保障不能仅仅依赖于防火墙、防病毒等安全产品,开始逐渐从技术扩展到管理,从静态发展到动态,通过技术、管理、工程等“组合拳”,共同实现网络安全的全面保障。

9.1.4 网络空间安全

技术的融合将传统的虚拟世界与物理世界相互连接,传统网络技术、大型计算机、大数据与云计算等共同构成一个新的 IT 世界,信息化发展从计算机网络阶段迅速进入到网络空间阶段,威胁来源从个人上升到犯罪组织,甚至上升到国家力量的层面。作为新兴的第五空间,网络空间安全相比信息系统的安全保障,更加强调“威慑”概念,将防御(defense)、威慑(offense)和利用(exploitation)结合成三位一体的信息安全保障/网络空间安全(IA/CS)。

9.2 网络安全问题

9.2.1 网络安全的定义

随着《网络安全法》的颁布,信息安全的定义更为广泛,正式更名为网络安全。由于不同国家、不同组织、不同个人,所面临的威胁环境以及安全保障的侧重点等有所不同,对信息安全的理解与定义也不尽相同。比如,欧盟将信息安全定义为:"在既定的密级条件下,网络与信息系统抵御意外事件或恶意行为的能力,这些事件和行为将威胁所存储或传输的数据以及经由这些网络和系统所提供的服务的可用性、真实性、完整性和机密性。"美国民法典第3542条给出了信息安全(information security)的定义:"信息安全,是防止未经授权的访问、使用、披露、中断、修改、检查、记录或破坏信息的做法。它是一个可以用于任何形式数据(例如电子、物理)的通用术语。"国际标准化组织(ISO)对信息安全的定义为:"为数据处理系统建立和采取技术、管理的安全保护,保护计算机硬件、软件、数据不因偶然的或恶意的原因而受到破坏、更改、泄露。"

9.2.2　网络安全保障的内容

不同国家、不同组织、不同个人对网络安全有着不同的视角,所关注的网络安全保障内容也有所不同。

1. 国家视角

2009 年,美国《国家网络安全综合计划》(Comprehensive National Cybersecurity Initiative,CNCI)被披露出来,网络安全上升到国家安全高度的主张被全世界认可,网络战、关键基础设施的保护在现代国防领域中凸显作用。近年来,网络战已被一些国家政府当作其整体军事战略的一个重要组成部分,特别是专门针对工业控制系统的网络攻击事件正在向有国家背景的、有组织的、长期潜伏的、定制化设计的、大规模的、针对基础设施的方向发展,包括核电在内的关键网络正在成为全球攻击者的首选目标。

2. 商业视角

商业是社会的根本,商业遭受网络安全问题,损失可能面临业务数据在瞬间的灰飞烟灭,失去了可依托的数据资产,大多数商业组织不得不面临破产、转型、重生等重大抉择。商业组织在建立业务链的过程中的隐私保护、信息保护以及知识产权保护等,是商业视角重点关注的安全问题。

3. 个人视角

"自从有了互联网,我们在虚拟世界中就开始了赤裸裸的生活。"当我们使用互联网技术时,每一个依托互联网平台的人在大数据平台下暴露无遗,隐私的恶意使用将成为全世界安全专家的一个棘手的问题,个人信息资产被恶意利用造成的人身损害、财产损失,引发法律责任等一系列的问题是构成安全视角中个人视角的重要一环。

9.2.3　网络安全问题的根源

造成网络安全问题的因素很多,从根源来说,总体可归因于内因和外因。内因主要是信息系统复杂性导致漏洞的存在不可避免,复杂性包括过程复杂性、结构复杂性和应用复杂性等方面。外因包括环境因素和人为因素,环境因素如雷击、地震、火灾、洪水等自然灾害和极端天气引发的网络安全问题;人为因素如骇客、犯罪团伙、恐怖分子等实施网络攻击引发的网络安全问题。从所掌握的资源和具备的能力来看,还可将人为因素分为个人层面威胁、组织层面威胁和国家层面威胁 3 个层面。

9.2.4 网络安全属性

网络安全的实质是通过实施过程或策略确保信息的安全属性。网络安全基本属性包括保密性、完整性和可用性(confidentiality,integrity and availability,CIA),以及其他安全属性,包括真实性、可问责性、不可否认性和可靠性等。

1. 基本属性 CIA

(1)保密性

保密性亦称机密性,指对信息资源开放范围的控制,确保信息不被非授权的个人、组织和计算机程序使用。保密的信息范畴可以是大到国家机密,小到企业或研究机构的核心知识产权、银行账号等个人信息等。

(2)完整性

某些数据瞬间的更改可能导致服务严重的中断,完整性是保护数据不被未授权方修改或删除,并降低数据被不恰当更改时的损害。

(3)可用性

可用性指数据、系统的可用性,确保系统、访问通道和身份验证机制等正常工作。保证系统可用性方法如 HA(high availability)群集、故障转移冗余系统和快速灾难恢复功能等。

2. 其他安全属性

(1)真实性:能对信息的来源进行判断,能对伪造来源的信息予以鉴别。

(2)不可否认性:不可否认性又称抗抵赖性,即由于某种机制的存在,人们不能否认自己发送信息的行为和信息的内容。

(3)可问责性:主体能够被唯一标识,并且主体的动作被记录在案。

(4)可控性:对信息的传播及内容在一定范围内是可控的。

(5)其他:除以上安全属性外的其他安全属性。

9.3　网络安全攻击案例

9.3.1　网络类攻击案例

【案例 9-1】美国 Dyn DNS 服务遭受 DDoS 攻击

Dyn 公司是美国 DNS SaaS 提供商，核心业务是为用户管理托管 DNS 服务。2016年，Dyn 公司遭受几波 DDoS 攻击，导致近半个美国严重断网长达 3 h，超过 100 家网站无法访问，仅亚马逊一家损失就已达 1000 万美元以上。据不完全统计，事件中，Dyn 公司被 Mirai 僵尸网络感染设备上百万台，被控制的主机（"肉鸡"）主要由物联网设备组成，包括网络摄像机、数字硬盘录像机和智能路由器等。

案例分析：

1. 什么是 DDoS 攻击

DDoS 是典型的流量型攻击，指攻击者通过各种手段，取得网络上大量在线主机的控制权限，目的是耗尽网络带宽、耗尽服务器资源，或使服务器瘫痪，无法正常对外提供服务。被控制的主机称为僵尸主机，也称为"肉鸡"，攻击者和僵尸主机构成的网络称为僵尸网络。当攻击目标确定后，攻击者控制僵尸主机向攻击目标发送大量精心构造的攻击报文，造成攻击目标所在的网络链路拥塞、系统资源耗尽等，从而使被攻击的服务器拒绝正常的用户请求，无法对外正常提供服务。

2. 常见 DDoS 攻击类型

根据协议类型和攻击模式的不同，可将常见的 DDoS 攻击分为 SYN Flood、ACK Flood、UDP Flood、ICMP Flood、HTTP Flood、HTTPS Flood、DNS Flood、CC 等攻击类型。

SYN Flood 是通过发送虚假的 SYN 报文，占满系统的协议栈队列，使资源得不到释放，达到拒绝服务的目的。

ACK Flood 是攻击者发送大量的虚假 ACK 包，使目标主机操作系统耗费大量的精力接收报文、判断状态、回应 RST 报文，进而使得正常的数据包无法得到及时的处理。

UDP Flood 是攻击者发送大量伪造源 IP 地址的小 UDP 包冲击 DNS 服务器、Radius 认证服务器或流媒体视频服务器，消耗对方资源，达到拒绝服务的目的。

ICMP Flood 即 ping 攻击，攻击者在短时间内向目的主机发送大量 ping 包，服务器产生的大量回应请求超出了系统的最大限度，以致系统瘫痪或无法提供其他服务。

HTTP Flood 或 HTTPS Flood 是攻击者通过代理或僵尸主机向目标服务器发起大量的 HTTP 报文或 HTTPS 报文，请求涉及数据库操作的 URI（universal resource identifier）或其他消耗系统资源的 URI，造成服务器资源耗尽，无法响应正常请求。

DNS Flood 是攻击者控制僵尸网络向 DNS 服务器发送大量不存在的域名的解析请求,最终导致服务器超载。

CC 攻击是应用层攻击方式之一,主要用来攻击页面,攻击者通过大量的"肉鸡"或者匿名代理服务器,模拟真实的用户向目标发起大量的访问请求,从而消耗目标服务器大量的并发资源,使网站打开速度慢或拒绝服务。

3. 使用物联网设备发动攻击

在商业利益的驱使下,DDoS 攻击已经成为互联网面临的重要安全威胁。使用物联网设备进行攻击的原因是:(1)物联网设备一般没有密码或者密码简单,容易暴力破解;(2)目前物联网设备数量众多,数量在几十亿乃至上百亿的水平,对攻击者来说是非常好的资源;(3)物联网设备难以检测是否被入侵。

4. DDoS 攻击过程

(1)DDoS 基本攻击过程

DDos 基本攻击过程是:攻击者通过跳板机控制僵尸主机,组建僵尸网络,并以此为跳板向核心业务发起 DDoS 攻击,基本攻击过程如图 9-1 所示。

图 9-1　DDoS 基本攻击过程

(2)案例解析

本次 Dyn 公司遭受的通过 Mirai 病毒发动的 DDoS 攻击,总体来说按照 5 个步骤完成,如图 9-2 所示。

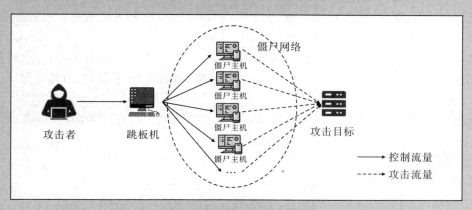

图 9-2　Mirai 病毒发动 DDoS 攻击过程

①网络嗅探：通过扫描嗅探，发现存活的物联网设备，并进一步判断物联网设备 telnet 服务是否开启。

②暴露破解：通过暴露破解，成功破解物联网设备的密码，并通过 telnet 登录成功。

③病毒植入：在物联网设备上进行远程植入恶意病毒 Mirai，从而获得设备的绝对控制权。

④攻击模块加载：在僵尸主机上加载 DNS DDoS 攻击模块。

⑤DDoS 攻击发动：通过僵尸主机构成的僵尸网络向美国 Dyn DNS 服务发起 DDoS 攻击。

5. DDoS 攻击防御

DDoS 攻击主要的防御手段有部署专业的防护设备如专业抗 DDoS 防火墙、Anti DDoS 设备等。

9.3.2 应用类攻击案例

1. 常见的应用类攻击

常见应用类攻击类型有网站攻击、漏洞利用、恶意代码等。

（1）Web 攻击

Web 攻击的主要方式有跨站脚本攻击(XSS 攻击)、SQL 注入攻击、CRSF 攻击等。

①跨站脚本攻击(XSS 攻击)：Web 页面被嵌入恶意 HTML 代码，当用户浏览时，代码会被执行，从而达到恶意攻击用户的特殊目的。XSS 通常可分为两大类：存储型 XSS 和反射型 XSS，其中，存储型 XSS 是将恶意的脚本数据植入留言、评论、各类表单等可编辑区域，用户浏览此类页面时就可能受到攻击；反射型 XSS 则是将脚本代码加入 URL 地址的请求参数里，用户点击恶意链接就可能受到攻击。

②SQL 注入攻击：把 SQL 命令插入到 Web 表单、域名或页面请求的查询字符串，达到欺骗服务器执行恶意 SQL 命令的目的。

③CRSF 攻击：CSRF 攻击全称为跨站请求伪造(cross site request forgery)，通过盗用身份信息，以用户的名义向第三方网站发起恶意请求，盗取账号、发信息、发邮件等。

（2）漏洞利用

漏洞是硬件、软件、协议等在具体实现或系统安全策略上存在的缺陷，攻击者通过利用漏洞，往往能够在未授权的情况下访问或破坏系统。

（3）恶意代码

恶意代码包含病毒、木马、蠕虫、后门等。

①病毒

病毒通常是攻击者利用计算机软件和硬件固有的脆弱性编制的一组指令集或程序代码，通常依附于宿主程序，能够自我复制，感染其他程序，破坏计算机系统，篡改、损坏业务数据。

根据依附的媒体类型可将病毒分为网络病毒、文件病毒、引导性病毒等,其中引导性病毒是一种主攻驱动扇区和硬盘系统引导扇区的病毒。根据计算机特定算法,病毒又可分为附带型病毒、蠕虫病毒、可变病毒等。其中,附带型病毒通常附带于一个 EXE 文件上,名称与 EXE 文件名相同,扩展名不同;蠕虫病毒通过网络传播病毒,破坏性主要取决于计算机网络的部署,不会损害计算机文件和数据;可变病毒可自行应用复杂的算法,很难被发现。

②木马

木马是为获得目标主机的控制权限而伪装成系统程序的恶意代码,其特点是很难被发现,很难被杀死。木马通常有两个可执行程序:一个是客户端,即控制端;另一个是服务端,即被控制端。运行了木马程序以后,攻击者不仅可以窃取计算机上的重要信息,也可对内网计算机进行破坏。

③蠕虫

蠕虫是一种能够利用系统漏洞通过网络进行自我传播的恶意程序,其特点是能够利用网络、电子邮件等进行自我复制和自我传播。它不仅能够破坏主机系统,甚至导致整个互联网瘫痪、失控。

④后门

后门是隐藏在程序中的秘密程序,通常是程序设计者为了能在日后随意进入系统而设置的。

2. 应用类攻击案例

【案例 9-2】"震网"病毒

"震网"病毒又名 Stuxnet 病毒,是一个席卷全球工业界的病毒,也是第一个专门定向攻击真实世界中基础设施(如核电站、水坝、国家电网等)的"蠕虫"病毒。于 2010 年 6 月首次被检测出来,2010 年一再以伊朗核设施为目标,通过渗透进"视窗"(Windows)操作系统,对系统进行重新编程造成破坏。截至 2011 年,"震网"病毒已经感染了全球超过 45000 个网络。据全球最大网络保安公司赛门铁克(Symantec)和微软(Microsoft)公司的研究,近 60% 的感染发生在伊朗,其次为印尼(约 20%)和印度(约 10%),阿塞拜疆、美国与巴基斯坦等地亦有少量个案。

案例解析:

"震网"病毒是一种恶意代码攻击,是专门定向攻击真实世界中基础(能源)设施的"蠕虫"病毒。它的出现打破了与外界封闭的工业系统可以免受网络袭击破坏的神话。它是世界上首个网络"超级破坏性武器",标志着网络武器由构造简单的低端武器向结构复杂的高端进攻性武器的过渡。自"震网"病毒问世以来,新型网络武器的花样不断翻新,且结构更复杂,隐蔽性更强。比如,2012 年 5 月美国再次向伊朗大规模植入的"火焰"病毒,而代码数量是"震网"的 20 倍的"火焰病毒",不仅能完成截屏、记录音频、检测网络流量等情报搜集任务,还可以自行毁灭。

(1)"震网"病毒的主要特征

"震网"病毒采取了多种先进技术,具有极强的隐秘性和破坏力。

①复杂性：复杂程度比此前的恶意软件复杂 20 多倍，被称为有史以来最复杂的网络武器。这一尖端武器在研制过程中耗资甚巨，需要强大的网军团队与了解工业控制系统知识的工程师通力合作，方能研制成功。

②隐秘性：计算机安防专家认为，该病毒是有史以来最高端的"蠕虫"病毒，利用操作系统的多个漏洞，自动感染和传播，只要被病毒感染的 U 盘插入 USB 接口，病毒就会在神不知鬼不觉的情况下取得一些工业用电脑系统的控制权，没有任何其他操作要求或者提示出现。

③破坏性：根据媒体报道，感染"震网"病毒后，伊朗上千台离心机直接发生损毁或爆炸，导致放射性元素铀的扩散和污染，造成了严重的环境灾难；感染了 20 多万台计算机，导致 1000 台机器物理退化，并使得伊朗核计划倒退了两年。

（2）"震网"病毒攻击流程

"震网"病毒是一种典型的蠕虫病毒，以伊朗布什尔核电站核设施使用的西门子工业控制软件 SIMATIC WinCC 为进攻目标，通过控制离心机转轴的速度来破坏伊朗核设施。其中，SIMATIC WinCCS 是一种广泛用于电力、水利、运输、钢铁、石油等关键工业领域的数据采集与监视控制（SCADA）系统；离心机通过高速旋转来实现核材料的浓缩提纯，低浓缩铀可用于发电，纯度超过 90% 即为武器级核材料，可用于制造核武器。

由于伊朗布什尔核电站内网与互联网物理隔离，攻击者利用一套完整的入侵传播流程，突破工业专用局域网的物理限制，对西门子的数据采集与监视控制系统（SCADA）软件进行特定攻击。攻击者首先感染核电站建设人员使用的外部主机或 U 盘，再通过 U 盘交叉使用侵入到物理隔离的内网。在内网中，通过快捷方式解析漏洞、RPC 远程执行漏洞、打印机后台程序服务漏洞，实现联网主机之间的传播，最后抵达安装了西门子视窗控制中心（SIMATIC WinCC）软件的主机展开攻击。攻击过程总体按感染、入侵、扩散和攻击 4 个步骤进行，如图 9-3 所示。

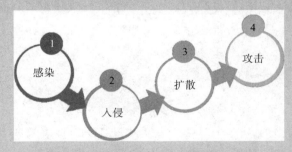

图 9-3 "震网"病毒攻击过程

①感染

据报道，负责布什尔核电站建设的俄罗斯工程技术人员使用的 U 盘是"震网"病毒传播的罪魁祸首。"震网"病毒可能通过两种途径感染到俄罗斯工程技术人员的 U 盘上：一是通过互联网电子邮件捆绑病毒入侵到技术人员的外部主机上，进而感染 U 盘；二是在 U 盘生产制造、销售环节将病毒植入其中。

②入侵

感染了"震网"病毒的外网 U 盘插入到布什尔核电站内部网络中的计算机使用时，就会触发一个被 Windows 文件快捷方式解析的漏洞（MS10046），通过漏洞将攻击代码传播到内网计算机上，完成对物理隔离网络的渗透，即"摆渡"攻击。

③扩散

双管齐下，使用两个途径进行内网扩散，找到最终攻击目标：一是网络途径，利用 RPC 远程执行漏洞（MS08067）和打印机后台程序服务漏洞（MS10061）进行传播，使用微软未公开解决方案的漏洞提升自身权限，尝试攻击；二是介质途径，依然利用 Windows 文件快捷方式解析漏洞（MS10046）进行传播。其中，除 MS08067 外，其他 3 个漏洞均为"0day"漏洞。

④攻击

找到安装有 WinCC 软件的服务器后，再次使用 WinCC 中的两个"0day"漏洞实施破坏性的攻击：一是利用 WinCC 系统存在的硬编码漏洞，获取数据库的默认账户名和口令，对系统中的核心数据进行破坏；二是利用 WinCC 系统中一个名为"Step7"的工程文件在加载动态链接库时的缺陷，替换系统中的核心文件 s7otbxdx.dll，实现对工业控制系统控制代码的接管，让离心机电流频率加快，达到 1410 Hz，使离心机无法浓缩铀而报废。

9.3.3 社会工程学攻击案例

所有网络安全问题，几乎都可以归因于人。网络安全的根本，就隐藏在人的心里。在心理学家眼里，"人"就像一个木偶，而人的"心理"才是拉动木偶的提线。社会工程学是利用受骗者的心理特征，以交谈、欺骗、假冒或口语等方式，达到某种预期目的。受骗者的心理特征主要包括本能反应、好奇心、认知缺陷、从众心理、贪婪、过分慈善、意志薄弱等。社会工程学攻击通常是按锁定目标、营造环境、发起攻击这几个步骤进行的，如图 9-4 所示。

01 锁定目标　　02 营造环境　　03 发起社会工程学攻击

图 9-4　社会工程学攻击常用实施步骤

1. 锁定攻击目标

通常，攻击者锁定被骗目标主要考虑以下 3 个因素。

（1）对行骗者有利可图；

（2）受骗者的资源比较丰富；

(3)行骗比较"安全",即行骗失败后,后果不太严重。

2. 营造攻击环境

攻击者通常会在攻击之前,通过收集目标对象的姓名、生日、电话号码等信息,观察目标对象的朋友圈动态,了解生活喜好、生活习惯等,获取情报信息,并通常会通过冒充熟悉的人、冒充权威机构创造伪证,制造假象,向目标对象展示开朗而富有魅力的笑容,用可以信任的语调等方式来赢取信任,营造攻击环境。

3. 发起社会工程学攻击

社会工程学常见的几种攻击方法如下。

(1)引诱:利用人们疏于防范的心理引诱用户,通过发送中奖、免费赠送等钓鱼邮件或网页,诱导用户进入页面运行下载程序,或填写账户和口令、回复验证码等用于"验证"身份的信息。

(2)伪装:利用电子邮件、伪造的 Web 站点等来进行诈骗活动,或扮演成某种角色来行骗,比如冒充警察、冒充上级领导、冒充熟人等。

(3)说服:说服目标内部人员与攻击者达成共识,为攻击提供各种便利条件,或帮助攻击者获得意想不到的情报或数据。

(4)恐吓:以权威机构的身份出现,使用危言耸听的伎俩恐吓欺骗目标人员,并声称如果不按照他们的要求做,会造成非常严重的危害或损失。

(5)恭维:利用人的本能反应、好奇心、盲目信任、贪婪等人性弱点设置陷阱,迎合目标人员,投其所好,使目标人员友善地做出回应,乐意与他们继续合作。

(6)反向工程学:攻击者通过技术或者非技术的手段制造"问题",诱使工作人员或网络管理人员透露或者泄漏攻击者需要获取的信息。

(7)综合性方法,即各种社会工程学方法巧妙结合起来,达到攻击目的。

3. 社会工程学攻击案例

【案例 9-3】个人信息诈骗案

某市高考录取新生徐某被冒充教育、财政部门工作人员的不法分子诈骗 9900 元,徐某在报警后因心脏衰竭死亡。

犯罪嫌疑人杜某利用技术手段攻击了该省"2016 高考网上报名信息系统"并在网站植入木马攻击,获取了网站后台登录权限,盗取了包括徐某在内大量考生的报名信息。7 月初,犯罪嫌疑人陈某在某市租住房屋设立诈骗窝点,通过 QQ 搜索"高考数据群"、"学生资料数据"等聊天群,在群内发布个人信息购买需求后,从杜某手中以每条 0.5 元的价格购买了 1800 条当年高中毕业学生资料。同时,陈某雇佣郑某、黄某等人冒充教育局、财政局工作人员拨打电话,以发放助学金名义对高考录取学生实施诈骗。

案例分析:

徐某诈骗案中,犯罪嫌疑人从黑产链购买了徐某的个人信息,并使用了伪装的方法,

冒充成教育、财政部门工作人员发放"助学金"实施诈骗。

（1）个人信息贩卖已形成很成熟的黑产链

黑产链由来已久，个人信息贩卖从源头的个人信息非法采集，到个人信息的非法出售、转售，再到非法利用，都已形成完整的产业链条，上游负责制作病毒木马，通过各种钓鱼手段、黑客攻击方式等采集用户信息，包括账户密码、用户身份信息、银行卡信息等，获取的个人信息数据会经过一些撞库、洗库方式进行进一步提炼筛选，经过层层交易整合；下游利用个人信息进行非法牟利活动，比如实施电信诈骗、盗取游戏装备、盗卡交易等。

（2）常见的伪装诈骗手法

除案件中使用的冒充成教育、财政部门工作人员发放"助学金"实施诈骗手法外，其他常见的伪装诈骗手法还有：

冒充机关单位发放补贴：冒充医保局发放"新生儿补贴"，冒充税务局办理"汽车或房屋退税"等，通常要求接听者把"手续费"等转到指定账号，并承诺之后返还。

冒充公检法等机关要求协助：冒充公检法机关"怀疑你涉嫌洗黑钱"，"法院传票未领取"，"刑事案件需要协助"，先将人震慑住，骗取身份证号、银行卡号等信息后，要求事主将资金转移到指定"安全账户"。

冒充"航班公司"提醒航班取消/改签：冒充航空公司称"航班取消/改签"，通常提供的姓名、航班等信息都是正确的，要求事主转账支付"手续费"。

假冒银行提示刷卡消费：以××银行的名义，提醒事主在某地刷卡消费，消费的金额将从账户中扣除。

谎称亲友"出事"要求汇款：主动拨打事主电话，告知"家人出车祸"，"孩子被绑架"，要求迅速汇款到其指定账号。

告知手机号码被抽中中奖：号称某知名企业或电视台，告知事主"手机号码中奖"，要求用户先汇邮费、手续费或个人所得税到指定的银行账号。

冒充熟人打电话：假冒事主的朋友或单位领导，取得信任后，称"急需用钱"，让事主汇钱到其指定账号。

伪基站诈骗：利用伪基站向广大群众发送网银升级、10086移动商城兑换现金的虚假链接，一旦受害人点击便在其手机植入获取银行账号、密码和手机号的木马，从而进一步实施犯罪。

网络购物诈骗：开设虚假购物网站或微信、淘宝等店铺，一旦事主下单购买，便以各种理由要求其汇款，或要求提供银行卡号、密码等信息，实施诈骗。

二维码诈骗：以降价、奖励等为诱饵，要求受害人扫描附带木马病毒二维码加入会员。一旦扫描安装，木马将会盗取受害人的银行账号、密码等个人隐私信息。

办理信用卡诈骗：发布可办理高额透支信用卡的广告，一旦事主与其联系，犯罪分子则以"手续费""中介费""保证金"等虚假理由要求事主连续转款。

（3）防止个人信息泄露的注意事项

①来路不明的软件不要随便安装；

②不要随便参加注册信息获赠品的网络活动；

③网购最好去大型购物网站；

④设置高保密强度密码；

⑤不同网站最好设不同的密码；

⑥网银、网购的支付密码最好定期更换；

⑦尽量不在网上留真实信息，必要时可用使用假地址；

⑧设置专门用来注册网站的邮箱或手机号；

⑨如果涉及敏感信息，务必核实对方身份。

⑩不要向 QQ、微信上的陌生网友透露真实姓名。

⑪不要通过不安全的方式透露个人、家庭、公司的信息。

【案例 9-4】新型高科技信息诈骗

李女士在淘宝下单购买了一个杯子，半小时后一个自称是网店客户的人打电话给她，并准确说出姓名、电话，以及她所购买的商品和收货地址，因此李女士对对方的话深信不疑。骗子告知李女士此次购物不成功，要把货款退还给她，并通过 QQ 或社交软件发送一个所谓的退款链接给李女士。根据页面要求，李女士输入了淘宝账号和退款金额，点击下一步，就进入了另一个页面，在这个页面上，她又输入了姓名、身份证号以及信用卡卡号、有效期、手机号等信息，在页面的最下方还有一个验证码信息。随后，李女士输入了手机收到的验证码。当她点击提交后不久，李女士就收到银行发来的信息，她已经支付了 9213 元。

案例分析：

这是一个经典的钓鱼网站案例。"钓鱼"是一种网络欺诈行为，指不法分子仿冒网站的 URL 地址以及页面内容，或利用真实网站服务器程序上的漏洞在站点的某些网页插入危险的 HTML 代码，外观均与正常合法的网站一样，唯一不同的是网络地址。通过诱导受害人访问钓鱼网站，以获取银行卡账号及密码、转款等。

(1)常见新型高科技信息诈骗手法

除上述钓鱼网站外，常见的新型高科技信息诈骗诈法还有：

①伪基站："伪基站"即假基站，可随意更改发送的号码，启动时干扰和屏蔽一定范围内的运营商信号，搜索附近的手机号，将短信发送到这些号码上，使手机用户误认为是运营商发送的短信。

②改号软件：改号软件，又称手机号码任意显示变号平台，通过网络 IP 转换的服务功能，使来电显示成想让对方看到的电话号码。由于改号软件篡改号码门槛低、使用方便、成本低廉，经常被用于电信诈骗。

③验证码诈骗：从银行开始，越来越多行业的安全策略采用了"验证码"的方式，用于验证用户身份。攻击者通过伪造号码，发送可疑的短信，诱导目标对象把验证码发送给它，实现信息窃取、资金盗刷和网络诈骗等目的。

(2)防止新型高科技信息的注意事项

提高安全防范意识，不轻易点击陌生号码发送的链接，不轻易泄露收到的手机验证码等信息。

9.4　网络安全防御技术

网络作为一个开放的信息系统必然存在许多隐患,网络安全问题催生了网络安全的防御技术,防御技术与攻击技术总是相生相长,以下从网络类防御技术、应用类防御技术、通信数据防护技术、网络安全支撑技术及安全管理与运营技术几个方面列举部分当前主流的网络安全防御技术。

9.4.1　网络类防御技术

网络类防御技术主要用于防范网络类的网络攻击,包括流量检测与管理、抗 DDoS 技术、访问控制技术、防火墙技术、网络入侵防范技术等。

(1)网络隔离技术:两台(个)或两台(个)以上的计算机或网络在完全不相连的基础上,通过移动存储介质实现数据交换和资源共享的技术。

(2)防火墙技术:防火墙是一种在本地网络与外界网络之间的安全防御系统。它能够隔离风险区域与安全区域的连接,同时不妨碍安全区域对风险区域的访问,帮助计算机网络在其内、外网之间构建一道相对隔绝的保护屏障。

(3)网络入侵防范技术:入侵检测是通过对计算机网络或计算机系统中若干关键点信息的收集和分析,从中识别网络层潜在的威胁并迅速做出应对防范的技术。

(4)流量检测与管理技术:根据网络流量现状和流量管控策略,对网络实施流量控制,对异常流量进行检测管理的技术。

(5)访问控制技术:按用户身份及角色来控制用户对某些信息项的访问。

(6)抗 DDoS 技术:对分布式拒绝服务攻击,包括网络层、应用层、CC 攻击等 DDoS 攻击进行防御的技术。

(7)堡垒机:运用各种技术手段监控和记录运维人员对网络内服务器、网络设备、安全设备、数据库等设备的操作行为的技术。

9.4.2　应用类防御技术

应用类防御技术主要是用于防御应用类的攻击,包括上网行为管理、网页防篡改技术、恶意代码防护技术等。

(1)上网行为管理:控制和管理对互联网的使用,包括对网页访问过滤、上网隐私保护、网络应用控制、带宽流量管理、信息收发审计、用户行为分析等。

(2)WAF:通过执行一系列针对 HTTP/HTTPS 的安全策略专门为 Web 应用提供保护,代表技术包括 SQL 注入攻击、XSS 攻击、网页挂马防护、Web shell 防护等。

(3)网页防篡改技术:用于保护网页文件,防止黑客篡改网页的技术。

(4)恶意代码防护技术:对故意编制或设置的对网络或系统产生威胁或潜在威胁的计算

机代码进行识别及阻断的技术,包括病毒、木马、蠕虫、后门、逻辑炸弹等。

(5)防病毒技术:主动性防范电脑等电子设备不受病毒入侵,避免用户资料泄露、设备程序被破坏的技术。

(6)威胁检测与响应技术:结合用户行为分析、安全检测、流量分析及可管理的威胁检测与响应服务等的综合安全技术。

(7)勒索软件防护技术:对勒索软件进行检测,对勒索软件的渗透、运行和恶意加密实施行为进行阻断、检测、清除和制止的技术。

(8)邮件防护技术:多数病毒或木马、钓鱼软件都是通过邮件传送的,对邮件内容、附件、附件格式的过滤,可以有效保障客户端或内部网络安全。邮件防护技术是利用访问控制、过滤、加密等手段对邮件安全问题进行防护的技术,如邮件安全网关、邮件代理服务器等。

(9)主机入侵防御技术:监控电脑中文件的运行以及文件对注册表的修改,同时通过相应的手段对恶意代码进行阻断的技术。

(10)身份认证技术:用于确认操作者身份的认证技术,如运用人脸、指纹等生物特征进行认证,通过密码进行认证,也可以组合多种认证方式进行认证。

(11)权限管理技术:通过设置相关安全规则或者安全策略,让用户访问被授权资源的技术。

(12)备份与恢复:数据本地备份、远程备份,数据恢复,包括灾难恢复、误删除恢复、格式化恢复、被勒索数据恢复。

(13)应用负载均衡:使用负载均衡策略进行分配,避免恶意攻击访问数量突增导致系统服务崩溃、重启、宕机。

9.4.3　通信数据防护技术

通信数据防护技术指用于保护通信数据机密性、完整性等的技术。

(1)数据加密技术:将原始信息通过变换信息的表示形式来伪装需要保护的敏感信息,使非授权者不能了解被保护信息内容的技术,如对称密码技术、非对称密码技术、公钥密码技术等。

(2)数字签名技术:通过某种特殊的算法在一个电子文档的后面加上一个简短的、独特的字符串,其他人可以根据这个字符串来验证电子文档的真实性和完整性的技术。

(3)数字证书技术:标志网络用户身份信息的一个数据文件,用来在网络通信中识别通信各方身份的技术,如电子合同、CA 认证、实名认证、数字认证平台、电子签章系统、电子认证等服务。

9.4.4　网络安全支撑技术

网络安全支撑与技术体系包括态势感知技术、APT 高级威胁防护技术、威胁诱捕与拟态等。

(1)态势感知技术:以安全大数据为基础,从全局视角提升对安全威胁的发现识别、理解分析、响应处置能力的一种方式,为安全决策与行动提供支撑。

（2）APT 高级威胁防护技术：利用大数据，及同源样本计算、定位、跟踪等技术对定向的有目的的高级持续性攻击进行识别、检测或阻断的技术。

（3）威胁情报：用于识别和检测威胁的失陷标识，如文件 HASH、IP、域名、程序运行路径、注册表项等，以及相关的归属标签，提供威胁情报查询服务或者威胁情报产品。

（4）威胁诱捕与拟态：应用蜜罐、虚拟系统、虚拟网络等多种方式的主动、积极、欺骗性质的网络安全检测技术。

（5）零信任：利用零信任概念及相关技术构建安全网络访问环境的技术。

（6）可信计算：创建一个安全信任根，建立从硬件平台、操作系统到应用系统的信任链，从而构建一个安全可信的计算环境的技术。

9.4.5 安全管理与运营技术

安全管理与运营包括安全管理中心、资产扫描与发现、漏洞管理等。

（1）安全管理中心：对各类网络及安全产品统一管理、统一监控、统一审计、综合分析且协同防护，包括 SOC 和运营类态势感知。

（2）资产扫描与发现：互联网资产扫描发现与服务识别的方法和装置，资产包含但不限于主机、网络设备、安全设备、数据库、中间件、应用组件（含数据、人员）、IP 地址、开放的端口、开放的服务等。

（3）漏洞管理：安全漏洞是产品中的缺陷，漏洞管理设备包括漏洞检测、漏洞扫描、漏洞管理、漏洞维护、漏洞防御等。

（4）密钥管理：对密钥进行管理，如加密、解密、破解等。

（5）日志审计：对系统安全事件、用户访问记录、系统运行日志、系统运行状态等各类信息进行收集、分析、存储、集中的管控，实现最终的展示及关联分析等功能。

9.5 网络安全法律法规

立法作为网络空间安全治理的基础工作，是抑制黑色产业链必须进行的工作，也是网络安全产业发展和规范的基础。

2017 年 6 月 1 日《网络安全法》的正式实施，我国网络安全法律法规体系一直缺乏基本法成为历史。同时，《网络安全法》第二十一条规定，国家实行网络安全等级保护制度。2019年 12 月 1 日，网络安全等级保护标准 2.0 正式实施，我国网络等级保护建设从被动防御进入主动防御新时代。

截至目前，我国已初步构建了以《网络安全法》为基础的网络安全法律法规体。现行法律法规及规章中，与网络安全有关的已有近百部，涉及网络运行安全、信息系统安全、网络信息安全、网络安全产品、保密及密码管理、计算机病毒与恶意程序防治，通信、金融、能源、电子政务等特定领域的网络安全及网络安全犯罪制裁等多个领域；文件形式上，有法律、有关法律问题的决定、司法解释及相关文件、行政法规、法规性文件、部门规章及相关文件、地方性法规、地方政府规章及相关文件等。

近年来我国通过了一系列关于计算机犯罪的相关法律法规。

9.5.1　中华人民共和国刑法

第二百八十五条　【非法侵入计算机信息系统罪】违反国家规定,侵入国家事务、国防建设、尖端科学技术领域的计算机信息系统的,处三年以下有期徒刑或者拘役。

【非法获取计算机信息系统数据、非法控制计算机信息系统罪】违反国家规定,侵入前款规定以外的计算机信息系统或者采用其他技术手段,获取该计算机信息系统中存储、处理或者传输的数据,或者对该计算机信息系统实施非法控制,情节严重的,处三年以下有期徒刑或者拘役,并处或者单处罚金;情节特别严重的,处三年以上七年以下有期徒刑,并处罚金。

【提供侵入、非法控制计算机信息系统程序、工具罪】提供专门用于侵入、非法控制计算机信息系统的程序、工具,或者明知他人实施侵入、非法控制计算机信息系统的违法犯罪行为而为其提供程序、工具,情节严重的,依照前款的规定处罚。

单位犯前三款罪的,对单位判处罚金,并对其直接负责的主管人员和其他直接责任人员,依照各该款的规定处罚。

第二百八十六条　【破坏计算机信息系统罪】违反国家规定,对计算机信息系统功能进行删除、修改、增加、干扰,造成计算机信息系统不能正常运行,后果严重的,处五年以下有期徒刑或者拘役;后果特别严重的,处五年以上有期徒刑。

违反国家规定,对计算机信息系统中存储、处理或者传输的数据和应用程序进行删除、修改、增加的操作,后果严重的,依照前款的规定处罚。

故意制作、传播计算机病毒等破坏性程序,影响计算机系统正常运行,后果严重的,依照第一款的规定处罚。

单位犯前三款罪的,对单位判处罚金,并对其直接负责的主管人员和其他直接责任人员,依照第一款的规定处罚。

第二百八十六条之一　【拒不履行信息网络安全管理义务罪】网络服务提供者不履行法律、行政法规规定的信息网络安全管理义务,经监管部门责令采取改正措施而拒不改正,有下列情形之一的,处三年以下有期徒刑、拘役或者管制,并处或者单处罚金:

（一）致使违法信息大量传播的;

（二）致使用户信息泄露,造成严重后果的;

（三）致使刑事案件证据灭失,情节严重的;

（四）有其他严重情节的。

单位犯前款罪的,对单位判处罚金,并对其直接负责的主管人员和其他直接责任人员,依照前款的规定处罚。

有前两款行为,同时构成其他犯罪的,依照处罚较重的规定定罪处罚。

第二百八十七条　【利用计算机实施犯罪的提示性规定】利用计算机实施金融诈骗、盗窃、贪污、挪用公款、窃取国家秘密或者其他犯罪的,依照本法有关规定定罪处罚。

第二百八十七条之一　【非法利用信息网络罪】利用信息网络实施下列行为之一,情节严重的,处三年以下有期徒刑或者拘役,并处或者单处罚金:

（一）设立用于实施诈骗、传授犯罪方法、制作或者销售违禁物品、管制物品等违法犯罪活动的网站、通讯群组的；

（二）发布有关制作或者销售毒品、枪支、淫秽物品等违禁物品、管制物品或者其他违法犯罪信息的；

（三）为实施诈骗等违法犯罪活动发布信息的。

单位犯前款罪的，对单位判处罚金，并对其直接负责的主管人员和其他直接责任人员，依照第一款的规定处罚。

有前两款行为，同时构成其他犯罪的，依照处罚较重的规定定罪处罚。

第二百八十七条之二 【帮助信息网络犯罪活动罪】明知他人利用信息网络实施犯罪，为其犯罪提供互联网接入、服务器托管、网络存储、通讯传输等技术支持，或者提供广告推广、支付结算等帮助，情节严重的，处三年以下有期徒刑或者拘役，并处或者单处罚金。

单位犯前款罪的，对单位判处罚金，并对其直接负责的主管人员和其他直接责任人员，依照第一款的规定处罚。

有前两款行为，同时构成其他犯罪的，依照处罚较重的规定定罪处罚。

9.5.2 计算机信息网络国际联网安全保护管理办法(公安部令第 33 号)

第四条 任何单位和个人不得利用国际联网危害国家安全、泄露国家秘密，不得侵犯国家的、社会的、集体的利益和公民的合法权益，不得从事违法犯罪活动。

第五条 任何单位和个人不得利用国际联网制作、复制、查阅和传播下列信息：

（一）煽动抗拒、破坏宪法和法律、行政法规实施的；

（二）煽动颠覆国家政权，推翻社会主义制度的；

（三）煽动分裂国家、破坏国家统一的；

（四）煽动民族仇恨、民族歧视，破坏民族团结的；

（五）捏造或者歪曲事实，散布谣言，扰乱社会秩序的；

（六）宣扬封建迷信、淫秽、色情、赌博、暴力、凶杀、恐怖，教唆犯罪的；

（七）公然侮辱他人或者捏造事实诽谤他人的；

（八）损害国家机关信誉的；

（九）其他违反宪法和法律、行政法规的。

第六条 任何单位和个人不得从事下列危害计算机信息网络安全的活动：

（一）未经允许，进入计算机信息网络或者使用计算机信息网络资源的；

（二）未经允许，对计算机信息网络功能进行删除、修改或者增加的；

（三）未经允许，对计算机信息网络中存储、处理或者传输的数据和应用程序进行删除、修改或者增加的；

（四）故意制作、传播计算机病毒等破坏性程序的；

（五）其他危害计算机信息网络安全的。

第七条 用户的通信自由和通信秘密受法律保护。任何单位和个人不得违反法律规定，利用国际联网侵犯用户的通信自由和通信秘密。

第八条 从事国际联网业务的单位和个人应当接受公安机关的安全监督、检查和指导，如实向公安机关提供有关安全保护的信息、资料及数据文件,协助公安机关查处通过国际联网的计算机信息网络的违法犯罪行为。

9.5.3　网络安全伦理建设

"网络安全为人民,网络安全靠人民",要想保障网络安全,除了有网络安全法律法规外,还需加强网络伦理建设。

网络伦理是指人们在网络空间中所应该遵守的道德准则和规范,是人们在网络活动中普遍认同并共同遵守的价值观。遵守网络伦理对虚拟的、数字化的网络社会的健康稳定发展意义重大。但是,在网络伦理尚未充分建立的情况下,当今网络社会存在着许多伦理问题,如:发布或传播虚假信息;出卖、转让或泄漏网民个人资料;发布垃圾邮件滋扰邮件接收者;发布或传播受限制的信息;通过恶意编码篡改他人计算机上的设置;利用虚拟网络进行商业犯罪、商业欺诈等。这些给社会稳定带来极大的冲击和挑战。为营造清朗的网络空间,要树立网民的道德意识,建立网络道德规章制度,同时加以有效的舆论监督和管理。

保障网络安全是一个综合性的课题,强化网络伦理建设也是一个循序渐进的过程,不可能一蹴而就,要根据平等与互惠、自由与责任、知情与无害等原则,构建具有中国特色的网络伦理规范体系,以网络伦理来引领、约束、规范人们的网络行为,使网络伦理约束能和技术监控、法律监管一起,不断提高我国的网络安全等级,使网络能更好地服务经济发展和社会生活。

9.6　本章小结

本章首先介绍了网络安全的发展史,及网络安全的定义、相关理论和法律法规,通过案例分析让读者初步了解网络安全攻击的过程,同时还介绍了当前主流的网络安全防御技术。互联网是全世界人民的共同家园,人人都应该共同承担责任,应对网络安全挑战,加强网络空间治理,让网络空间命运共同体更具生机活力。

9.7　习　题

一、选择题

1. 信息安全发展的(　　)阶段的特点是:技术的融合将传统的虚拟世界与物理世界相互连接。
   A. 通信安全　　　　　　　　　　　B. 计算机安全
   C. 网络安全　　　　　　　　　　　D. 网络空间安全

2. 下面(　　)技术是通过执行一系列针对 HTTP/HTTPS 的安全策略专门为 Web 应

用提供保护,包括 SQL 注入攻击、XSS 攻击、网页挂马防护、Web shell 防护等。

    A. 网络入侵防范技术   B. 网页防篡改技术

    C. WAF   D. 防病毒技术

3. 下面( )不属于应用类攻击。

    A. 网站攻击   B. 窃取个人信息

    C. 漏洞利用   D. 恶意代码

4. 下面( )技术是以安全大数据为基础,从全局视角提升对安全威胁的发现识别、理解分析、响应处置能力的一种方式,最终为决策与行动提供支撑。

    A. APT 高级威胁防护技术   B. 态势感知技术

    C. 威胁诱捕与拟态   D. 威胁情报

二、判断题(在括号内打"√"或"×")

1. 计算机安全发展阶段,主要目的是确保信息系统资产(包括硬件、软件、固件及通信、存储和处理的信息)保密性、完整性和可用性的措施和控制。( )

2. 保密性指保护数据不被未授权方修改或删除,并确保当授权人员进行不恰当的更改时,可以降低损害。( )

3. 蜜罐属于威胁诱捕技术。( )

4. 中国实行网络安全等级保护制度。( )

三、填空题

1. 网络安全发展史共经历了四个阶段,分别是:＿＿＿＿＿＿、＿＿＿＿＿＿、＿＿＿＿＿＿和＿＿＿＿＿＿。

2. 网络空间安全发展趋势强调"威慑"概念,将＿＿＿＿＿＿、＿＿＿＿＿＿和＿＿＿＿＿＿结合成三位一体信息安全保障/网络空间安全(IA/CS)。

3. 信息安全三个基本属性 CIA 分别指＿＿＿＿＿＿、＿＿＿＿＿＿和＿＿＿＿＿＿。

四、简答题

1. 请参照应用类攻击案例,举一个其他攻击案例并描述攻击实施过程。

2. 请社会工程学攻击案例,列举一个亲身经历的或身边发生的社会工程学案例并描述其实施过程。

参考文献

[1]张泽谦.人工智能[M].北京:人民邮电出版社,2019.

[2]佘玉梅,段鹏.人工智能原理及应用[M].上海:上海交通大学出版社,2018.

[3]鲍军鹏,张选平.人工智能导论[M].北京:机械工业出版社,2019.

[4]周苏,张泳.人工智能导论[M].北京:机械工业出版社,2020.

[5]JIAWEI HAN, MICHELINE KAMBER, JIAN PEI.数据挖掘:概念与技术[M].3版.北京:机械工业出版社,2012.

[6]ROBERT LAYTON. Python 数据挖掘入门与实践[M].北京:人民邮电出版社,2016.

[7]程克非,罗江华,兰文富,等.云计算基础教程[M].北京:人民邮电出版社,2018.

[8]张尧学.大数据导论[M].北京:机械工业出版社,2018.

[9]维克托·迈尔-舍恩伯格.大数据时代[M].杭州:浙江人民出版社,2013.

[10]黑马程序员. Hadoop 大数据技术原理与应用[M].北京:清华大学出版社,2019.

[11]王国胤,刘群,于洪,等.大数据挖掘及应用[M].北京:清华大学出版社,2017.

[12]王传东,卢澔,马荣飞. Hadoop 大数据平台构建与应用[M].北京:电子工业出版社,2020.

[13]薛志东.大数据技术基础[M].北京:人民邮电出版社,2018.

[14]董楠楠,单晓欢,牟有静.基于 Hadoop 和 MapReduce 的大数据处理系统设计与实现[J].信息通信,2020(06):29-31.

[15]智研咨询.2020—2026 年中国移动支付行业投资融资模式及发展规划分析报告[R]. 2020.2.

[16]中国信通院.中国 5G 发展和经济社会影响白皮书(2020)[R]. 2020.12.

[17]中国移动. 5G 典型应用案例集锦[R]. 2019.11.

[18]熊友君.移动互联网思维[M].北京:机械工业出版社,2015.